CXL体系结构

高速互连的原理解析与实践

李仁刚 王彦伟 黄伟 ◎ 主编

人 民 邮 电 出 版 社
北 京

图书在版编目（CIP）数据

CXL 体系结构 ： 高速互连的原理解析与实践 / 李仁刚，王彦伟，黄伟主编. -- 北京 ： 人民邮电出版社，2025. -- ISBN 978-7-115-66219-4

Ⅰ. TN915.04

中国国家版本馆 CIP 数据核字第 2025AW3727 号

内 容 提 要

本书主要介绍 CXL 技术的相关内容，涵盖 CXL 基础知识、系统架构、产品简介、事务层、链路/物理层、交换技术、系统软件、FPGA 应用开发等内容，全面介绍 CXL 技术及其在现代计算系统中的重要作用。

本书分 4 篇：第一篇（第 1～4 章）介绍 CXL 的起源以及相关基础知识；第二篇（第 5～8 章）介绍 CXL 的核心概念、协议、架构及设备管理等内容；第三篇（第 9、10 章）介绍系统软件，并从 FPGA 工程实践角度介绍 CXL 应用开发；第四篇（第 11、12 章）对 CXL 技术发展趋势进行展望。

本书适合对 CXL 技术感兴趣的研究人员、工程师、技术开发者，以及对高速互连技术感兴趣的学生和专业人士阅读，尤其适合驱动程序研发工程师、FPGA/芯片研发工程师和异构计算领域的研究人员参考。

◆ 主　　编　李仁刚　王彦伟　黄　伟
　责任编辑　吴晋瑜
　责任印制　王　郁　胡　南

◆ 人民邮电出版社出版发行　　北京市丰台区成寿寺路 11 号
　邮编　100164　　电子邮件　315@ptpress.com.cn
　网址　https://www.ptpress.com.cn
　北京九州迅驰传媒文化有限公司印刷

◆ 开本：800×1000　1/16
　印张：14.75　　　　2025 年 3 月第 1 版
　字数：305 千字　　　2025 年 3 月北京第 1 次印刷

定价：89.80 元

读者服务热线：(010)81055410　印装质量热线：(010)81055316

反盗版热线：(010)81055315

编　委　会

主　编：李仁刚　　王彦伟　　黄　伟

副主编：刘　俊　　李　霞　　刘　伟　　侯鹏宇　　黄　岚　　王江为

　　　　刘铁军　　赵雅倩　　郭振华　　刘钧锴　　岳　龙　　张静东

主要作者简介

李仁刚，正高级工程师，就职于浪潮电子信息产业股份有限公司。科技部存储产业技术创新战略联盟秘书长，科技创新2030—“新一代人工智能”重大项目首席科学家/项目负责人，中国计算机学会理事。主要从事计算机体系结构、集成电路、人工智能等前沿技术研究，以及多元异构计算系统研制工作。主持国家级/省部级科研项目5项，申请专利170项，获国内发明专利授权60项、国际发明专利授权9项，发表论文41篇，参与标准制定8项。曾获山东省科技进步奖一等奖，中国电子学会技术发明二等奖，中国专利金奖，山东省劳动模范称号，北京优秀青年工程师称号等。带领团队在CVPR、ACM MM、ICCV等国际竞赛中获世界冠军9项、亚军5项。

王彦伟，高级工程师，就职于浪潮电子信息产业股份有限公司，CCF网络与数据通信专委会执行委员。主要从事异构计算以及加速器、服务器等系统研制工作。曾获中国计算机学会技术发明一等奖，中国电子学会技术发明二等奖。

黄伟，资深研究员，就职于浪潮电子信息产业股份有限公司。主要从事异构计算、人工智能、算力网络等技术研究。获发明专利授权9项，发表论文7篇。

前　言

随着计算技术的飞速发展，传统的互连技术已经无法满足现代计算系统对高带宽、低延迟以及高效数据传输的需求，智慧计算逐渐成为新型基础设施建设的重要组成部分，推动生产力的转型升级，计算机体系结构的创新由此成为推动智算中心进步的关键动力。在这样的背景下，CXL 技术应运而生，它是一种创新的高速互连技术，能为处理器、加速器和存储设备提供更高效、更灵活的连接方式。CXL 体系结构的出现，为计算机硬件设计和系统优化带来革命性变化，可以实现更卓越的性能和更低的延迟，进而满足现代计算应用对高带宽、低延迟的迫切需求。

目前市场上关于 CXL 的学习资料较少，恰好笔者所在团队在探索新型计算机体系结构方面做了大量工作，积累了一些 CXL 的应用经验，因此希望将这些内容结集出版，分享给所有对 CXL 技术感兴趣的读者。

本书将全面介绍 CXL 技术的起源、发展、体系结构、产品实现及其在现代计算系统中的重要作用——“计算力就是生产力，智算力就是创新力”。为帮助读者提升应用能力，本书特别设置了工程实践案例，不仅介绍了 CXL 技术工程实践中必备的软硬件工具和技术细节，还展示了如何在实际项目中应用 CXL 技术进行系统优化和性能提升。值得一提的是，在系统软件设计方面，本书不仅介绍驱动程序和软件工具，还会探讨基于 FPGA 的硬件实践，并通过硬件功能仿真进行性能测试，力求为广大读者提供具体的指导，为相关领域的科研工作者提供丰富的研究素材，推动理论与实践的紧密结合。

技术创新的道路充满挑战和机遇，CXL 技术的出现为我们开辟了一条新的发展路径，我们希望通过本书为这条路上的探索者点亮“引导之灯”。相信随着 CXL 技术的不断成熟和推广应用，计算机体系结构领域将迎来新一轮的变革，推动社会生产力的全面提升。

我们希望本书能够成为推动 CXL 技术发展的重要力量，同时期待更多的科研工作者、工程师以及其他从业人员能从中受益，共同为计算机体系结构领域的发展贡献智慧和力量。

章节概述

第 1 章 CXL 起源与发展：回顾 CXL 技术的产生背景，探讨其在应对现代计算挑战中的关键作用，以及其在现代高速互连技术中的潜在优势。

第 2 章 CXL 基础知识：介绍必要的技术背景知识，包括 PCIe 体系结构和缓存一致性。这些知识是深入理解 CXL 工作原理的基石，也是深入学习 CXL 技术不可或缺的部分。

第 3 章 CXL 系统架构：详细介绍 CXL 的互连架构、子协议、设备以及核心组件，展示 CXL 如何在硬件层面实现高效的数据传输和处理。

第 4 章 CXL 产品简介：介绍市场上已有的 CXL 产品，包括处理器、内存、SSD、交换芯片、FPGA 板卡和控制器 IP 等，不仅展示了 CXL 技术的实际应用，也体现了其在不同领域的广泛应用潜力。

第 5 章 CXL 事务层：深入探讨 CXL 事务层的核心概念、协议和架构。事务层是 CXL 体系结构中的关键部分，它定义了如何在设备间进行数据传输和交互。

第 6 章 CXL 链路层 / 物理层：介绍 CXL 链路层和物理层的核心概念、架构等内容，揭示 CXL 如何在物理层实现数据的可靠传输。

第 7 章 CXL 交换技术：讨论 CXL 交换机的分类、配置、组成以及 CXL 协议的解码和转发等内容。CXL 交换技术是实现设备间高效通信的关键。

第 8 章 CXL 设备的复位、管理和初始化：介绍 CXL 系统复位、设备睡眠状态进入流程、功能级复位、缓存管理以及 CXL 复位等内容。这些技术对于确保 CXL 设备在各种系统环境中可靠地集成和操作至关重要。

第 9 章 CXL 相关系统软件：介绍为了支持 CXL 硬件，系统中需要哪些系统软件为其提供设备发现、拓扑分析、内存分配、性能测试等服务。这些系统软件包括系统启动固件（BIOS）、操作系统接口（ACPI）、Linux 与 CXL 内存资源工具等。

第 10 章 基于 FPGA 的 CXL 应用开发：介绍如何在 FPGA 上开发 CXL 应用，包括使用 R-Tile CXL IP 和 CXL BFM，以及 CXL 内存扩展和 CXL GPGPU 的实现。

第 11 章 CXL 的发展趋势：分析 CXL 技术的发展趋势，包括技术创新、性能提升、标准化、生态建设、安全性等。

第 12 章 CXL 的创新展望：展望 CXL 技术在未来的发展方向，如推进内存和存储的融合、拓展边缘计算和物联网，以及结合领域专用架构。

读者对象

本书适合对计算机体系结构、异构计算和分布式计算感兴趣的专业人士，以及想利用 CXL 技术提升人工智能、计算机视觉相关任务计算性能的从业者参考。

（1）驱动研发工程师：想要开发 CXL 设备驱动程序，希望了解 CXL 的工作原理和实现方式。

（2）FPGA/ 芯片研发工程师：想要开发 CXL 的 FPGA/ 芯片模块，希望了解 CXL 的业务流程。

（3）异构计算领域的研究者：包括学术界和工业界异构计算领域的工作者，希望了解异构计算领域的新技术。

本书特色

本书的特色主要体现在以下几个方面。

（1）**全面性**：全面介绍 CXL 技术，从基础概念到高级应用，涵盖了 CXL 的起源、发展、体系结构、产品实现、交换技术、设备管理和初始化、系统软件支持以及基于 FPGA 的应用开发等多个方面。

（2）**技术深度**：深入探讨 CXL 的核心技术，包括事务层、链路层、物理层以及交换技术等，提供了详尽的技术细节和实现原理。

（3）**实践指导**：结合理论知识与实践应用，特别是在系统软件和 FPGA 应用开发章节，提供了实际的开发指导和案例分析，帮助读者理解 CXL 技术的应用场景和开发流程。

（4）**前瞻性**：不仅介绍 CXL 的当前状态，还展望其未来的发展趋势和潜在应用，如在人工智能、机器学习、高性能计算等领域的应用前景。

（5）**标准化**：讨论 CXL 技术在标准化方面的进展，包括与其他互连协议的对比，以及 CXL 在推动行业标准化方面的积极作用。

（6）**生态建设**：不仅关注技术本身，还关注 CXL 生态系统的建设，包括硬件产品、软件工具、开发平台和行业应用等。

目　录

第一篇　CXL 概述

第二篇 CXL 体系结构

第三篇 CXL 工程实践

第四篇 CXL 发展趋势和展望

Part 01

第一篇　CXL 概述

CXL（Compute Express Link）是一种高性能、高效能的互连协议，用于连接处理器、加速器、存储器等设备，专为大型数据中心和高性能计算环境而设计。第一篇主要介绍 CXL 的起源与发展、基础知识、系统架构，以及相关产品。

第 1 章　CXL 起源与发展

本章先阐述 CXL 的产生背景，然后介绍相关互连协议，以及 CXL 的发展历程及应用场景，旨在帮助读者更好地理解该技术在当今计算领域的重要性和潜力，为深入探讨 CXL 做准备。

1.1　CXL 的产生背景

在当今高速发展的信息时代，随着新型应用的激增和计算需求的不断增长，传统架构面临着巨大挑战，也推动着技术不断革新。本节将深入探讨 CXL 的产生背景，分析传统互连总线的局限性，以帮助读者更好地理解 CXL 在高速互连方面的潜在优势。

1.1.1　新型应用需求飞速增长

近年来，大数据和人工智能（AI）等前沿技术飞速发展，已广泛应用于生活的各个领域。例如，社交媒体平台需要处理海量用户上传的图像、视频和文字内容，为用户提供个性化的推荐和广告；金融领域中的高频交易需要快速处理大量交易数据并进行实时决策；而在生命科学领域，基因组学研究可能会涉及对数以万计的基因进行分析和模拟，以便研究疾病和药物相互作用。

这些新型数据密集型应用的数据存储量和处理量相当庞大。例如，就人工智能大语言模型而言，GPT-3 175B 包含了 1750 亿个参数，如果使用 4 字节表示每个参数，那么要存储这些参数，共需占用 700GB（$175 \times 4 \times 10^9$）的存储空间。在模型训练阶段，每个可训练的参数会对应一个梯度参数与两个优化器状态参数（例如 Adam 优化器中的一阶、二阶动量）以及计算过程中的激活值，此时模型运行所占用的存储空间将成倍增加；在模型推理过程中，即便可以通过模型量化等方法减少显存占用，但在有着大量用户的高并发处理场景中，存储和处理的数据量依旧庞大，这无疑需要耗费更多的算力，占用更多的内存。

1.1.2　多元化计算架构需求旺盛

谈到充分满足各种应用的计算需求，相比通用处理器，高性能专用芯片通常可以实现数倍甚至数十倍的算力提升，但是制造高性能专用芯片需要复杂的工艺流程，高端芯片的发展也受到制程工艺的制约。同时，随着摩尔定律推进速度放缓、登纳德缩放定律的逐渐失效、阿姆达尔定律的充分挖掘，CPU 性能提升的难度越来越大。CPU 架构主要面向广泛的通用计算场景，不适合人工智能等领域的高并发密集的向量、张量计算。面对指数级提升的算力需求和密集多样的计算需求，单纯依赖 CPU 一种计算架构显然是不行的。

结合不同架构计算单元的异构计算因可以带来显著的性能提升而成为主流计算模式。与此同时，大量算力基础设施涌现，如搭载专用加速器且具备强大计算能力的人工智能服务器、大规模集群服务器并行工作以处理海量数据的数据中心，以及资源共享的云计算平台等。这些系统提供灵活且可扩展的计算、存储资源，并实现资源之间的高效通信，对实现异构处理器高效协同工作以及高性能计算至关重要。

1.1.3　PCIe 鞭长莫及

如图 1-1 所示，研究表明，过去 20 年里，硬件峰值计算能力提高了 60000 倍，内存带宽提高 100 倍，互连带宽却只提高了 30 倍。硬件计算性能、访存带宽、互连技术发展不匹配，使得“内存墙”和“输入 / 输出（I/O）墙”问题日趋严重。

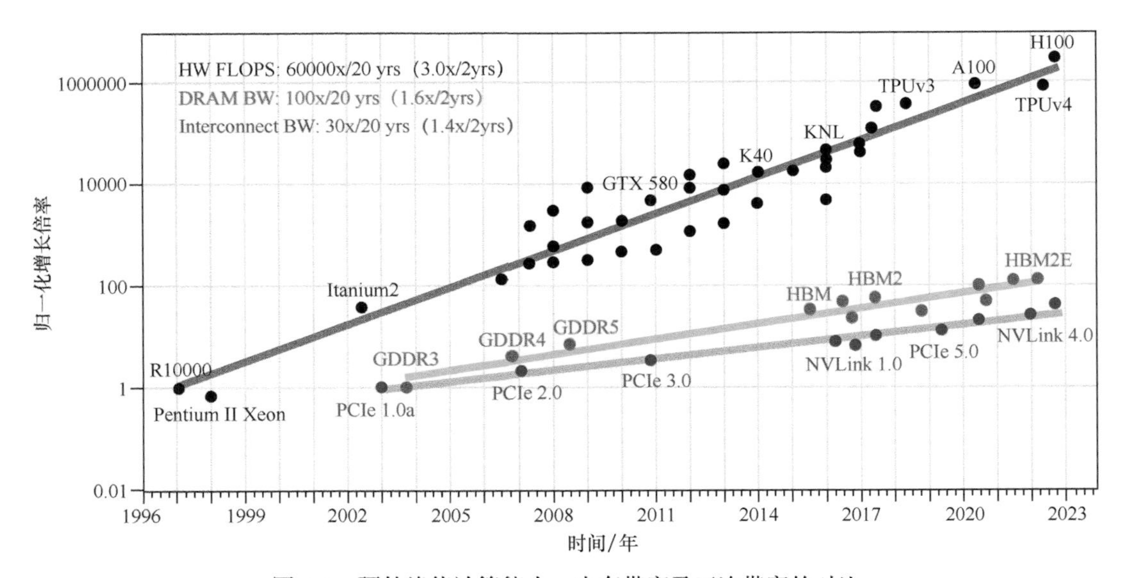

图 1-1　硬件峰值计算能力、内存带宽及互连带宽的对比

（引自论文“AI and Memory Wall”. Gholami A, Yao Z, Kim S, et al. AI and Memory Wall [J]. IEEE Micro, 2024, 44(3): 33-39）

此外，如图 1-2 所示，随着 CPU 中核的数量越来越多，每个核对应的内存通道带宽会越来越小，系统性能提升就会受限。

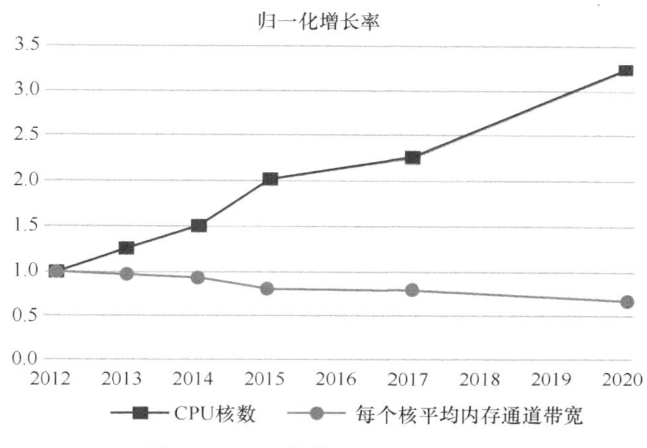

图 1-2 CPU 核数及内存带宽发展

PCIe（Peripheral Component Interconnect express）是一种常用的高速互连总线标准，可用于实现计算机内部各种设备（如加速器、网卡、存储设备等）间的通信。对于 PCIe 架构下的普通服务器，内存（一般是 DDR）必须通过内存总线及内存控制器连接到 CPU、GPU、DPU 等设备，由这些设备独享。在当前 CPU 的所有内存通道都被占满后，如果需要更多内存来处理大量工作负载，就不得不向系统添加一个 CPU 从而提高内存容量，这可能会导致 CPU 的计算能力未得到充分利用。也就是说，这种 PCIe 基础架构无法有效、灵活地扩展。关于这一点，超大规模数据中心用户的感受尤为深刻。例如，微软 Azure 的数据中心内，当所有处理器核心被分配给虚拟机之后，仍有 25% 的 DRAM 资源因未被配置而处于闲置状态，从而造成内存资源浪费。造成此类问题的根本原因是 PCIe 并不支持主机对设备的内存语义访问，即通过 PCIe 连接的设备内存无法映射到系统一致性内存空间，从而难以直接用作内存的灵活扩展。

PCIe 在许多数据处理场景下表现出色，其中直接存储器访问（Direct Memory Access，DMA）技术可以实现旁路 CPU 的数据复制，减少通信开销。但是加速器访问一块主存数据需要将其从主存搬移至加速器，并部署软件机制，以防 CPU 和加速器对其同时访问。在人工智能、深度学习等需要大量计算和数据传输的高性能计算领域，频繁的数据访问可能会使 PCIe 的延迟和带宽成为系统性能瓶颈。在这些场景中，加速器更希望借助本地缓存与 CPU 同时访问相同数据结构部分，而无须来回移动整个数据结构，即可以采用一致性数据访问方式来提高访存速度和进行高速数据处理。

1.2 相关互连协议的提出

近年来，为了解决计算系统中 CPU 与加速器间的一致性访问问题、I/O 墙问题，一系列高速缓存一致性互连协议标准陆续被提出。表 1-1 展示了相关互连协议的对比。

表 1-1 相关互连协议的对比

	NVLink	CCIX	Gen-Z	OpenCAPI	CXL
发布时间 / 年	2016	2016	2016	2014	2019
成员	NVIDIA 私有	AMD、Xilinx 等	AMD、Dell 等	IBM、AMD 等	Intel、ARM 等
拓扑结构	P2P&Switched	P2P&Switched	P2P&Switched	P2P	P2P&Switched
物理层	自定义	PCIe 5.0 x16	用户自定义（兼容 IEEE 802.3、PCIe）	用户自定义，POWER 9 采用 Bluelink	PCIe x16
双向带宽	50 GB/s（每条链路）	128 GB/s	能达到 400 GB/s	16 lanes 能达到 100 GB/s	128 GB/s
架构支持	NVIDIA GPU 专用；ARM 和 Power 架构支持	有 ARM 和 RISC-V 架构 IP	ARM 架构支持	Power 架构支持	x86/x64、AMD 架构支持，有 ARM 和 RISC V 架构 IP
应用产品	NVIDIA GPU；IBM Power CPU、NVIDIA Grace CPU	ARM Neoverse 系列 CPU	暂无	IBM Power 9、Power 10	Intel Xeon、AMD Epyc、ARM Neoverse 系列等；三星大内存设备、内存语义 SSD；XConn Apollo CXL Switch
发展趋势	NVIDIA 私有	2023 年 8 月已并入 CXL	2022 年 1 月已并入 CXL	2022 年 8 月已并入 CXL	目前是主流

2014 年，IBM、AMD 和赛灵思（Xilinx）等公司联合发布行业标准设备接口 OpenCAPI，这一接口支持处理器以标准化高速串行、低延迟的方式与加速器设备连接，在 IBM 的 POWER 9 处理器系列中首次实现。OpenCAPI 物理层采用 IBM 的 Bluelink，通道单向传输速率可以达到 25 Gbit/s，且能与 NVLink 复用。目前主要用于 IBM POWER 的主机与外围设备互连，范围比较有限。在拓扑结构上，OpenCAPI 只支持与 CPU 直连的点对点结构，未实现对 OpenCAPI Switch 等功能的支持，无法实现跨任意拓扑和交换机的一致性维护，架构扩展能力受限。

随着人工智能等应用领域对并行计算结构的依赖，为充分发挥多 GPU 系统的计算性能，英伟达（NVIDIA）于 2016 年推出了一种总线及其通信协议——NVLink，以期提升 CPU 与 NVIDIA GPU 之间的通信带宽。第四代 NVLink 最多支持 18 条链路，双向传输带宽高达 900 GB/s，这一带宽是 PCIe 5.0 x16 的 7 倍。同时，第四代 NVLink 允许 CPU 在读取数据时缓存 GPU 显存，从而能使处理器低延迟地收发共享内存池中的数据。NVSwitch 可用于节点内 GPU 之间的多对多通信，其级联架构大大提高了 GPU 大规模扩展能力。但是，作为英伟达私有协议，NVLink 除了实现 NVIDIA GPU 间高速通信，作为系统总线目前仅在 IBM 的 POWER PC 架构、ARM 架构 CPU 中实现，尚未形成支持其他架构加速器的总线行业标准。

2016 年，AMD、ARM 和赛灵思等公司联合推出对称的缓存一致性协议 CCIX（Cache Coherent Interconnect for Accelerator），让 CPU 之外的硬件加速器（例如 FPGA、GPU 等）也能以缓存一致的方式使用与多个处理器共享的内存，在异构系统中实现更快的内存访问。CCIX 交换机（Switch）也支持多种灵活的系统拓扑。但是，作为对称的缓存一致性协议，CCIX 交换机存在两方面的不足：一方面，设备设计的复杂性较高；另一方面，缺少用来协调和管理通信的中心节点，如果一个设备发生故障，可能会影响多个设备之间共享的数据和状态信息，导致系统不稳定甚至崩溃。在生态建设方面，目前产业界仅在 ARM Neoverse 系列 CPU 中实现了对 CCIX 的支持。

2016 年，惠普（HP）等公司基于 HPE The Machine 项目中内存池化架构原型样机的研究，组成 Gen-Z 联盟，提出支持以内存为中心架构的低延迟总线协议 Gen-Z，可以连接智能网卡、加速器（GPU、FPGA、ASIC 等）、DRAM、SCM、闪存（Flash）等多种类型设备，支持计算单元对 DRAM 或 SCM 的字节寻址的加载 / 存储。内存语义（Memory Semantics）和 Switch 技术的实现，使得 Gen-Z 在资源扩展性及内存池化能力方面具有优势，可为数据中心提供高传输带宽和大规模扩展能力。但是，Gen-Z 没有内置硬件维护缓存一致性，相应的软件开销较大。在生态建设方面，产业界尚没有支持 Gen-Z 的商用 CPU 以及硬件产品。

1.3 CXL 的提出与发展

2019 年，Intel 在 PCIe 5.0 的基础上添加了内存语义访问和缓存一致性控制机制，提出了第一个支持各种类型主机和设备之间高带宽、低延时互连的开放工业标准 CXL。由于其高速一致性控制建立在 PCIe 规范的基础之上，因此具有较好的兼容性。内存语义和缓存一致性的实现，既允许在系统内存层次结构上添加 SCM 而无须占用内存总线通道，又降低了数据移动对 CPU 及内存资源的消耗，同时缩短了数据访问路径及时长。进一步地，CXL 3.0 实现了多级交换机，提升了系统的灵活性和扩展性，并引入了“内存共享”的概念，使得多个主机可以同时访问 CXL 设备的内存区域。此外，CXL 3.0 实现的机制是硬件缓存一致性，不需要软件管理的协调，因此有助于提高数据流效率和内存利用率。

随着在行业内的推广，CXL 逐渐为企业所广泛接受。继 2019 年 3 月发布 CXL 1.0 后，Intel 先后推出了向后兼容的 CXL 2.0、CXL 3.0 和 CXL 3.1。如图 1-3 所示，Gen-Z、OpenCAPI、CCIX 协议逐渐为 CXL 联盟所合并。随着另外两家 CPU 巨头 AMD、ARM 以及 NVIDIA 的加入，CXL 阵营日渐壮大，其联盟成员数量已经超过 250 个，CXL 由此成为行业主导的、极具未来发展前景的互连标准。

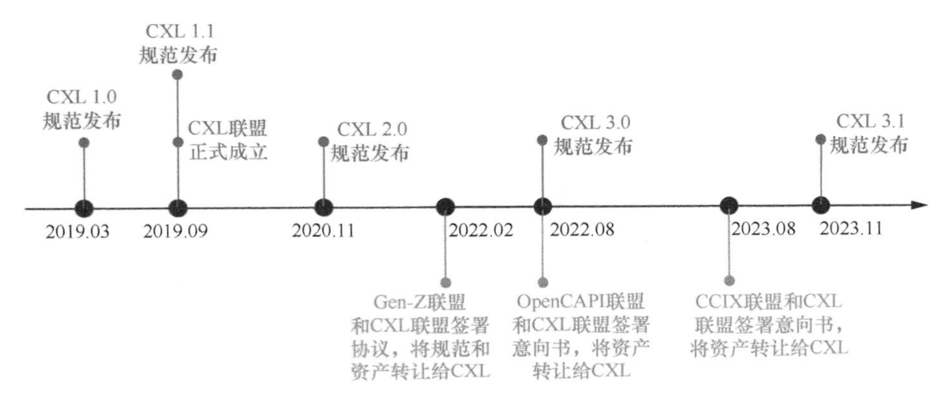

图 1-3 CXL 规范发布时间线

1.4 CXL 的应用场景

在高速发展的科技领域，CXL 逐渐成为各种应用场景中的关键技术之一，广泛应用于存储、高性能计算、数据中心和云计算等领域。在存储领域，数据的爆炸式增长使得内存容量的可扩展性成为企业和个人用户关注的焦点。CXL 内存语义功能支持内存扩展和内存共享，能够连接各类易失和非易失存储设备，为系统提供大容量内存支持，也使得数据的处理和访问变得更加迅速，带来了革命性变化。三星电子、美光和海力士等公司已陆续研制出 CXL DRAM、CXL SSD 内存扩展设备，并进一步将其用于内存池化平台的研究。此外，在 CXL 内存扩展设备中灵活地引入计算单元，支持近数据处理（Near Data Processing，NDP），可以大量减少数据迁移，降低内存访问延迟和功耗，进一步缓解内存墙问题，同时为内存计算（Processing in Memory，PIM）的实现提供基础环境。

在人工智能和机器学习等高性能计算领域，CXL 可以提供高带宽、低延迟的数据传输，可以加速人工智能算法的执行速度，非常适合用于大规模数据处理和模型训练。CXL 的内存扩展和共享功能，更是为大规模深度学习模型提供了更大的内存空间——用于数据存储和处理。CXL 还支持多种异构计算加速器的连接，可以实现 CPU、GPU、FPGA 等不同处理器之间的高效协同工作，为训练和推理过程提供强大的算力支持。

在数据中心和云计算领域，CXL 支持计算和内存资源的大规模灵活扩展、不同设备之间高效的数据共享和协作，实现了服务器内部组件之间的高带宽、低延迟通信，促进了资源的解耦、池化与共享。这不仅提高了数据中心的整体性能和资源利用效率，还降低了运营成本。通过更灵活高效的资源配置和管理，数据中心和云服务提供商能够根据用户的需求动态分配计算资源，提供更具弹性和高效的云服务。

此外，在边缘计算、科学研究等领域，CXL 也有着广泛的应用前景，为这些领域的发展提供了新的技术支持。

综上所述，CXL 为各种应用场景带来了许多新的机遇。随着 CXL 的不断发展，我们相信，它将会发挥越来越重要的作用，推动计算技术的进步和创新。

1.5　小结

通过学习本章，读者可以一窥 CXL 的丰富内涵与深远意义。本章首先简要介绍了 CXL 技术的产生背景，包括应用需求飞速增长、多元化计算架构需求以及 PCIe 的局限性。接着梳理了为应对这些问题提出的相关互连协议，如 OpenCAPI、NVLink、CCIX、Gen-Z 等，分析了它们各自的特点和瓶颈。然后讲述了 CXL 的起源、演变及发展状况，CXL 建立在 PCIe 5.0 基础上，具有内存语义访问和缓存一致性控制机制。随着其不断发展，CXL 已逐渐成为行业主导的互连总线标准。最后介绍了 CXL 作为高带宽、低延迟的互连接口技术，在存储、高性能计算、数据中心和云计算等领域的广泛应用场景。此外，CXL 在边缘计算和科学研究等领域展现出广阔前景，将在未来发挥更加重要的技术支持作用，促进计算技术的持续创新。

第 2 章　CXL 基础知识

本章主要介绍 CXL 基础知识。由于 CXL 建立在 PCIe 基础之上，因此我们需要先简要回顾一下 PCIe 体系结构的相关背景知识，例如 PCIe 架构、PCIe 的层次结构、PCIe 配置扩展、PCIe 设备的初始化等。除此之外，在介绍 CXL 工作原理之前，我们会先介绍缓存一致性问题的由来以及目前关于该问题的解决方法。

2.1　PCIe 体系结构

PCIe 是一种计算机总线标准，用于连接扩展卡到主板上。它是取代 PCI 和 PCI-X 接口的一种高速串行通信协议，旨在提高数据传输速度和性能。PCIe 通过使用高速串行连接代替以前的并行连接，实现了更高的带宽和更快的数据传输速度。

PCIe 接口在现代计算机系统中广有采用，用于连接显卡、网络适配器、存储控制器等各种类型的扩展卡。每个新版本的 PCIe，都会提供更高的数据传输速度和更大的带宽，以适应快速发展的计算需求。当前，PCIe 已演进至 6.0 版本，PCIe 6.0 x16 的带宽可以达到 128 GB/s，PCIe 的信号也由原来的二进制 NRZ 信号变成了四态的 PAM4 信号（使用 4 个不同的电平来表示每个符号），从而可以在单位时间内传输更多的信息。

2.1.1　PCIe 架构

本节将介绍 PCIe 架构的相关知识，以帮助读者了解 PCIe 链路和拓扑结构。

1．PCIe 链路

“链路”（Link）由一个或多个传输和接收对组成。其中一对被称为一个数据通路（Lane），PCIe 规范允许一个链路由 1、2、4、8、12、16 或 32 个数据通路组成。基本的 PCIe 链路由两个低压差分驱动信号对（发送对和接收对）组成，如图 2-1 所示。

PCIe 链路的主要属性有两点：一是 PCIe 链路使用端到端的数据传输，且两端完全对等，链路的一端只能链接一个发送设备或者接收设备；二是 PCIe 版本的每一次修订都会提出一个（或多个）特征，以增加带宽。

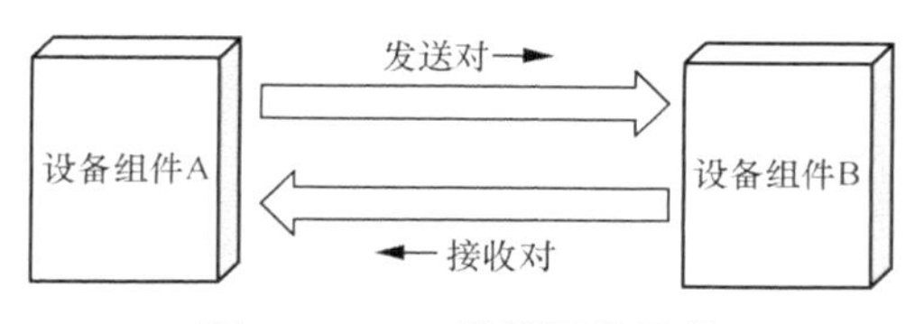

图 2-1 PCIe 链路通信示意

在 PCIe 6.0 中，数据速率是指在数据通路方向上单位时间内传输的编码位数。实际有效数据速率取决于调制模式、编码方式和数据速率的组合。表 2-1 提供了 PCIe 的 6 种主要版本的最大数据速率、调制模式、编码方式和有效最大数据速率的对比。

表 2-1 PCIe 的 6 种主要版本的对比

最大数据速率 / （GT · s^{-1}）	调制模式	编码方式	有效最大数据速率（移除编码开销）/（Gbit · s^{-1}）	主要版本					
				6.x	5.x	4.x	3.0	2.0	1.0
2.5	NRZ	8b/10b	2	☑	☑	☑	☑	☑	☑
5.0	NRZ	8b/10b	4	☑	☑	☑	☑	☑	
8.0	NRZ	128b/130b	8	☑	☑	☑	☑		
16.0	NRZ	128b/130b	16	☑	☑	☑			
32.0	NRZ	128b/130b	32	☑	☑				
64.0	PAM4	1b/1b	64	☑					

2．拓扑结构

在 PCIe 架构中，不同组件通过端到端的方式连接形成拓扑结构。图 2-2 展示了 PCIe 拓扑结构的示例，其中两个层次结构由一个根复合体（Root Complex，RC）、多个端点（Endpoint，EP）和多个交换机（Switch）组成，各组件通过 PCIe 链路相互连接。

（1）RC。RC 表示将 CPU/ 内存子系统连接到 I/O 层次结构的根目录。如图 2-2 所示，一个 RC 可能支持一个或多个 PCIe 端口。每个接口都定义了一个独立的层次结构域。每个层次域可以由单个端点或包含一个或多个交换组件和端点的子层次结构组成。

RC 负责管理和分配所有连接到 PCIe 上的终端设备（例如显卡、存储控制器、网络适配器等）。它提供了数据传输的起点和中继站，将数据从主机处理器传输到 PCIe 上的其他设备，或者从 PCIe 设备传输数据回主机处理器。

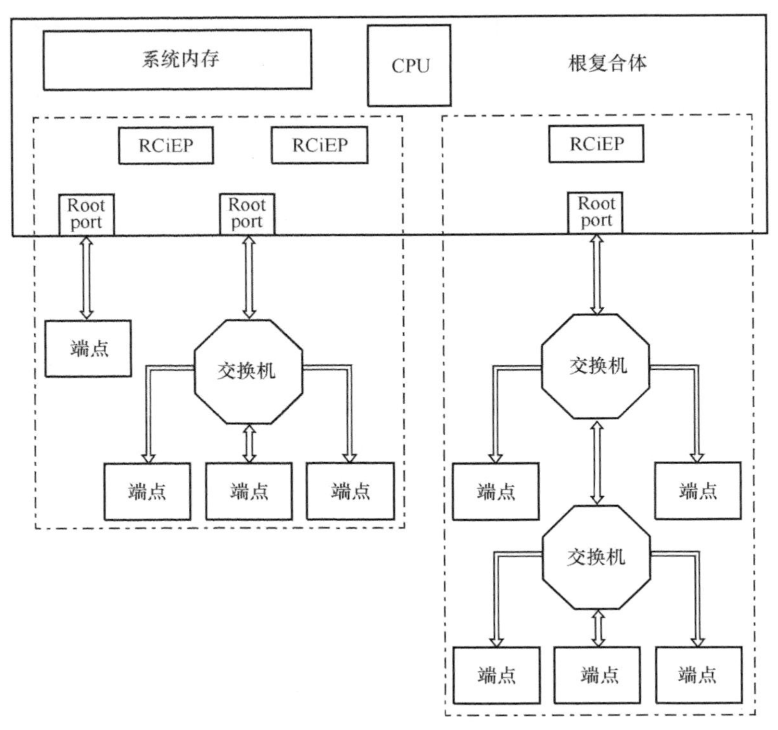

图 2-2　PCIe 拓扑结构示例

（2）EP。EP 指连接到 PCIe 上的从属设备或终端，这些端点设备可以是显卡、网络适配器、存储控制器或其他 PCIe 设备，它们与 RC 或其他上游设备进行通信和数据交换。每个端点在 PCIe 上都有自己的地址配置空间（Configuration Space），可用于配置设备和分配资源。通过这个地址空间，端点可以与主控设备进行通信，请求数据传输或执行特定操作。端点被分为符合 PCI 标准的**传统端点**（Legacy Endpoint）、符合 PCIe 的 **PCIe 端点**（PCI Express Endpoint）和将 RC 功能集成到同一物理设备的**根复杂集成端点**（Root Complex integrated Endpoint，RCiEP）。

（3）交换机。这里的交换机特指 PCIe 交换机。与网络应用中的交换机并不相同，PCIe 交换机是一种用于连接多个 PCIe 设备的硬件设备，其由多个 PCI-PCI 桥组成，PCIe 交换机允许多个设备通过单个 PCIe 进行通信，同时支持高带宽和低延迟的数据传输。交换机使用 PCI 桥机制转发事务，例如基于地址的路由。在特定情况下，交换机必须在端口集之间转发所有类型的事务层数据包（Transaction Layer Packet，TLP）。此外，交换机必须支持 PCIe 6.0 的锁定请求，并且每个已启用的交换机端口都必须符合流量控制规范。交换机不允许将一个数据包拆分成更小的包，例如一个具有 256 字节有效负载的数据包不得被分成两个各有 128 字节有效负载的数据包。在相同虚拟通道上发生争用时，使用循环或加权循环方式来实现交换机的入口链路（Ingress Port）之间的仲裁。PCIe 交换机示意如图 2-3 所示。

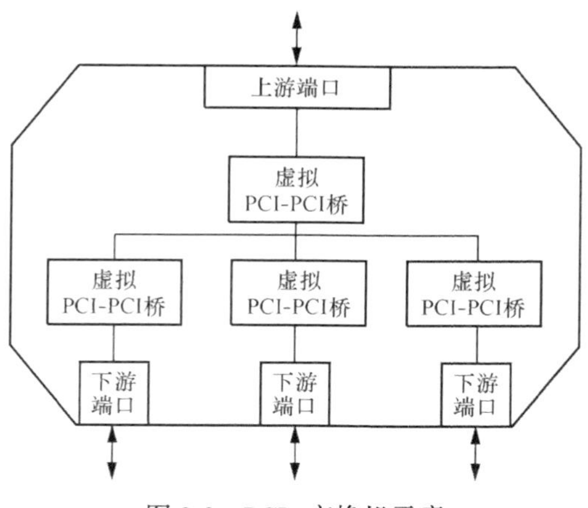

图 2-3 PCIe 交换机示意

2.1.2 PCIe 的层次结构

PCIe 采用分层结构设计，包括物理层、数据链路层、事务层等层次。其中，物理层处于 PCIe 的最底层，负责传输数字信号通过信道，定义了电气特性、信号编码和时序等内容，包含逻辑子模块和电气子模块，确保数据在信道上可靠传输；数据链路层在物理层之上，处理数据的分组、错误检测和恢复；事务层位于数据链路层之上，负责管理数据包的生成、传输和接收。通过这样的分层结构，PCIe 能够有效地处理数据通信，保证系统中各硬件设备之间的高效连接和通信。PCIe 的层次结构如图 2-4 所示。之所以设计这样的分层结构，是为了帮助读者更容易理解这些概念，并不意味着具体的 PCIe 实现。

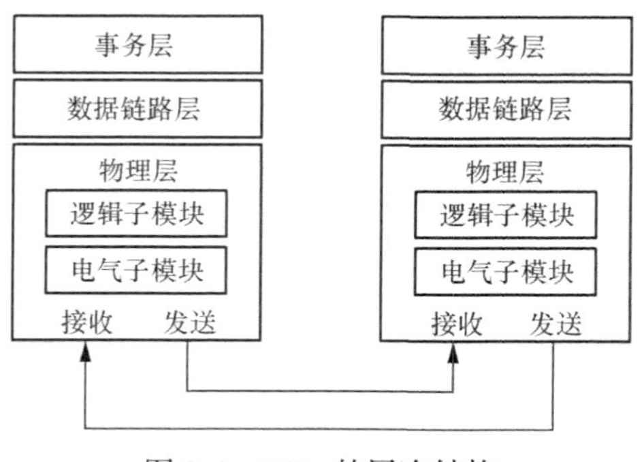

图 2-4 PCIe 的层次结构

PCIe 使用数据包在组件之间通信，这些数据包在事务层和数据链路层中生成，并在发送组件和接收组件之间传送信息。数据包在流经不同层次时，会得到扩展，以包含更多的信息，处理这些层上的数据包所需的各种控制和指示。这种包含附加信息的扩展可以确保数据在不同层次间被正确地传输和处理。在接收端，数据包将得到反向处理：首先，数据包从其物理层表示转换为数据链路层表示，包括解码数据、恢复丢失的数据位以及检测和纠正错误；其次，数据包再被转换为适合接收设备的事务层处理的形式，以确保数据被正确地传递到接收设备并进行后续处理。

1．物理层

物理层包含用作接口的电路，如驱动器、输入缓冲器、并行与串行转换、串行与并行转换、频率锁相环（Phase-Locked Loop，PLL）以及阻抗匹配电路。此外，物理层还涉及与接口初始化和维护相关的逻辑功能。该层负责将从数据链路层接收到的信息转换为适当的序列化格式，并以与连接到链路另一端的组件兼容的频率和宽度通过 PCIe 链路传输数据。物理层是 PCIe 最重要也最难实现的部分，其中还定义了链路训练与状态机（Link Training and Status State Machine，LTSSM）——负责协调和管理 PCIe 设备之间的链路训练过程和状态转换。这个状态机处理 PCIe 链路的初始化、配置和故障处理过程，确保数据的可靠传输和正确通信。

PCIe 体系结构具备“钩子”特性，通过提速和编码技术的改进可支持未来性能的增强。随着技术的不断发展，物理层有望适应更高速率和更复杂网络环境的挑战，以确保数据传输的可靠性和效率。

2．数据链路层

数据链路层充当了事务层和物理层的中间阶段，负责管理链路并确保数据的完整性，包括错误检测和错误纠正。

传输端的数据链路层接收来自事务层的 TLP，计算并应用数据保护代码和 TLP 序列号，并将其传递给物理层进行跨链路传输。接收端的数据链路层负责验证接收到的 TLP 数据的完整性，然后将其传递给事务层进一步处理。在发现 TLP 错误时，该层负责请求重传 TLP，直至正确接收到信息或者链路失败。

此外，数据链路层可以生成和使用链路管理功能的数据包。为了区分这些数据包和 TLP，在引用数据链路层生成和处理的数据包时，会用到数据链路层数据包（Data Link Layer Packet，DLLP）。

3．事务层

事务层的主要职责是组装和拆解 TLP，用于通信任务（如读、写），并负责基于信用的流量控制管理。每个需要响应数据包的请求数据包都被视为一个独立的任务。每个数据包都拥有唯一的标识符，使得响应数据包能够准确地发送到请求方。数据包的格式支持不同形式的寻址，取决于事务的类型（如内存、I/O、配置和消息）。此外，数据包还可以具有属性，如无 Snoop、宽松排序和基于 ID 的排序（IDO）。

事务层支持 4 种地址空间：包括 3 种 PCI 地址空间（内存、I/O 和配置），以及 1 种消息空间。消息空间支持所有先前的边带信号，如中断、电源管理请求等，可作为内部消息事务的一部分。消息事务可被视为"虚拟通道"，这是因为其效果是消除目前在平台实现中广泛使用的边带信号。

事务层在生成和接收 TLP 的过程中，与链路另一侧的对应事务层进行流量控制信息的交换，并负责支持软件和硬件启动的电源管理。

2.1.3 PCIe 配置扩展

PCIe 配置模型支持两种配置空间访问机制：一种是与传统 PCI 兼容的配置访问机制（Configuration Access Mechanism，CAM）；另一种是 PCIe 增强型配置访问机制（Enhanced Configuration Access Mechanism，ECAM）。CAM 不但与传统 PCI 完全兼容，而且与后续更新版本的操作系统相兼容，还支持其相应的总线枚举和配置软件。ECAM 可以扩展可用的配置空间大小，并优化访问机制。

1. PCIe 配置拓扑

为了保持与 PCI 软件配置机制的兼容性，所有 PCIe 组件都有一个与 PCI 兼容的配置空间。每个 PCIe 链路源自一个逻辑 PCI-PCI 桥，并作为该桥的辅助总线映射到配置空间。根端口是一个 PCI-PCI 桥接结构，它从 PCIe 根复合体（RC）生成 PCIe 链路，如图 2-5 所示。

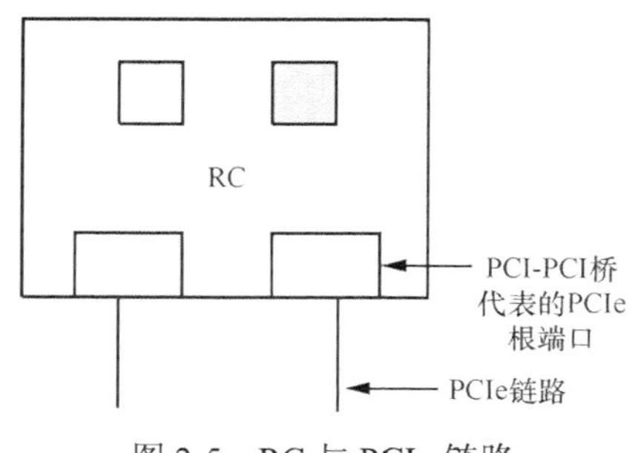

图 2-5　RC 与 PCIe 链路

不使用功能参数块（Function Parameter Block，FPB）路由 ID 机制的 PCIe 交换机由多个 PCI-PCI 桥结构表示，将 PCIe 链路连接到内部逻辑 PCI 总线。交换机上游端口是一个 PCI-PCI 桥，该桥的次级总线代表交换机的内部路由逻辑。交换机下游端口从内部总线桥接到表示下游端口的 PCI-PCI 桥，只有表示交换机下游端口的 PCI-PCI 桥才可以出现在内部总线上，如图 2-6 所示。

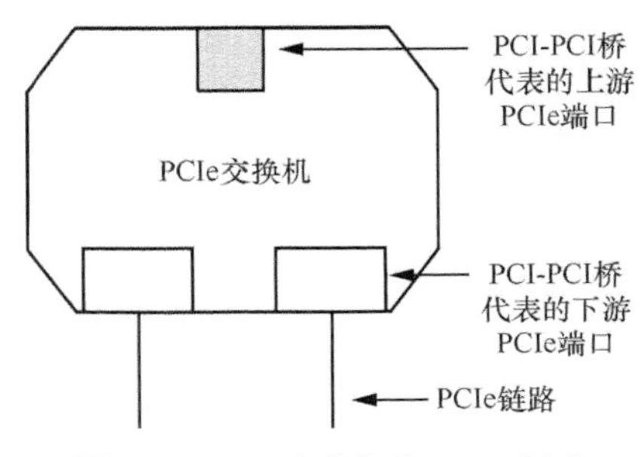

图 2-6 PCIe 交换机与 PCIe 链路

PCIe 端点在配置空间中会被映射为设备的一个功能。该设备可能具备多个功能，也可能只具备一个功能。PCIe 端点和传统端点需要出现在由 RC 发起的层次结构域中，这意味着它们在配置空间中以树状结构出现。根复杂性集成端点（RCiEP）和根复杂性事件收集器（Root Complex Event Collector，RCEC）不会出现在由根复杂性发起的层次结构域中，它们在配置空间中为根端口的同级。除非另有规定，对设备的配置空间定义的要求不仅适用于单功能设备，也适用于多功能设备的每个功能。

2．PCIe 配置机制

PCIe 将配置空间扩展到每个功能 4096 字节，而 PCI 仅允许使用 256 字节。PCIe 配置空间被划分为 PCI 兼容区域，其中 PCI 配置空间由函数配置空间的前 256 字节组成，PCIe 扩展配置空间由剩余配置空间组成（见图 2-7）。PCI 配置空间可以使用 CAM 或 ECAM 来访问，而 PCIe 扩展配置空间只能通过 ECAM 来访问。

（1）CAM。CAM 支持 PCI 中定义的 PCI 配置空间编程模型。从图 2-7 所示的模型来看，集成 PCIe 接口的系统仍符合传统 PCI 总线枚举和配置软件的规定。与 PCI 设备功能一样，PCIe 设备功能需要提供一个配置空间，以进行软件驱动的初始化和配置。PCIe 配置空间头部的组织方式与 PCI 中定义的格式和行为相对应。CAM 使用与 ECAM 相同的请求格式。对于兼容 PCI 的配置请求，扩展寄存器地址字段必须全部为零。

（2）ECAM。对于兼容 PCI 的系统或没有实现标准固件接口的系统，需要使用 ECAM。在所有系统中都鼓励设备驱动程序使用操作系统提供的应用程序接口（API）来访问其设备的配置空间，而不是直接使用硬件机制。ECAM 利用一个扁平的内存映射地址空间来访问设备配置寄存器。在这种情况下，存储地址确定要访问的配置寄存器，存储的数据被用于更新（写入）或返回读取目标寄存器的内容。从内存地址到 PCIe 配置空间的映射如表 2-2 所示。

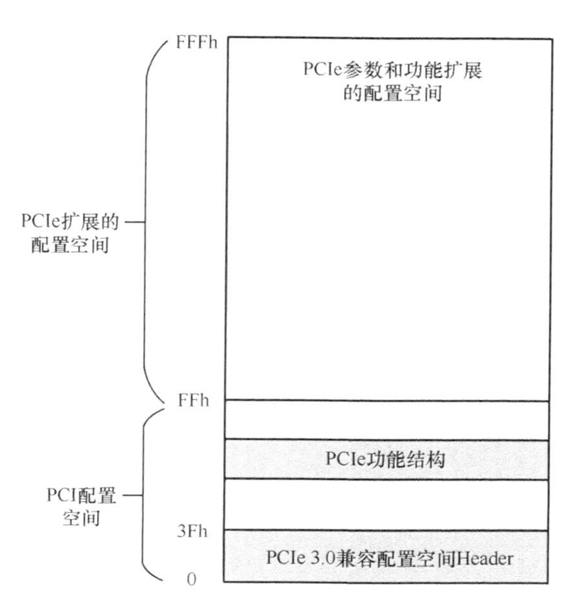

图 2-7 PCIe 扩展配置空间

表 2-2 从内存地址到 PCIe 配置空间的映射

内存地址	PCIe 配置空间
A[(20+n−1):20]	总线编号 $1 \leqslant n \leqslant 8$
A[19:15]	设备编号
A[14:12]	功能编号
A[11:8]	扩展寄存器编号
A[7:2]	寄存器编号
A[1:0]	随着访问的规模，用于生成字节使能位

内存地址映射到配置空间的大小和基址由主机桥和固件的设计确定。这些信息以特定于实现的方式由固件报告给操作系统。范围的大小由主机桥映射到配置地址中总线编号字段的位数确定。在表 2-2 中，这个位数表示为 n，其中 $1 \leqslant n \leqslant 8$。将 n 个内存地址位映射到总线编号字段的主机桥支持 0 到 $2^n - 1$ 总线号，并且基址范围与 $2^{(n+20)}$ – byte 字节的内存地址范围保持一致。未从内存地址位映射到总线编号字段的任何位必须清除。

至少需要将一个内存地址位（$n = 1$）映射到总线编号字段。系统应根据需要将额外的内存地址位映射到总线编号字段，以支持更多的总线，并且应支持超过 4 GB 内存地址的系统将 8 位内存地址（$n = 8$）映射到总线编号字段。需要注意的是，在包含多个主机桥且每个主机桥分配了不同范围总线编号的系统中，最大总线编号受限于将其分配给的主机桥所映射的位数。在这样的系统中，分配给特定主机桥的最大总线编号在大多数情况下会比分配给该主机桥的总线数更大。换句话说，对于每个主机桥，映射到总线编号字段的位数 n 必须足够大，以使分配给每个特定桥的最大总线编号必须小于或等于 2^n-1。

在某些处理器体系结构中，可能会生成无法在单个配置请求中表示的内存访问（例如，由于跨越了 DWORD 对齐的边界，或者因为使用了锁定的访问），不需要 RC 实现来支持将此类访问转换为配置请求。系统硬件必须为系统软件提供一种方法，以确保在系统软件继续执行之前，使用 ECAM 进行的写事务已经完成。

3．PCIe 扩展功能

PCIe 扩展功能寄存器位于偏移量在 256 或更高的配置空间中（见图 2-8），或在根复合寄存器块（Root Complex Register Block，RCRB）中。当位于配置空间中时，这些寄存器仅可使用 ECAM 进行访问。

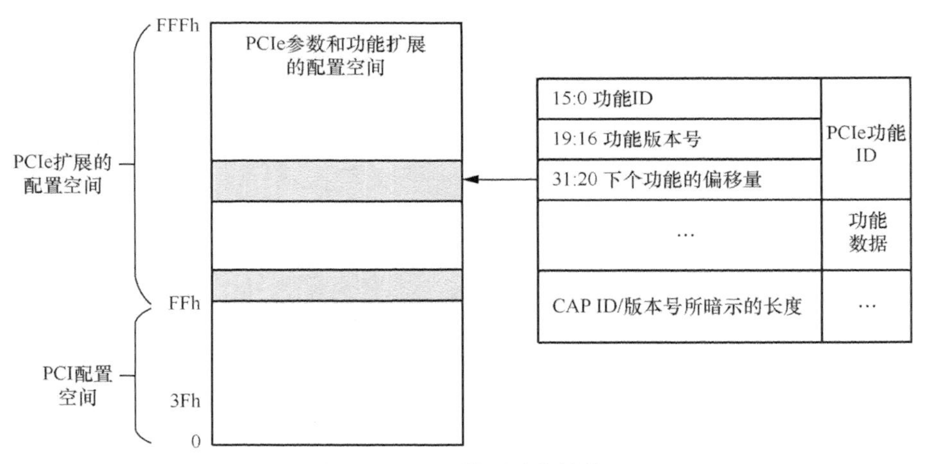

图 2-8 PCIe 扩展功能结构

PCIe 扩展功能结构使用可选的或必需的 PCIe 扩展功能的链表进行分配，并遵循类似于 PCI 功能结构的格式。功能结构的第一个 DWORD 标识了功能和版本，并指向下一个功能，如图 2-8 所示。注意，每个功能结构都必须与 DWORD 保持一致。

（1）配置空间中的扩展功能。配置空间中的扩展功能是从偏移量 100h 开始的，使用 PCIe 扩展功能标头。没有任何扩展功能需要由另一个扩展功能标头表示，功能 ID 为 0000h，功能版本为 0h，下一个功能的地址偏移量为 000h。

（2）RC 寄存器块中的扩展功能。根复杂寄存器块中的扩展功能始终从 000h 的偏移量开始，并使用 PCIe 扩展功能标头。如果没有扩展功能需要由一个扩展功能标头表示，功能 ID 为 FFFF h，下一个功能的偏移量为 000h。

（3）PCIe 扩展功能。所有 PCIe 扩展功能必须从 PCIe 扩展功能标头开始。图 2-9 展示了 PCIe 扩展功能标头的寄存器字段的分配情况，并给出了相应的位定义。

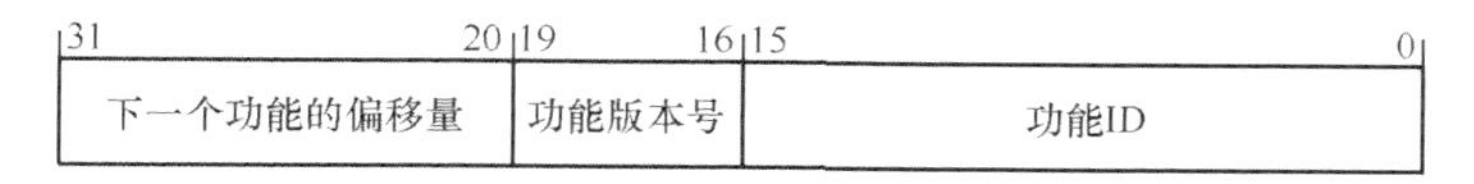

图 2-9 PCIe 扩展功能标头的寄存器字段的分配情况

2.1.4 PCIe 设备的初始化

通常，我们需要采取一些复位方式来实现 PCIe 设备的初始化。PCIe 设备有 4 种复位方式，即冷复位（Cold Reset）、暖复位（Warm Reset）、热复位（Hot Reset）和功能级复位（Function Level Reset，FLR）。其中，冷复位和暖复位是基于边带信号 PERST# 的，又被统称为基本复位；FLR 是 PCIe Spec V 2.0 加入的功能。

1. 传统复位

传统复位分为基本复位和非基本复位两类。在所有规格的系统硬件配置中，PCIe 设备必须在某个层级上采用一种硬件方式，以将所有端口状态设置或返回初始条件，这种方式称为“基本复位”。该方式可以采用系统提供给组件或适配器卡的辅助信号，此时该信号必须称为 PERST#。当 PERST# 提供给组件或适配器时，该信号必须被组件或适配器用作基本复位。当 PERST# 未提供给组件或适配器时，基本复位由组件或适配器自主生成。如果组件或适配器自主生成基本复位，并且平台向组件 / 适配器供电，则在所提供的电源超出规格或板型的限制时，组件 / 适配器必须向自身生成基本复位。

传统复位分为 3 种不同的类型：冷复位、暖复位和热复位。

（1）冷复位是在组件设备上电后进行的基本复位。冷复位相当于系统的电源复位（Power-On Reset），会将整个系统恢复到初始电源上电状态，是最彻底的复位方式。采用这种方式，所有硬件设备（包括 PCIe 设备）都会被初始化至其启动状态。冷复位通常用于系统的硬件故障处理、系统的首次启动，或者是需要彻底重置系统状态时。

（2）暖复位是在某些情况下硬件可能会触发的基本复位，无须拆卸和重新应用对该组件的电源。不同于冷复位，暖复位不需要完全断电。在暖复位过程中，系统的部分状态或配置可能被保持，但 CPU 和大部分硬件设备会被重置到初始状态。暖复位通常用于系统的软件更新、错误恢复，或者其他需要重启系统但不需要完全断电的情况。

（3）热复位是一种用于通过链路传播常规重置的带内（In-Band）复位方式，并不使用边带信号，表明它与基本复位不同，通常通过特定的信号或是通过更改 PCIe 配置寄存器来实现。热复位针对 PCIe 的链接或者端口，而不是整个系统。热复位可以重新初始化 PCIe 链接，但不会影响系统中的其他部分。热复位尤其适用于 PCIe 设备的热插拔和错误管理。

2．功能级复位

功能级复位主要针对支持多个功能的 PCIe 设备（Multi-Function PCIe Device），可用于实现只对特定功能复位，不会影响其他功能。功能级复位是可选的，可以通过查询配置空间中的设备功能寄存器（Device Capability Register）来查询该 PCIe 设备是否支持 FLR。

功能级复位使软件能够以功能级粒度静默和端点硬件复位。在以下 3 个场景中，采用功能级复位。

（1）在某些系统中，控制一个功能的软件实体可能会停止正常运行。为了防止数据损坏，需要停止正在执行的所有 PCIe 和外部 I/O 操作——常见的复位方式无法保证外部 I/O 操作终止。

（2）在硬件从一个分区迁移到另一个分区的环境中，我们希望硬件不保留先前分区的剩余“知识”，包括内部寄存器、缓存和其他存储器中的数据，确保不会泄露任何先前分区的信息。这时，功能独立完成是必要的，这意味着每个分区的功能应该独立运作，不会干扰或依赖于其他分区的操作。

（3）当系统软件为一个函数关闭软件堆栈然后重建该堆栈时，有时需要在重建函数的软件堆栈之前将状态恢复到未初始化状态。

2.2 缓存一致性

鉴于 CPU 访问内存的速度较慢，可以在 CPU 和内存之间增加高速缓存，以提高访问数据的速度。然而，多核 CPU 处理会导致缓存一致性问题，即每个 CPU 内核都有缓存，若两个内核或者多个内核同时访问同一个变量，这些缓存就有同步的问题。

缓存一致性是在多处理器系统中，用来保持多个缓存之间、缓存与主存储器之间数据一致的机制。

2.2.1 缓存一致性问题的诱因

缓存一致性问题只出现在多处理器系统中，因为高速缓存实际是处理芯片的一部分，所以每个处理器内核都有独立的缓存系统。多个处理器内核都能独立计算，有可能同时对某个内存块进行读写操作，导致一个内存块同时可能有多个缓存备份。当将缓存回写到内存时，不知道数据写入的时序性，因而也不知道哪个备份是最新的。另外，若某个处理器内核修改了自己的缓存，无法及时通知到另外的内核，也会导致无法及时将新的数据更新到其他内核的缓存中。

但是，并非所有多个处理器内核计算都会出现缓存一致性问题。如果每个内核使用不同的内存数据，每个缓存都是独立的，就不存在缓存一致性问题。当所有内核只读不写时，虽然存在一块内存被缓存到多个缓存中的情况，但数据都是一致的，也不存在缓存一致性问题。通过优化应用程序的缓存一致性，可以较好地缓解缓存一致性问题。

2.2.2 MESI 简介

为了解决缓存一致性问题，CPU 厂商研发了一系列缓存一致性协议，其中最著名的就是 MESI 协议。MESI 协议可以在多 CPU 和 NUMA（Non-Uniform Memory Access）[①] 主机中提供缓存一致性访问，但最初的 MESI 技术并不能在异构设备和主机之间提供缓存一致性访问。通过 CXL，也可以在异构计算中使用 MESI 协议。“MESI”的每个字母代表一种缓存行状态，也就是说，每个 MESI 缓存行有 4 个状态，即 M（Modified）状态、E（Exclusive）状态、S（Shared）状态和 I（Invalid）状态。这些状态的具体含义如下。

（1）M 状态。M 状态代表该缓存行中的内容已被修改，并且该缓存行只被缓存在该处理器内核中，不能缓存在其他处理器内核中。M 状态的缓存行中的数据和内存中的不同，它会在未来的某个时刻被写入内存中，例如，在其他处理器内核需要访问这块内存时。如果只有一个处理器内核使用该块内存，并且有写的操作，就会进入这种状态。

（2）E 状态。E 状态代表该缓存行对应内存中的内容只被该处理器内核独占，其他处理器内核没有缓存该缓存对应内存行中的内容。E 状态的缓存行中的内容和内存中的内容一致。该缓存可以在任何其他处理器内核缓存对应内存内容时变成 S 状态，在自己修改缓存对应内存内容时变成 M 状态。

（3）S 状态。S 状态代表数据不只存在于本地处理器内核缓存中，还存在于其他处理器内核的缓存中。S 状态的缓存数据和内存数据是一致的。如果有一个处理器内核修改该缓存行对应的内存的内容，就会使其他处理器内核的缓存行变成 I 状态。

（4）I 状态。I 状态代表该缓存行中的内容无效。无效状态的缓存行，相当于没有缓存相

① NUMA 是一种非一致性内存访问架构，旨在结合 SMP（对称多处理）和 MPP（大规模并行处理）的优点，提供高效的系统扩展。——编辑注

应地址内存。如果缓存因某些原因不能被使用，就会变成 I 状态。例如，某个处理器内核修改了 S 状态下的数据，其他处理器内核就无法再使用这块内存的缓存了。

图 2-10 展示了最常见的 MESI 状态变化。全部的状态变化比此更为复杂，为避免让读者混淆，此处不再赘述。不同的缓存状态意味着缓存能进行不同的操作（读写缓存），并在操作后对应不同的缓存一致性处理方式，可以说 MESI 就是缓存的状态机。CPU 中的缓存状态就在这几种状态之间不停切换，并伴随各种同步缓存的操作，维护缓存一致性。

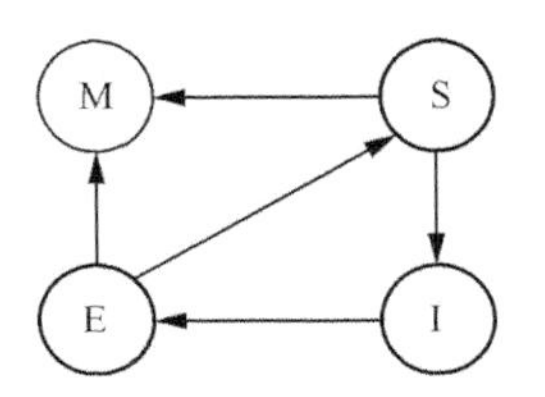

图 2-10　MESI 状态转化

2.3 小结

本章深入探讨了 PCIe 的体系结构，包括其链路构成、拓扑结构、分层的系统设计、配置空间扩展机制、配置访问机制、扩展功能以及设备初始化过程。特别强调了 PCIe 链路的端到端特性和数据传输能力，以及随着 PCIe 规范版本的提升，数据传输速率和带宽显著增大。同时，介绍了 PCIe 的物理层、数据链路层和事务层的功能，以及它们如何协同工作以确保数据的高效传输和处理。此外还涉及了 PCIe 配置空间的扩展和两种配置访问机制：CAM 和 ECAM。在设备初始化方面，讨论了不同类型的复位机制，包括冷复位、暖复位、热复位和功能级复位。最后，本章还讨论了多核 CPU 系统中缓存一致性的重要性，以及 MESI 协议如何维护缓存行状态以确保数据一致。

第 3 章　CXL 系统架构

本章主要介绍 CXL 系统架构的相关内容，以及 CXL 的 3 个子协议（CXL.io、CXL.cache 和 CXL.mem），还会介绍通过将不同子协议组合而提出的 3 种设备类型（Type 1、Type 2 和 Type 3），以及 CXL 核心组件和 CXL 层次结构。

3.1　CXL 互连架构简介

CXL 是一种高速缓存一致性互连总线技术，可用于实现主机处理器与加速器、内存缓冲器和智能 I/O 设备等之间的高带宽、低延迟连接。图 3-1 展示了如何通过 CXL 连接主机处理器与 CXL 设备。

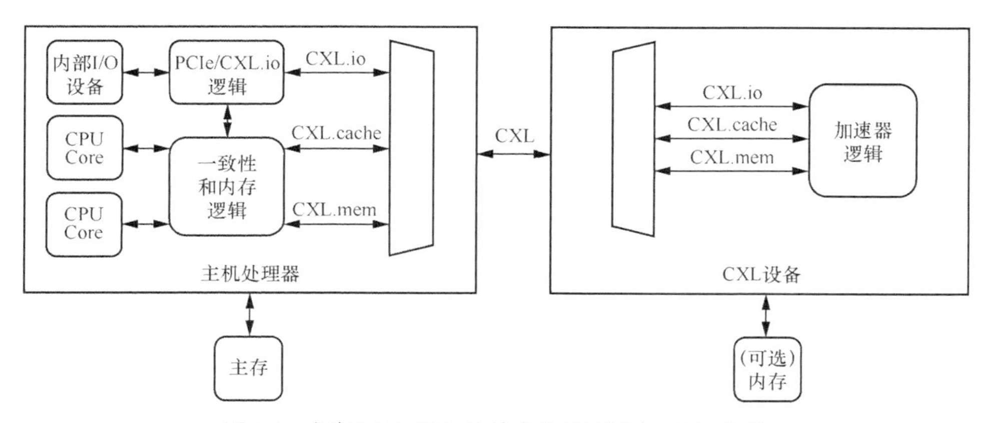

图 3-1　如何通过 CXL 连接主机处理器与 CXL 设备

CXL 的子协议包含与 PCIe/CXL.io 逻辑相关的 CXL.io 协议、与一致性和内存逻辑相关的 CXL.cache 和 CXL.mem 协议。基于不同的协议支持，CXL 实现了 Type 1、Type 2 和 Type 3 设备，CXL Type 3 设备也可以将资源分配为多个逻辑单元，称为多逻辑设备。另外，CXL 为了实现设备扩展，支持基于交换机的树形拓扑连接以及设备间 Fabric 的非树形拓扑连接。CXL 还通过 Flex 总线、Flit、DCOH、HDM、交换机等核心组件以支持一致性等功能的实现，后文会具体讲解。

总之，CXL 在基于 PCIe 的 I/O 语义之上实现一致性和内存语义，实现内存扩展、内存池化和内存共享，有助于满足现代数据中心对大规模处理和分析的需求，同时能够为人工智能、机器学习、高性能计算等计算密集型工作提供良好的支持。

3.2 CXL 子协议

为了解决主机与 PCIe 设备内存交互的非一致性问题，CXL 在 PCIe 的基础上提出了 CXL.io，并提出了 CXL.cache 和 CXL.mem 两个子协议以解决一致性问题和实现内存扩展。

3.2.1 CXL.io

CXL.io 协议基于 PCIe，用于设备发现、配置地址空间、主机物理地址查找、中断、初始化、I/O 虚拟化等，并为 I/O 设备提供非一致加载 / 存储的 DMA 等功能。该协议使用标准 PCIe DLLP 来交换信息，并使用 PCIe 的配置空间，只是针对 CXL 的使用对其进行了增强。另外，CXL.io 的事务类型、事务包格式、基于信用（Credit-Based）的流量控制、虚拟通道管理和事务排序规则均遵循 PCIe 的定义，PCIe 以外的事务排序规则也在 CXL 3.0 规范中给出定义。

3.2.2 CXL.cache

CXL.cache 称为一致性协议，它使 CXL 设备能够通过简单的请求和响应方式以极低的延迟高效缓存主机内存中的数据，让主机处理器通过监听消息来管理设备上缓存数据的一致性。此协议将设备和主机之间的交互定义为多个请求，每个请求至少有一个相关的响应消息，有时还有数据传输。如图 3-2 所示，从设备到主机（D2H）与从主机到设备（H2D）的两个方向上分别包含 3 个通道，即请求、响应和数据。

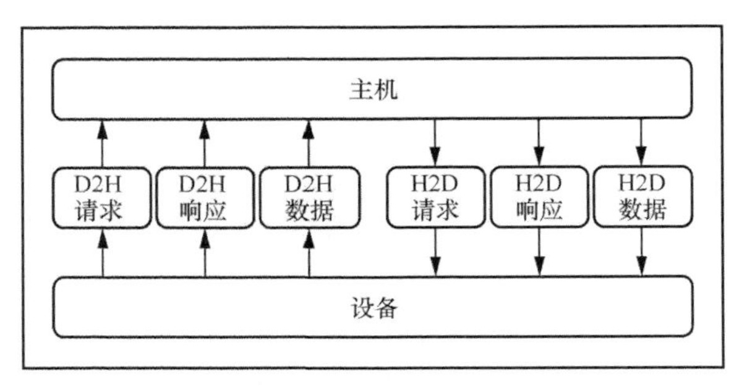

图 3-2 CXL.cache 的通道

各通道的具体含义如下。

（1）D2H 请求携带从设备到主机的请求。请求通常以内存为目标，每个请求将接收 0 个、1 个或 2 个响应，以及最多一个 64 字节的缓存行数据。

（2）D2H 响应携带从设备到主机的所有响应。设备对监听的响应可以表示在设备缓存中的缓存行状态，也可以表示数据正被返回提供数据缓冲器的主机，但它们可能会因链路层信用而被临时阻止。

（3）D2H 数据将所有数据和字节使能，并由设备发送到主机。数据传输可以由隐式（作为监听结果）或显式（作为缓存容量驱逐的结果）写回产生，并且总是传输完整的 64 字节缓存行数据。D2H 数据必须取得进展，否则可能发生死锁。D2H 数据可能会因链路层信用而被临时阻止，但不得要求完成任何其他 D2H 事务来释放信用。

（4）H2D 请求携带从主机到设备的请求。该请求是为了保持一致性而进行的监听，有时可能会返回数据，该请求会携带数据缓冲区的位置，任何返回的数据都应写入该缓冲区。H2D 请求可能由于缺乏设备资源而受到反压，然而，此时资源必须释放，而不需要 D2H 请求来取得进展。

（5）H2D 响应携带排序消息并拉取写入数据。每个响应携带来自原始设备请求的请求标识符，以指示应将响应路由到何处。对于写入数据拉取响应，消息中包含应写入数据的位置。H2D 响应只能因为链路层信用而被临时阻止。

（6）H2D 数据为设备读取请求提供数据。在所有情况下，H2D 数据都会传输完整的 64 字节缓存行数据。H2D 的数据传输只能因为链路层信用而被临时阻止。

CXL 通过主机和设备之间的这些交互来维护缓存一致性，将设备看成另一个 CPU 核，其实现方法类似于在 CPU 多核之间维护 MESI 协议。CXL.cache 的每条报文都与 MESI 的某种请求或状态变换有关。

通常，所有 CXL.cache 通道必须彼此独立工作，以确保持续向前的进度。例如，从设备到主机中给定地址 X 的请求将被主机阻止，直至它收集到该地址 X 的所有监听响应，所以链接通道将导致死锁。

不过，有一个特定的例子，为了正确性，必须保持通道之间的排序。主机需要等待，直到 H2D 响应上发送的全局观测（Global Observation，GO）消息被设备观测到，然后发送对同一地址的后续监听。为了限制跟踪 GO 消息所需的缓存量，主机假设在给定周期中通过 CXL.cache 发送的 GO 消息不能由稍后周期中发送的监听传递。

对于在单个通道上有多条具有预期顺序的消息事务（例如WrInv的WritePull和GO），设备/主机必须确保使用序列化消息（例如WrInv的WritePull和GO之间的数据消息）正确地观察到这些消息。

另外，要保持接口的模块性，不能对在通道上发送消息的能力做出任何假设，因为链路层信用不总是可用的。因此，每个通道都必须使用信用来发送任何消息，并从接收方收集信用回报。在操作过程中，每当接收器处理完消息（释放缓冲区）时，它都会返回一个信用。不需要对任何一方的所有信用进行核算，只要信用计数器饱和就足够了。如果没有可用的信用，发送方必须等待接收方返回信用。

3.2.3 CXL.mem

CXL.mem称为内存协议，它可以将CXL设备变成主机的内存扩展，这样就可以让主机处理器访问CXL设备的内存。该协议可用于多个不同的内存连接模式，包括内存控制器位于主机CPU中、内存控制器位于加速器设备内，以及内存控制器移动到内存缓冲芯片中。它也适用于不同的内存类型（例如易失性、持久性等）和配置（例如平面配置、分级配置等）。

CXL.mem为CXL.mem协议暴露的主机管理设备内存（Host-managed Device Memory，HDM）地址区域提供了如下3个基本一致性模型。

（1）HDM-H（仅主机一致）：仅用于Type 3设备。

（2）HDM-D（设备一致）：只用于依赖CXL.cache来管理与主机一致性的Type 2设备。

（3）HDM-DB（使用反向无效的设备一致性）：用于Type 2设备或Type 3设备。

在主机和设备之间的CXL.mem路径上，地址区域的视图必须一致。CPU中的一致性引擎使用CXL.mem请求和响应与内存交互，其中CPU一致性引擎被视为CXL.mem主设备（Master），内存设备被视为CXL.mem从设备（Subordinate）。主设备负责向从设备发起请求（例如读取、写入等），从设备负责响应主设备的请求（例如数据、完成等）。当从设备映射到HDM-D/HDM-DB时，CXL.mem协议假定设备内部有一个一致性引擎（Device Coherency Engine，DCOH），负责实现一致性相关的功能。

由主设备到从设备的CXL.mem事务称为M2S，由从设备到主设备的事务称为S2M。在每个方向都有3种消息类型，M2S包含无数据请求（Req）、有数据请求（RwD）和反向无效响应（BIRsp），S2M则包含无数据响应（NDR）、有数据响应（DRS）和反向无效监听（Back-Invalidation Snoop，BISnp）。CXL.mem事务是在主机处理器下游运行的简单内存加载和存储事务，主机处理器负责处理所有相关的一致性流。

一般来说，CXL.mem 的通道彼此独立工作，以确保向前的进展，但在一个通道中并无排序规则。CXL.mem 的设备接口定义了 6 个通道，如图 3-3 所示。Type 3 设备可以支持 HDM-DB 以支持直接对等。多逻辑设备（Multiple Logic Device，MLD）和 G-FAM 设备可以使用 HDM-DB 来实现多主机一致性。

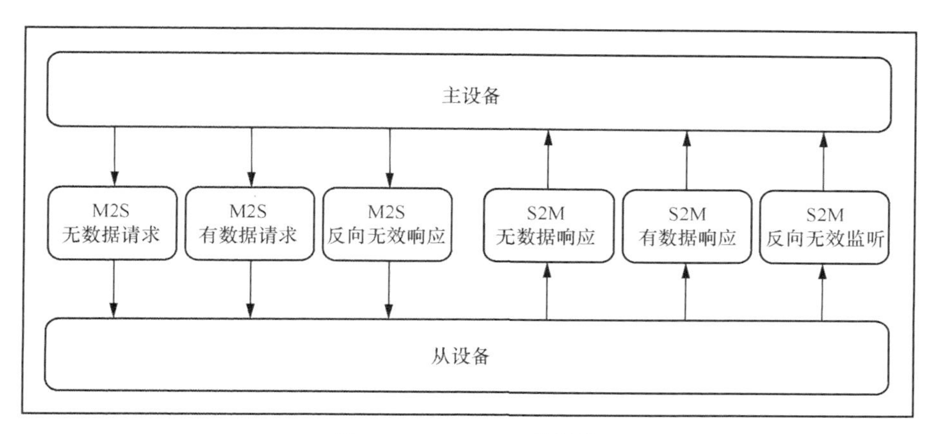

图 3-3 CXL.mem 的通道

3.3 CXL 设备

根据设备所支持子协议的不同，以及为了满足不同应用场景的需求，CXL 提供了灵活的实现，可支持 3 种设备（不同类型的设备在计算任务和数据处理方面具有不同的特点和优势）。这 3 种类型的设备为 Type 1 设备、Type 2 设备和 Type 3 设备，如图 3-4 所示。

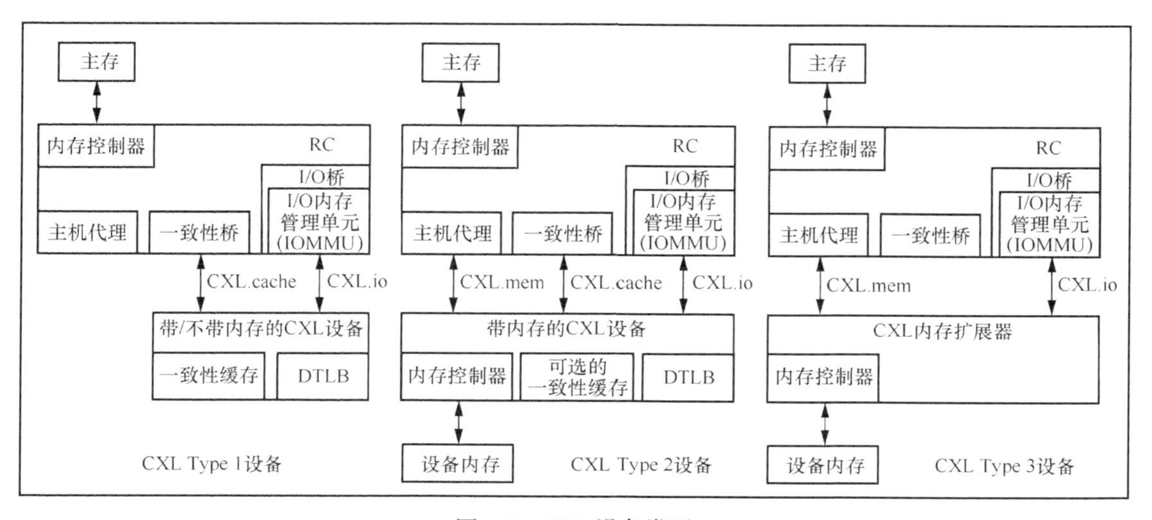

图 3-4 CXL 设备类型

3.3.1 Type 1 设备

CXL Type 1 设备支持 CXL.io 和 CXL.cache 协议，具备可选的私有内存，其典型应用是网卡。此类设备通过 CXL.cache 协议处理缓存一致性事务，基本缓存一致性允许其实现其选择的任何排序模型。另外，在该类设备中设置有一致性缓存，以支持实现无限数量的原子操作。为了实现任何排序和无限数量的原子操作，Type 1 设备往往只需要一个小容量的缓存，就可以很容易地被标准处理器监听过滤器机制跟踪，而且此类设备支持的缓存大小取决于主机的监听过滤功能。CXL 使用 CXL.cache 链接支持此类设备，加速器[①]可以通过该链接使用 CXL.cache 协议处理缓存一致性事务。

3.3.2 Type 2 设备

CXL Type 2 设备支持 CXL.io、CXL.cache 和 CXL.mem 协议，其典型应用是带有内存的加速器，如 GPU 和 FPGA。Type 2 设备除了一致性高速缓存，还有连接到设备的内存，例如 DDR、高带宽内存（High Bandwidth Memory，HBM）等，设备的内存可以被其他设备或主机访问。设备的性能依赖于加速器和设备挂载内存（Device-Attached Memory）之间的巨大带宽。CXL 旨在为主机提供一种将操作数写入设备内存并从设备内存中获取结果的方法，以避免加速器计算得到结果后，主机因不能访问设备内存而需要通过软件或硬件方式获得计算结果所造成的额外成本。

实现 HDM 的设备一致性有两种方法：一种是用 CXL.mem 的反向无效监听专用通道，用后缀“DB”（HDM-DB）标记；另一种是用 CXL.cache 来管理 HDM 的一致性，支持该流的内存区域用后缀“D”（HDM-D）标记。下面将详细介绍这两种方法。

1．HDM-DB 的反向无效监听

对于 HDM-DB，使用 CXL.mem 协议中的 BISnp 通道，能让设备直接监听主机，且该监听的响应通道为 BIRsp 通道。通道允许设备通过监听过滤器（Snoop Filter，SF）灵活管理单个高速缓存行的一致性。这些高速缓存行可以阻止新的 M2S 请求，直到 BISnp 消息被主机处理为止。HDM-DB 到主机的一致性管理只能使用 CXL.mem 的 S2M BISnp 通道，不能使用 D2H 的 CXL.cache 请求通道。另外，如果设备实现 256B Flit 的模式，就需要 HDM-DB 的支持，但 HDM-D 支持与 68B Flit 兼容。

2．基于偏置的 HDM-D 内存一致性模型

连接到给定设备的 HDM，仅对相应设备是本地的。基于偏置的 HDM-D 内存一致性模型

---

① Type1 设备本身就是一种加速器，网卡也是一种加速器。

定义了设备内存的两种偏置模式：主机偏置和设备偏置。当设备内存处于“主机偏置”模式时，它在设备上的显示方式与常规主机内存相同。也就是说，如果设备需要访问内存，那么会向主机发送一个请求，由主机处理该请求行的一致性。当设备内存处于“设备偏置”模式时，主机的任何缓存中都没有该行。因此，设备无须向主机发送任何事务（例如请求、监听等）就可以访问它。

（1）主机偏置。在这种模式下，一致性数据流允许从主机到设备内存的高吞吐量访问。如图 3-5（a）中的①所示，主机可以通过 CXL 设备中的 DCOH 直接访问主机管理设备内存。设备访问内存的路径并不是最佳的，因为要经过主机，如图 3-5（a）中带箭头的粗线所示，CXL 设备会先向主机发起 D2H 请求，由主机将该请求转发给 CXL 设备中的 DCOH，然后设备才能访问设备内存。显然，主机偏置模式下的设备内存更有利于主机访问，对设备访问较为不利。因此，主机偏移模式通常用于工作提交期间主机将操作数写入内存或工作完成后从内存中读取结果的场景。

（2）设备偏置。这种模式介于工作提交和工作完成之间，在设备执行工作时使用。在这种模式下，设备可以对设备内存进行高带宽和低延迟访问。如图 3-5（b）中带箭头的虚线所示，设备可以访问设备内存，无须询问主机的一致性桥。主机仍然可以通过图 3-5（b）中①所示的方式访问设备内存，但可能会被加速器强制放弃所有权，如图 3-5（b）中带箭头的粗线所示。因此，这种模式下的设备内存更有利于设备访问。

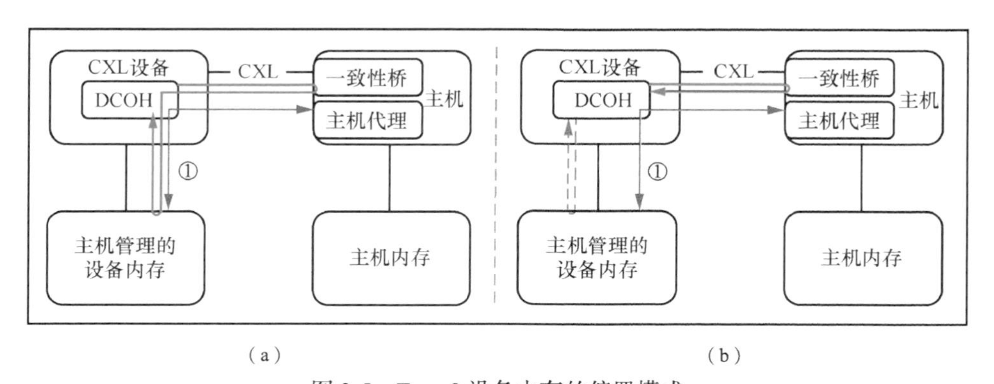

（a）　　　　（b）

图 3-5　Type 2 设备内存的偏置模式

CXL 通过实现基于偏置的 HDM-D 内存一致性模型，有助于维护映射到系统一致地址空间的设备内存的一致性，可以使设备以高带宽访问其本地连接的内存——不会产生大量的一致性开销（例如监听主机），还可以让主机像访问自身内存一样以具有一致性、统一的方式访问设备内存。不过，这要求在 Type 2 设备上实现偏差表，该表跟踪页面粒度的偏置，并可以使用偏置缓存将其缓存在设备中；需要实现偏置转换的过渡代理（TA），这像一个用于“清理”页面的 DMA 引擎，其为属于相应页面的缓存行刷新主机缓存；还需要构建主机对加速器本地内存的基本加载和存储访问的支持。

另外，Type 2 设备必须支持 BI* 通道（S2M BISnp 和 M2S BIRsp），以支持这些设备中的 HDM-DB 存储器区域。使用 HDM-D 存储器区域的 Type 2 设备可能没有 BI* 通道。

3.3.3 Type 3 设备

CXL Type 3 设备支持 CXL.io 和 CXL.mem 协议，其典型应用是主机的内存扩展器。该设备主要通过 CXL.mem 运行，为主机发送的请求提供服务。CXL.io 协议主要用于设备发现、枚举、错误报告和管理。CXL.io 协议允许设备用于其他特定于 I/O 的应用用途。

3.3.4 多逻辑设备

一个 Type 3 的多逻辑设备（MLD）可以将其资源划分为多达 16 个隔离的逻辑设备，每个逻辑设备在 CXL.io 和 CXL.mem 协议中由逻辑设备标识符（LD-ID）标识。虚拟层次结构（Virtual Hierarchy，VH）可见的每个逻辑设备作为 Type 3 设备运行。LD-ID 对于访问 VH 的软件是透明的。MLD 组件在跨 LD 中有着每个协议共享的事务层和链路层，由于 LD-ID 功能仅存在于 CXL.io 和 CXL.mem 协议中，因此 MLD 仅限于 Type 3 设备使用。

MLD 组件有一个逻辑设备保留给 Fabric 管理器（Fabric Manager），并且最多有 16 个逻辑设备可用于主机绑定。Fabric 管理器拥有的逻辑设备（LD）使其可以配置跨逻辑设备的资源，并能管理与多个虚拟 CXL 交换机（VCS）共享的物理链路。Fabric 管理器 LD 的总线主控功能仅限于生成错误消息，此功能生成的错误消息只能路由到 Fabric 管理器。

MLD 组件包含一个 MLD DVSEC，其可被 Fabric 管理器访问，并可由 CXL 的 LD-ID TLP 前缀中携带 FFFFh 的 LD-ID 的请求寻址，交换机的实现必须保证 Fabric 管理器是唯一被允许使用 FFFFh 的 LD-ID 实体。

CXL 允许 MLD 组件使用 FM API 配置 LD 或拥有静态配置的 LD，在这两种配置中，配置的 LD 资源分配通过 MLD DVSEC 来通告。此外，MLD DVSEC LD-ID 热复位矢量的 Fabric 管理器 LD 寄存器也被 CXL 交换机用来触发一个或多个 LD 的热复位。

3.3.5 CXL 设备扩展和 CXL Fabric

在虚拟层次结构下，CXL 最多支持连接 16 个 Type 1 或 Type 2 设备。为了支持这种扩展，Type 2 设备被要求使用 CXL.mem 协议中的 BISnp 通道来管理 HDM 区域中的一致性，原来进行 HDM 一致性管理的 CXL.cache 协议则被 CXL 3.0 中引入的 BISnp 通道所替换。使用

CXL.cache 进行 HDM 一致性管理的 Type 2 设备仅限于每个主桥上的单个设备。

CXL Fabric 描述了依靠基于端口的路由（Port Based Routing，PBR）消息和流来实现可扩展交换机技术和高级的交换机拓扑结构，PBR 实现了灵活的低延时体系结构，该结构中的每个 Fabric 支持 4096 个 PBR ID。

CXL Fabric是一个或者多个交换机的集合，每个交换机支持PBR链路互连。域（Domain）是单一的一致性主机物理地址（HPA）空间中的主机端口和设备的集合。CXL Fabric 将一个或多个主机端口连接到每个域中的设备。

CXL Fabric 摒弃了基于层次结构路由方式的 PCIe 和前几代 CXL 的树形拓扑结构，实现了非树形拓扑扩展。CXL Fabric 为构建由计算和内存单元组成的大型系统提供了可能，如图 3-6 所示，其中的组成单元可以根据特定的工作负载需求来设计。

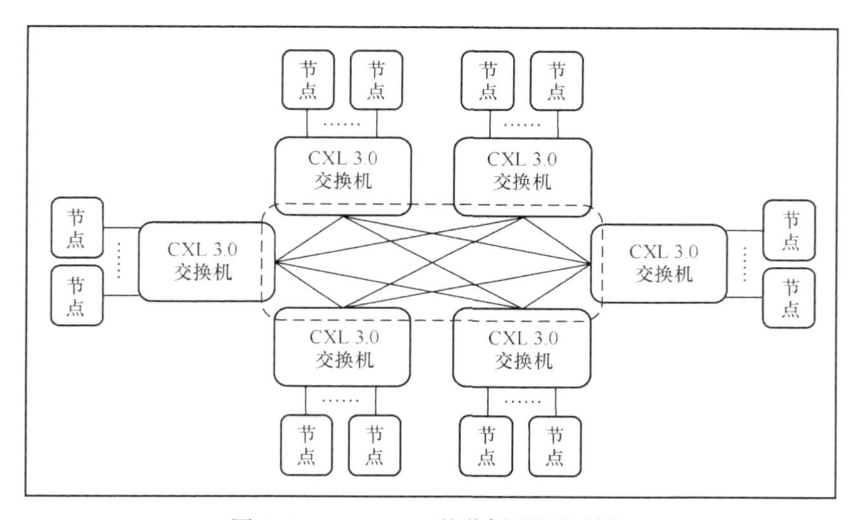

图 3-6 CXL Fabric 的非树形拓扑结构

3.4 CXL 核心组件

在 CXL 中，Flex 总线、Flit、DCOH、HDM、交换机等核心组件在链路训练、一致性事务处理、内存语义交互、设备扩展等方面发挥着巨大的作用。本节将逐一介绍这些组件。

3.4.1 Flex 总线

CXL 是基于 PCIe 物理层的架构，其通过 Flex 总线实现与 PCIe 的兼容。Flex 总线端口被设计用来选择提供原始的 PCIe 协议接口或者 CXL 接口。协议的选择取决于链路训练期间的协议协商机制，也取决于插在该端口上的设备支持哪种协议。该端口可用于将加速器或智能 I/O 设备连接到主机处理器以及用于连接扩展内存。

图 3-7 所示为 Flex 总线端口实现示意，展示了端口实现和自定义实现（设备被焊接在主板上）。端口实现可以容纳 Flex Bus.CXL 或 PCIe 卡。在 CPU 和设备之间可以插入一个或两个可选的 Retimer，以延长通道长度，还需要在 CPU 侧集成 Flex 总线端口。

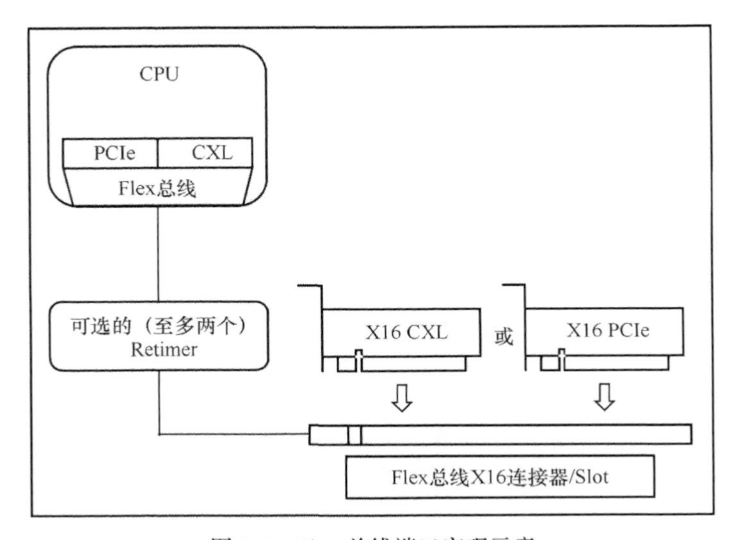

图 3-7　Flex 总线端口实现示意

Flex 总线分为事务层（Transaction Layer）、链路层（Link Layer）和物理层（Physical Layer），如图 3-8 所示。其中，事务层和链路层又各分为两部分，即处理 PCIe/CXL.io 的逻辑与处理 CXL.cache 和 CXL.mem 的逻辑。CXL.cache 和 CXL.mem 在事务层和链路层中组合在一起，看作一个逻辑。链路层与 CXL ARB/MUX 连接，后者交错处理来自两个逻辑的流量。此外，PCIe 事务层和链路层的实现是可选的，如果实现，则允许分别与 CXL.io 事务层和链路层融合。链路训练过程结束后，事务层和链路层被配置为在 PCIe 模式或 CXL 模式下工作。虽然主机 CPU 很可能会同时实现这两种模式，但加速器 AIC（Add In Card）只允许实现 CXL 模式。Flex 总线运用了 PCIe 的电气特性，这使得它可以与 PCIe Retimer 兼容并且同时支持 PCIe 设备。另外，Flex 总线的物理层逻辑子块是一个聚合逻辑物理层，可以在 PCIe 模式或 CXL 模式下运行，这具体取决于链路训练期间协商的结果。

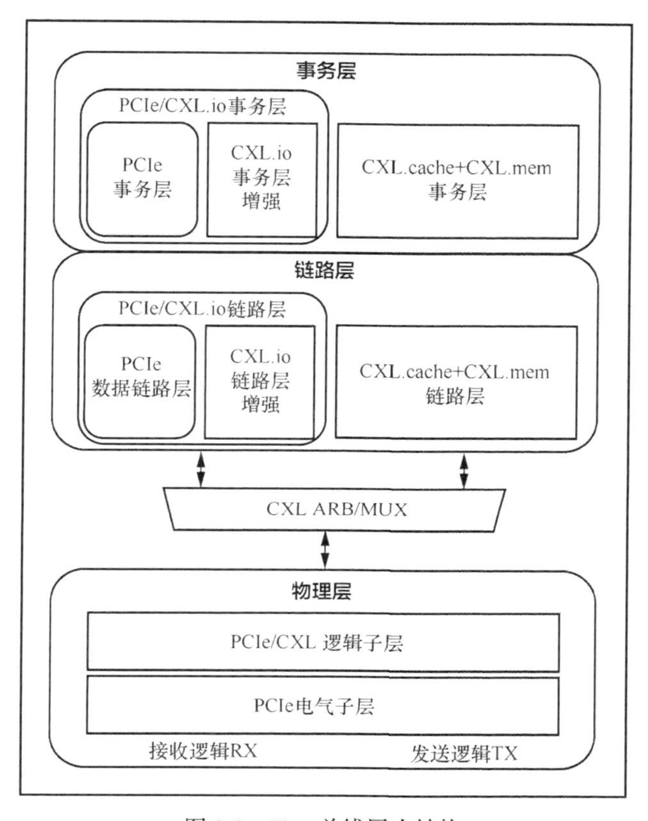

图 3-8 Flex 总线层次结构

3.4.2 Flit

Flit（Flexible-Length Interface Transport）在 CXL 规范中的解释为“Link Layer Unit of Transfer”，即 CXL 中用于数据传输的基本单元。Flit 也是一种长度可变的数据包格式，用来在 CXL 设备之间传输数据。Flit 具有以下特性。

（1）长度可变：Flit 的长度可以根据传输数据的大小进行动态调整，以最大限度地提高数据传输的效率。

（2）低延迟：Flit 采用较短的数据包格式，能够有效降低数据传输延迟，提高系统性能。

（3）灵活：在传输数据时，Flit 可以根据需要携带不同类型的控制信息，因此具有很强的灵活性和通用性。

3.4.3 DCOH

DCOH 是设备一致性引擎，负责解决主机与设备缓存的一致性问题。当使用偏置模型维护 CXL Type 2 设备 HDM-D 内存的一致性时，DCOH 可用于管理设备内存的偏置状态。DCOH 中有一个 SF，用于跟踪设备上实现的缓存（称为设备缓存）。另外，DCOH 包含用于设备连接内存的主机一致性跟踪逻辑，该跟踪逻辑在 HDM-D 内存区域的上下文中被称为偏置表，对于 HDM-DB，它被称为目录或主机监听过滤器。

在 CXL.mem 子协议中，当从设备映射到 HDM-D/HDM-DB 时，DCOH 负责实现一致性的相关功能，例如基于 CXL.mem 命令的设备缓存行监听以及更新元数据字段（Meta Data Field）。内存支持该字段与否是可选的，但这需要事先与主机协商。如果设备连接的内存不支持该字段，那么 DCOH 仍需要使用主机提供更新后的该字段来解释命令；如果设备连接的内存支持该字段，那么主机可以使用它实现 CPU Socket 的粗略监听过滤器。

3.4.4 HDM

HDM 可以映射到系统一致地址空间并可使用标准写回语义访问。HDM 和传统 I/O 或 PCIe 专用设备内存（Product Data Management，PDM）之间有一个重要区别。以带有 GDDR 内存的 GPGPU 为例，GPGPU 通常将其 GDDR 视为私有内存，这意味着主机无法访问 GDDR，并且与系统的其他部分不一致。GDDR 完全由设备硬件和驱动程序管理，主要用作有大型数据集的设备的中间存储。这种模型的明显缺点是，当引入操作数并将结果写回时，涉及大量从主机内存到设备连接内存的来回复制。相反，HDM 虽然也位于设备端，但可以直接被主机访问。

3.4.5 交换机

交换机可以使主机连接更多的 CXL 设备，从而使 CXL 的高带宽和低延迟的传输特性得到充分发挥。此外，在解决当前数据中心由资源闲置造成的效率低下问题、实现内存池化、支持分布式系统中的细粒度数据共享等方面，交换机也发挥着举足轻重的作用。

在 CXL 1.0 和 CXL 1.1 中，主机连接 CXL 设备的数量有限。在 CXL 2.0 中，增加了 CXL 单级交换机，这使平台中的许多设备能够迁移到 CXL 交换机，同时保持 CXL 的向后兼容性和低延迟特性。如图 3-9 所示，其中连接的 CXL 设备只支持连接一个 Type 1 设备或 Type 2 设备。另外，多个主机也可以连接到同一个交换机上，从而连接多个设备。

借助连接到多个主机的交换机，CXL 2.0 可以支持单逻辑设备（Single Logic Device，SLD）和 MLD 的池化。这一功能使得服务器能够根据工作负载将加速器和 / 或内存等资源分配给不同的服务器。类似地，可以根据需要灵活地将内存分配和释放到不同的服务器。如图 3-10 所示，对于主机和设备侧资源用相同的颜色表示同一个域，CXL 2.0 交换机可以处理多个域，一个 Type 3 MLD 在其 CXL 接口上最多可支持 16 个域。CXL 2.0 还定义了一个标准化的 Fabric 管理器，用于设置、部署和修改环境，以确保用户无论使用何种设备类型、主机、交换机或使用模型来进行池化时，都能获得相同的体验。

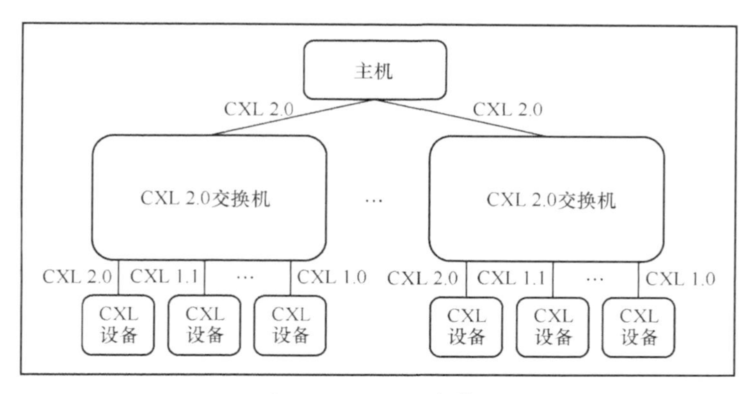

图 3-9　CXL 2.0 交换机

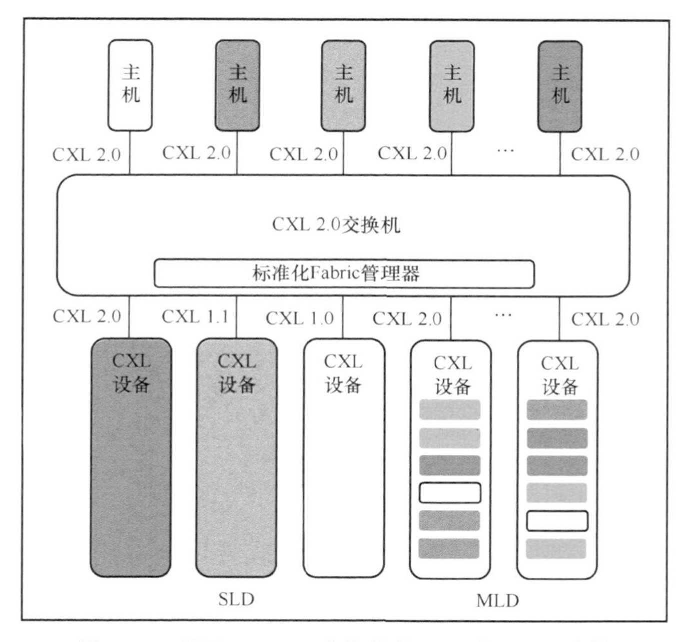

图 3-10　基于 CXL 2.0 交换机的 SLD 和 MLD 池化

CXL 3.0 实现了多级交换机，其支持连接 16 个 Type 1/Type 2 设备，如图 3-11 所示。

CXL 3.0 还引入了“内存共享”的概念，允许多个主机同时访问 CXL 设备的内存区域，并保证每个主机缓存的都是共享区域数据的一致性副本。此外，CXL 3.0 实现的机制是硬件缓存一致性，不需要软件管理的协调，因此可以提高数据流效率和内存利用率。图 3-12 展示了一个基于 CXL 3.0 交换机进行内存池化和共享的拓扑示例，其中 CXL 设备中的 S1、S2 和 S3 是共享区域，S1 由主机 1 和主机 4 共享，S2 由主机 2、主机 4 和主机 N 共享，S3 由主机 2 和主机 N 共享。

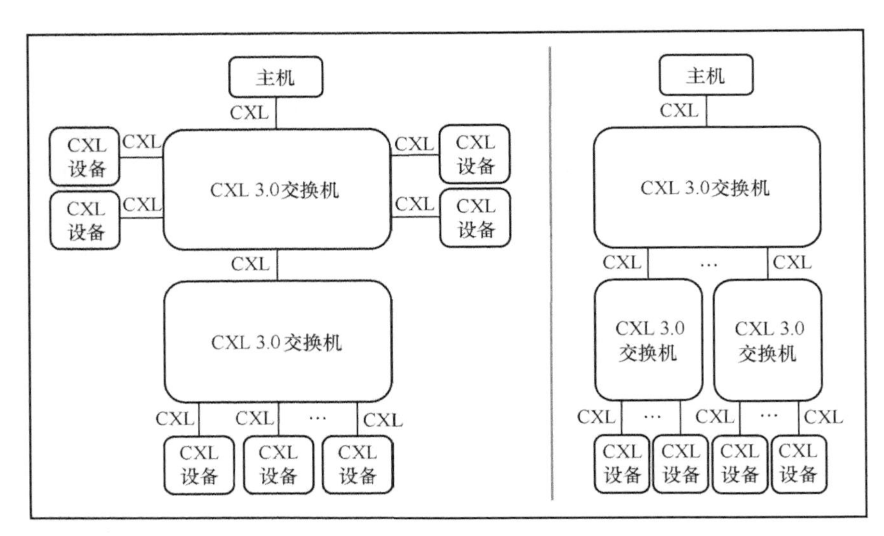

图 3-11 CXL 3.0 交换机

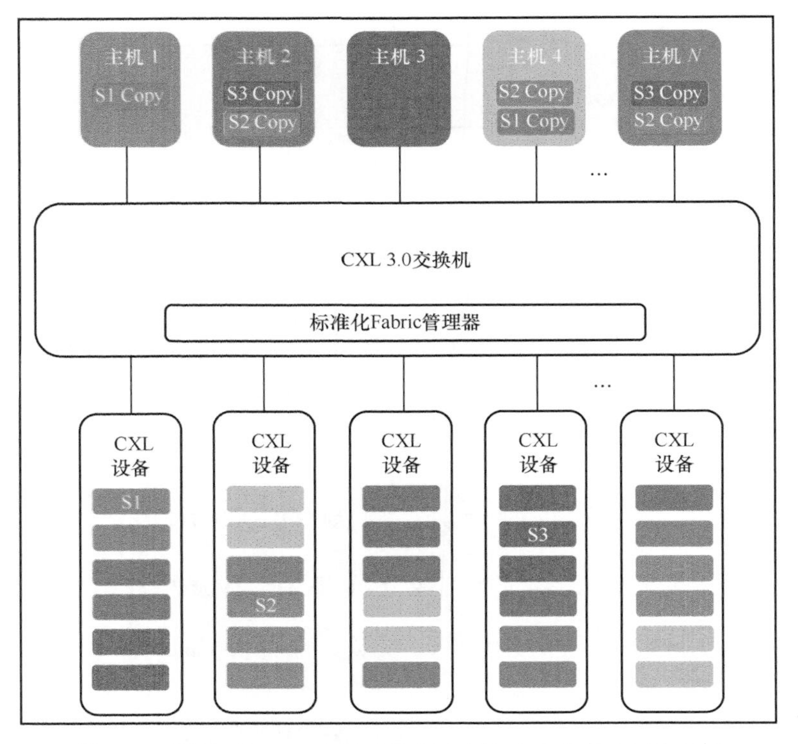

图 3-12 基于 CXL 3.0 交换机进行内存池化和共享的拓扑示例

关于 CXL 2.0 和 CXL 3.0 的基于层次路由（HBR）、基于端口路由（PBR）交换机的特性对比如表 3-1 所示。

表 3-1 CXL 2.0 交换机和 CXL 3.0 交换机的特性对比

名称	拓扑特性	连接的节点类型及个数	路由方式	P2P 传输	特点
CXL 2.0 交换机	单级树形拓扑	支持 1 个 CXL Type 1/Type 2 设备，多个 CXL Type 3 设备	基于层次路由	不支持	支持内存池化
CXL 3.0 交换机（HBR）	多级树形拓扑	支持 16 个 CXL Type 1/2 设备，多个 CXL Type 3 设备	基于层次路由	不支持	支持内存池化、内存共享
CXL 3.0 交换机（PBR）	非树形拓扑	支持 CPU 主机、带或不带内存的 CXL 加速器、PCIe 设备或全局 Fabric 连接内存设备，至多连接 4096 个节点	基于端口路由	支持	支持内存池化、内存共享

3.5 CXL 总线层次结构总览

CXL 总线延续了 PCIe 的分层结构，在接收和发送过程中，数据报文需要通过事务层、数据链路层和物理层，其层次结构如图 3-13 所示。在 CXL 总线层次结构中，数据报文首先在设备核产生，经过事务层、数据链路层和物理层，然后发送出去；接收端的数据依次通过物理层、数据链路层和事务层到达设备核。

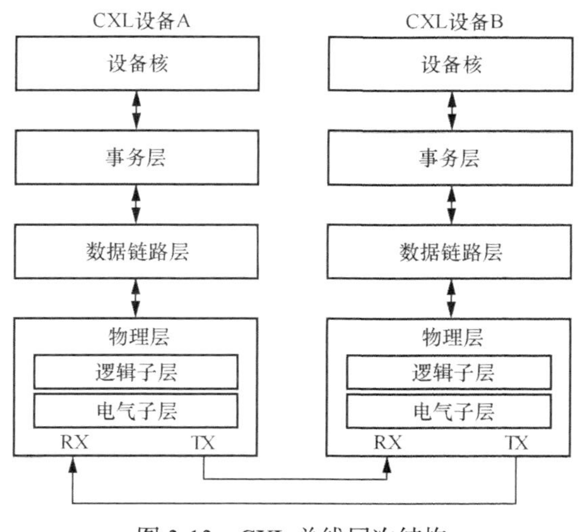

图 3-13 CXL 总线层次结构

其中，事务层会将数据报文封装为 TLP，并会处理排序、流量控制和信用等事务；数据链路层将 TLP 添加前缀和后缀等信息封装为 DLLP，保证发送端事务层的报文可靠、完整地发送到接收端的数据链路层；物理层负责物理信息交换、接口初始化与维护、链路训练以及电源管理等，为数据传送提供可靠的物理环境。每一层都有一组寄存器，软件通过访问这些寄存器实现配置、控制和获取链路的状态。

3.6 小结

本章主要围绕 CXL 的互连架构介绍了 CXL 的 3 个子协议、CXL 设备以及相关核心组件。关于 CXL.cache 和 CXL.mem 协议介绍了交互需要的通道机制等，并根据支持的不同协议，进行了 CXL 实现的不同设备以及其相关工作机制和应用场景的介绍，着重介绍了 CXL Type 2 设备实现设备一致性的两种机制：HDM-DB 的反向无效监听机制和基于偏置的 HDM-D 的内存一致性模型。另外介绍了 CXL 交换机和 Fabric，用于实现设备扩展，以及其他的 Flex 总线、DCOH 等核心组件。最后简要介绍了 CXL 总线的层次结构。

第 4 章　CXL 产品简介

本章主要介绍从 2021 年开始发布的 CXL 相关产品，包括处理器、内存、SSD、交换芯片、FPGA 板卡、控制器 IP 等。

CXL 联盟制订了合规性计划，用于为 CXL 会员测试 CXL 规范中定义的最终产品的功能和互操作性，并通过支持该领域的产品质量来促进积极的市场体验。不过，该计划不为任何产品的性能提供保证，仅提供合规性认证。截至 2024 年 4 月，CXL 官方网站提供的通过合规性测试的集成商如表 4-1 所示。该表列出了所有支持 CXL 1.1 的 CXL 产品。

表 4-1　经 CXL 联盟合规认证的集成商

厂商	产品名称	设备 ID	设备类型	速率	线	外形	功能	CTE
Alphawave Semi	KappaCore32（PCIe/CXL Controller）	1001	Type 3	8 GT/s	x8	CEM	IP	CTE 003
AMD	AMD EPYC 9004 Series Processors *	Genoa, Genoa-X, Bergamo, Storm Peak *	Type 3	32 GT/s	x16	Other - Root Complex	Host	CTE 001
Astera Labs	Aurora A1000（A1000-1254AB）	0x01E2	Type 3	32 GT/s	x16	CEM	MEM Expander	CTE 003
Astera Labs	Leo Smart Memory Controller（CM51652LA0PRL）	0x01E2	Type 3	32 GT/s	x16	Other - System on Chip (SoC)	MEM Expander	CTE 003
Cadence Design Systems	Cadence CXL Controller IP	100	Type 3	8 GT/s	x4	CEM	IP	CTE 003
Intel	Intel® Agilex® 7 FPGAs with CXL IP	0x0DDB	Type 2	32 GT/s	x16	CEM	Accelerator, IP, MEM Expander	CTE 002

续表

厂商	产品名称	设备 ID	设备类型	速率	线	外形	功能	CTE
Intel	Intel® Agilex® 7 FPGAs with CXL IP	0x0DDB	Type 3	32 GT/s	x16	CEM	Accelerator, IP, MEM Expander	CTE 002
Intel	Intel® Agilex® 7 FPGAs with CXL IP	0x0DDB	Type 1	32 GT/s	x16	CEM	Accelerator, IP	CTE 002
Intel	4th Generation Xeon Scalable Processors *	Emerald Rapids *	Type 1 Type 2 Type 3	32 GT/s	x16	Other - Root Complex	Host	CTE 001
Intel	4th Generation Xeon Scalable Processors *	Sapphire Rapids *	Type 1 Type 2 Type 3	32 GT/s	x16	Other - Root Complex	Host	CTE 001
Microchip	Pioneer	PM8701	Type 3	32 GT/s	x8	CEM	MEM Expander	CTE 002
Microchip	Pioneer	PM8702	Type 3	32 GT/s	x16	CEM	MEM Expander	CTE 002
Micron	Micron Rev B	6400	Type 3	32 GT/s	x8	EDSFF	MEM Expander	CTE 001
Micron	Micron Rev A	6400	Type 3	32 GT/s	x8	EDSFF	MEM Expander	CTE 001
Montage Technology	CXL Memory Expander Controller (MXC)	0xC001	Type 3	32 GT/s	x8	CEM	MEM Expander	CTE 001
RAMBUS	XL11_T3_Gen4-x8	1115	Type 3	16 GT/s	x8	CEM	IP	CTE 003
Samsung	Samsung Memory Expander	0xC001	Type 3	32 GT/s	x8	EDSFF	MEM Expander	CTE 001
SK Hynix	CMM-DDR5 B	0xC001	Type 3	32 GT/s	x8	EDSFF	MEM Expander	CTE 003
SK Hynix	CMM-DDR5 A	0xC001	Type 3	32 GT/s	x8	EDSFF	MEM Expander	CTE 002
Synopsys Inc.	DesignWare PCIe/ CXL Controller *	EDDC *	Type 2	8 GT/s	x4	Other - Root Complex	Host, IP	CTE 002

4.1 CXL 处理器

目前支持 CXL 的处理器有 Intel 的第四代至强处理器和 AMD 的 EPYC 9004 系列处理器。随着目前服务器领域多元化的发展趋势，ARM、POWER、RISC 等处理器可能会陆续加入对 CXL 的支持。

4.1.1 第四代英特尔至强可扩展处理器

第四代英特尔至强可扩展处理器（Intel XEON 4th 处理器）采用全新架构，单核性能比上一代产品更高，每路配备多达 60 个内核。每个系统支持单路、双路、四路或八路配置。为了与内核数增加这种情况相匹配，该处理器在内存和输入 / 输出（I/O）子系统方面也做了相应的改进。DDR5 内存提供的带宽和速度与 DDR4 相比提高多达 1.5 倍，其速率达到 4800 MT/s。此外，该平台还具有每路 80 条 PCIe Gen5 通道的特点，与之前的平台相比，I/O 性能得到显著提升。这一代处理器还可提供 CXL 1.1 连接，支持高网络带宽并使附加加速器能够高效运行。第四代英特尔至强可扩展处理器支持的技术让用户可以根据工作负载要求的变化灵活扩展和调整。

4.1.2 AMD EPYC 9004 处理器

第四代 AMD EPYC 9004 处理器采用创新的小芯片架构，处理器最多可达 128 个“Zen 4”或“Zen 4c”内核，具有出色的内存带宽和性能。集成的 CXL 控制器可用于灵活的内存扩展功能。

4.2 内存

传统的内存接口将系统的总内存容量限制在 GB 级别范围，CXL 技术对内存资源池化的支持将系统的总内存容量提升至 TB 级别，同时显著降低了内存管理软件栈的复杂度，也降低了数据中心的总体拥有成本（TCO）。

4.2.1 三星 CMM-D

三星集团于 2021 年 5 月公布了首款基于现场可编程门阵列（FPGA）控制器的 CXL DRAM 原型机 CMM-D（CXL Memory Module DRAM），如图 4-1 所示，又于 2022 年 5 月推出了 CMM-D 2.0，并在新版本中采用了专用集成电路（ASIC）的 CXL 控制器，并首次封装了内存容量为 512 GB 的 DDR5 DRAM，比其早期原型产品内存容量扩充了 4 倍，系统延时降至原来的五分之一。

图 4-1 三星 CMM-D

CMM-D 2.0 采用了 EDSFF（E3.S）的尺寸规格，特别适合下一代大容量企业服务器和数据中心。三星还公布了其开源的可扩展内存开发工具包（SMDK）。它是一个全面的软件包，允许 CXL 内存扩展器在异构内存系统中无缝工作——无须修改现有应用环境，系统开发人员就能将 CXL 内存纳入运行人工智能、大数据和云应用的各类 IT 系统中。

4.2.2 海力士 CMM-DDR5

海力士于 2022 年第四季度开始提供 CXL 内存扩展产品 CMM-DDR5，如图 4-2 所示。海力士 CMM-DDR5 的内存容量为 96 GB，它由 DDR5 颗粒组成。其外观标准采用 E3.S，支持 PCIe 5.0 x8 规格。

图 4-2 海力士 CMM-DDR5

海力士也为 CXL 内存设备开发了异构内存软件开发包（HMSDK），可以根据使用频率将数据重新定位到适当的存储设备，从而显著增强系统性能，监视多个工作负载。

4.2.3 澜起科技 CXL 内存扩展控制器芯片 M88MX5891

澜起科技于 2022 年 5 月在业界率先发布 CXL 内存扩展控制器芯片 M88MX5891，其主要特性见表 4-2，该芯片支持 JEDEC DDR4 和 DDR5 标准，同时符合 CXL 2.0 规范，支持 PCIe 5.0 的速率。该芯片可为 CPU 及基于 CXL 的设备提供高带宽、低延迟的高速互连解决方案，从而实现 CPU 与各 CXL 设备之间的内存共享，在大幅提升系统性能的同时，显著降低软件堆栈复杂性和数据中心 TCO。澜起科技的 CXL 内存扩展控制器（Memory Expander Controller，MXC）芯片成功通过了 CXL 联盟组织的 CXL 1.1 合规测试，被列入 CXL 官网的合规供应商清单（CXL Integrators List），是全球首家进入 CXL 合规测试供应商清单的 MXC 芯片厂家。

表 4-2　　M88MX5891 的主要特性

描述	CXL 标准	DDR5 标准	其他接口	应用	封装
Type 3 CXL 内存扩展控制器芯片	CXL 1.1/2.0；CXL x8 lanes；最高支持速率为 32 GT/s	JEDEC DDR4/DDR5；支持 DDR4-3200/DDR5-5600	SMBus；I3C/I2C；SPI	内存 AIC 扩展卡；EDSFF 内存模组	767 球 FCCSP

4.3 CXL SSD

在 2022 年的全球闪存峰会上，三星集团宣布推出 CXL SSD，即“内存语义 SSD”。CXL SSD 结合了存储和 DRAM 内存的优势。利用 CXL 互连技术和内置 DRAM 缓存，内存语义 SSD 在人工智能和机器学习应用程序中使用时，可以在随机读取速度和延迟方面实现高达 20 倍的改进。三星集团的内存语义固态硬盘经过优化，可以极快的速度读取和写入小型数据块，非常适合越来越多的需要快速处理较小数据集的人工智能和机器学习工作负载。

不过，三星集团又将内存语义 SSD 重命名为 CXL Memory Module-Hybrid，或简称 CMM-H，如图 4-3 所示。

CMM-H 的一个关键元素是其内置的 DRAM 缓存，旨在减轻与 NAND 闪存相关的长时间延迟。在现代数据处理系统中，每个处理程序都有自己的缓存，用于存储频繁访问的数据以提高速度。同样，这种内置的 DRAM 缓存可以有效地缓存频繁访问的数据，提供与主机 DRAM 相当的性能，具有 100% 的缓存命中率。CMM-H 利用 CXL.mem 协议，凭借其 64 字节缓存粒度访问进一步脱颖而出。该协议改变了人工智能应用程序的游戏规则。

CMM-H 与传统的 NVMe 设备不同，传统的 NVMe 设备需要数据交换，将数据从 SSD 来回移动到主机 DRAM。CMM-H 促进直接数据访问，提高数据处理效率，通过提供更高效的 I/O 堆栈来降低延迟，并通过更小的数据访问粒度增加有效带宽。这是通过 CXL 技术（CXL.mem）启用的缓存一致性实现的。缓存一致性过去仅在处理器的主内存或主内存缓存之间可用，现在可用于 CXL 设备，以便共享公共内存访问权限的所有处理器都能看到相同的最新版本的数据。

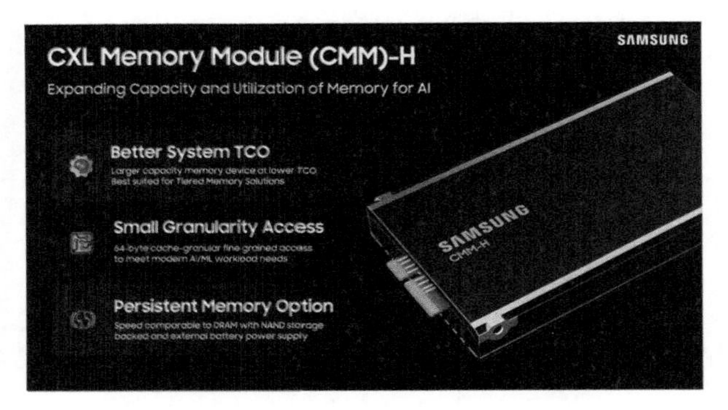

图 4-3　三星 CMM-H 产品

此外，CMM-H 的多功能性也值得注意。它不仅可以作为内存扩展设备来满足分层内存系统的需求，还可以作为 PMem 设备（又称为持久性内存，即 Persistent Memory）来满足持久内存需求。持久性功能通过数据转储到 NAND 闪存来启用，CMM-H 支持 CXL 2.0 GPF 的故障刷新功能。

另外，铠侠科技也在 Flash Memory Summit 2023 上展示了 CXL+BiCS FLASH 产品，容量为 1.3 TB，支持 CXL 1.1/2.0 x4，外观尺寸有 E1.S 和 E3.S。

4.4　CXL 交换芯片

XCONN 发布了全球首款 CXL 交换芯片 XC50256，如图 4-4 所示。

图 4-4　首款 CXL 交换芯片 XC50256（引自 XConn 官网）

该芯片拥有 256 组差分对，可提供 2048 GB/s 的交换速率。其特性如下。

- 兼容 CXL 1.1/2.0 和 PCIe Gen5 协议。
- 支持 CXL 的 3 个子协议。
- CXL 交织管理器支持多逻辑设备。
- 支持多 VCS。
- 支持 CXL Type 2 和 Type 3 内存设备。
- 总共多达 32 个带分叉的端口。
- 完整的 RAS 支持（ECC/ 奇偶校验、DPC、热插拔、数据投毒）。

4.5 CXL FPGA 板卡

目前成熟的商业产品还是以内存扩展应用为主，即 Type 3 设备，还没有成熟的 Type 1 和 Type 2 类的产品。开发者可以选择在 FPGA 开发板上快速搭建自定义应用的原型，比如 Type 1 类型的智能网卡或者轻量型加速器，Type 2 类型的专用或通用加速器，Type 3 类型的近内存计算。目前主流 FPGA 厂商中，Intel 率先在 Agilex 7 系列 FPGA 产品中提供了 R-Tile CXL IP 的支持，并且支持 Type 1/2/3 类型的 EP 模式，物理层采用 PCIe Gen 5。也有一些开发者在 AMD 的 Versal FPGA 开发板上使用第三方的 CXL 控制器 IP 搭建了相关应用的原型，不过只能使用 PCIe Gen4 的收发器。

4.5.1 Agilex 7 FPGA

Intel Agilex 7 FPGA 采用先进的系统级封装小芯片（System In Package）架构和嵌入式多晶片互连桥接（EMIB）将 FPGA 晶片和专用芯粒集成在单一器件封装中。专用芯粒包括 E-Tile、F-Tile、P-Tile 和 R-Tile。根据封装的 FPGA 晶片规格和专用芯粒数量的不同，分为 F 系列、I 系列和 M 系列，如图 4-5 所示。

图 4-5 Intel Agilex 7 FPGA 的 F 系列、I 系列和 M 系列

Agilex I 系列 FPGA R-Tile 如图 4-6 所示，R-Tile 集成了 PCIe 5.0 和 CXL 收发器，最高速率为 16 × 32 Gbit/s（NRZ）。并且提供 CXL IP 和 PCIe Gen5 IP 支持，也支持物理层接口模式。AIB 是一种 R-Tile 和 FPGA 桥接总线，CXL 或 PCIe IP 的用户接口均通过此接口与 FPGA Fabric 区域的用户逻辑通信。不过，开发者无须关注 EMIB 接口，因为无论是 CXL IP 还是 PCIe IP 都会将 R-Tile 和 FPGA Fabric 区域上的部分逻辑封装起来，为用户提供统一的标准内存映射总线或数据流总线接口。

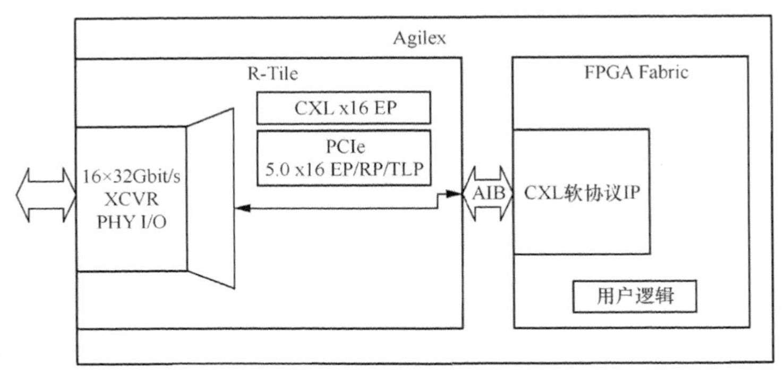

图 4-6 Agilex I 系列 FPGA R-Tile 示意

4.5.2 Intel Agilex 7 FPGA 开发套件

Agilex 7 FPGA I 系列开发套件提供了完整的原型设计和参考平台，适用于需要 PCIe 5.0、CXL 或 400 Gbit/s 以太网连接的设计。Intel Agilex 7 FPGA I 开发板配置信息见表 4-3。

表 4-3 Intel Agilex 7 FPGA I 系列开发板配置信息

主板	Agilex 7 FPGA I 系列开发板，装有具有 270 万个逻辑单元、采用 2957A 封装的 Agilex 7 FPGA I 系列器件
设备	AGIB027R29A1E2VR3 或 AGIB027R29A1E1VB
外形	PCIe 5.0 x16 金手指，连接到 R-Tile 收发器
	PCIe AIC 外形：3/4 长度、全高度、双倍宽度
功能和连接器	支持 PCIe、CXL 或 PIPE 模式
	2 个标准四通道小型可插拔双密度（QSFP-DD）笼连接到 F-Tile
	2 个 MCIO x8 连接器，连接到其他 R-Tile（不包含 MCIO 电缆和子卡）
DDR 内存	2 个 DDR4 DIMM 插槽，支持单通道、72 位、1-DPC、DDR4 模块
	1 个 16 GB SR DDR4 DIMM 模块（已包含在套件中）
	2 个焊接到主板上的 8 GB SR DDR4-2666 组件，每个通道 72 位

续表

(QSFP) 插座	2 个标准四通道小型可插拔双密度(QSFP-DD)插座
HPS 接口	支持 UART、I2C、JTAG、单独时钟振荡器
线缆和适配器	有效风扇、AC 适配器以及 USB 电缆

4.5.3　浪潮 F26A

浪潮 F26A 是国内首款集成了 Agilex 7 I 系列 FPGA 的加速卡，由浪潮电子信息产业股份有限公司于 2021 年推出，如图 4-7 所示。

图 4-7　浪潮 F26A

该系列 FPGA 加速卡的型号为 AGIB027R29A1E2V，该 FPGA 在 AGI 027 FPGA Fabric 的基础上封装了 1 片 F-Tile 和 3 片 R-Tile，其中 1 片 R-Tile 连接至金手指端，支持 PCIe Gen5 16x 和 CXL 1.1，其架构如图 4-8 所示。

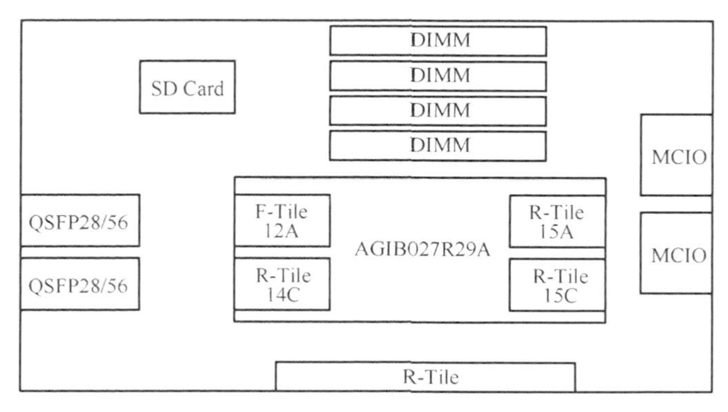

图 4-8　浪潮信息 F26A 加速卡的架构

FPGA 的 4 组 EMIF 接口也全部引出，并且采用标准 288pin DIMM 接口，支持 DDR4 电气规范，每组 DIMM 接口最高支持 64 GB 内存条。浪潮信息 F26A 加速卡的主要特性见表 4-4。

表 4-4 浪潮信息 F26A 加速卡的主要特性

接口	规格	数量 / 个
金手指	R-Tile，支持 CXL/PCIe/PIPE, x16	1
MCIO	R-Tile，支持 CXL/PCIe/PIPE, x8	2
QSFP56	200 Gbit/s，PAM4	2
DIMM	DDR4-2666，72 bit	4

4.6 CXL 控制器 IP

从 CXL 联盟公布的数据来看，目前提供 CXL 控制器 IP 的厂商有新思科技（Synopsys）、Cadence、Rambus 和 Alphawave semi。以新思科技为例，其解决方案包含控制器、PHY 和验证 IP，可以帮助人工智能、机器学习和云计算应用实现低延迟和高带宽互联。符合 CXL 3.0、CXL 2.0、CXL 1.1 和 CXL 1.0 规范的 CXL IP 能够支持针对加速器、内存扩展器和智能 I/O 产品的所有已定义 CXL 设备类型，并满足特定的应用需求。该方案涵盖 128 bit、256 bit、512 bit、1024 bit 等多种数据路径宽度，从而可支持从 x2 到 x16 的 CXL 链路带宽。为了降低风险，CXL 控制器 IP 解决方案基于新思科技的 PCIe 专用 IP 建立，该解决方案已在多种应用中完成了流片验证，包括 XConn 的 CXL 交换芯片，如图 4-9 所示。

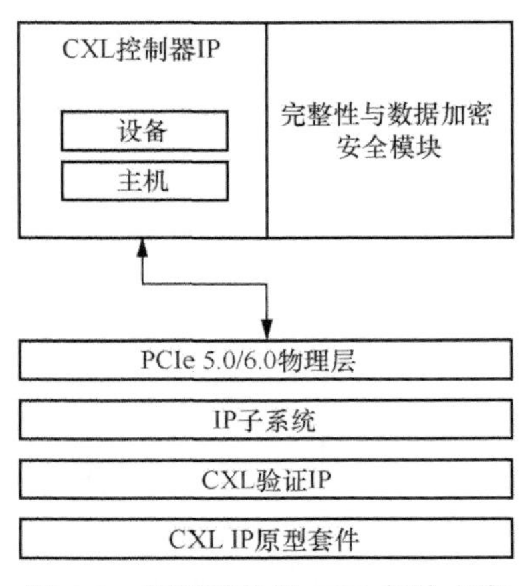

图 4-9 新思科技的 CXL 解决方案

4.7 浪潮 G7 系列服务器

作为国际主流服务器厂商，浪潮信息率先发布了支持 CXL 扩展功能的 G7 系列服务器。G7 系列服务器采用开放多元的架构设计，支持众多业内主流的通用处理器和加速芯片，采用先进的计算、存储和互联科技，覆盖全算力业务场景，提供从器件、整机到数据中心的全尺度智能化管理。同时，G7 系列服务器搭载了 KOS，可以实现服务器软硬件协同系统优化，并且全系支持液冷（通过液冷组件的标准化设计支持单芯片千瓦级解热）。

就方案产品而言，浪潮信息针对边缘微中心、私有云、数据库关键业务和大数据处理等不同场景，基于 G7 算力平台，联合 SAP 和 VMware 等合作伙伴推出了面向业务应用优化的全新一体机方案，能够满足用户基础设施建设、应用承载、数据安全、便捷运维等多方面需求。表 4-5 列举了浪潮信息发布的支持 CXL 的服务器产品。

表 4-5 浪潮信息发布的支持 CXL 的服务器产品

型号	体积	CPU 数量	Intel	AMD	Ampere
NF5280G7	2U	2	Xeon 4th	EPYC	Ampere One
NF5270G7	2U	2	Xeon 4th	不支持	不支持
NF5180G7	1U	2	Xeon 4th	EPYC	Ampere One
NF5170G7	1U	2	Xeon 4th	不支持	不支持
NF5266G7	2U	2	Xeon 4th	不支持	不支持
NF5466G7	4U	2	Xeon 4th	不支持	不支持
NF5476G7	4U	2	Xeon 4th	不支持	不支持
NF8260G7	2U	4	Xeon 4th	不支持	不支持
NF8480G7	4U	4	Xeon 4th	不支持	不支持
TS860G7	6U	8	Xeon 4th	不支持	不支持
NF3280G7	2U	1	不支持	EPYC	不支持
NF3180G7	1U	1	不支持	EPYC	不支持
I24G7	2U	2	Xeon 4th	EPYC	不支持

浪潮信息 G7 系列服务器部分产品，包括 NF5280G7 服务器（见图 4-10）、TS860G7 服务器（见图 4-11）和 NF8480G7 服务器（见图 4-12）。

图 4-10 NF5280G7 服务器

图 4-11 TS860G7 服务器

图 4-12 NF8480G7 服务器

以 NF8480G7 为例，该服务器可搭配 4 颗英特尔至强第四代可扩展处理器，单 CPU 最高拥有 60 个内核及 120 线程，最大支持 TDP 350W CPU，采用 3 路 UPI（UltraPath Interconnect）总线互连，每路传输可达 16 GT/s，大规模提升虚拟化场景性价比。NF8480G7 还支持 64 条 4800 MT/s DDR5 ECC 内存，内存支持 RDIMM 类型，可提供优异的速度、高可用性及最多 16 TB 的内存容量。更重要的是，凭借开源开放标准的高速缓存一致性互连协议 CXL，

NF8480G7 可以通过 E3.S 存储介质，为客户业务提供传统内存 DIMM 之外的高速缓存介质，满足大容量缓存业务核心诉求。

4.8 小结

本章介绍了目前 CXL 领域成熟的商业产品，包括处理器、内存、SSD、交换芯片、FPGA 板卡和控制器 IP，其中对于处理器，介绍了 Intel 公司的第四代至强可扩展处理器和 AMD 公司的 EPYC 9004 处理器；对于内存，介绍了三星公司的 CMM-D 和海力士公司的 CMM-DDR5，以及澜起科技推出的用于内存扩展的 ASIC 产品。本章还介绍了新型的支持内存语义和 I/O 语义的 CXL SSD 产品——三星公司的 CMM-H，以及 Xconn 公司推出的 CXL 交换芯片 XC50256。

除了上述成熟的商业产品，本章还介绍了 Intel 公司的 Agilex FPGA 和开发套件，可方便用户快速搭建各种 CXL 应用。当然，也可以使用商业 CXL 控制器 IP（比如 Cadence、Synopsys、Rambus、Alphawave semi 公司）在其他主流 FPGA 平台上搭建相关应用。本章还介绍了浪潮信息公司的 G7 系列服务器——该系列服务器中的部分型号支持 CXL 功能。

Part 02

第二篇　CXL 体系结构

第一篇介绍了 PCIe、CXL 的基础知识。从第二篇开始，我们将逐一介绍 CXL 体系结构中的各个组成部分（CXL 事务层、CXL 链路层和 CXL 物理层），然后在此基础上介绍 CXL 交换技术，以及 CXL 设备的复位、管理和初始化等内容。

第 5 章　CXL 事务层

CXL 体系结构主要包含 CXL 事务层、链路层和物理层。本章主要介绍 CXL 事务层的相关内容，例如 CXL 事务层核心概念、CXL 事务层协议、CXL 事务层架构、CXL.cache 事务层详解、CXL.mem 事务层详解、CXL Type 1/Type 2 设备主机请求 HDM 流程、CXL Type 1/Type 2 设备请求 HDM 流程、CXL Type 1/Type 2 设备请求主机内存流程、CXL Type 3 设备主机请求 HDM 流程。

5.1　核心概念

CXL 体系结构包括 CXL 事务层、CXL 链路层和 CXL 物理层。CXL 请求首先在设备中产生，再经该设备的事务层、数据链路层和物理层，最终发送出去。接收端的数据也需要通过物理层、数据链路和事务层，并最终完成 CXL 请求接收以及后续响应。

CXL 事务层是 CXL 层次结构的最高层，该层接收设备的数据请求，并将其转换为 CXL 事务。CXL 事务层有点类似于 TCP/IP 的应用层，主要负责处理各种 CXL 请求，通常会对应到一个具体的 CXL 功能点，例如 CXL 读写请求。可以粗略认为，理解了 CXL 事务层的工作原理，就相当于理解了 CXL 体系结构的业务流程，是理解 CXL 链路层和 CXL 物理层的前提，因为 CXL 链路层和 CXL 物理层的很多设计都是依据 CXL 事务层的需求制订的。

在了解 CXL 事务层工作原理之前，读者需要了解相关核心概念。这些核心概念是实现缓存一致性的基础，主要包括内存、缓存和缓存行等，以及 HDM-D、HDM-DB、HDM-H、PDM、Host Bias 和 Device Bias 等。

5.1.1　内存

内存是存放处理数据的存储空间，通常采用 DDR 系列技术，目前比较主流的有 DDR4 和 DDR5。内存通常是单指主机内存，但随着各种异构计算设备的出现，内存也可以指设备内存，例如显存、加速卡内存等。

（1）主机内存。主机内存英文名称为 Host Memory（Host-attached Memory），设备无法直接访问主机内存，但是可以通过 DMA 或者 PCIe 等操作获取主机内存里的数据，这些操作都不支持缓存一致性。而 CXL.cache 协议提供了一种机制，能把主机内存缓存到设备上，并保持缓存一致性，此时设备就能够快速访问主机内存的数据，且不用担心缓存一致性问题。

（2）设备内存。设备侧的内存英文名称为 Device Memory（Device-attached Memory），简称设备内存。设备内存可以是不同的存储介质，如 DDR、持久内存等。设备内存进一步分为 PDM 和 HDM。PDM 只能由设备访问或主机通过 DMA、PCIe 等请求访问，但这些操作都不支持缓存一致性。

主机通过 CXL.mem 协议能够获取设备侧的 HDM。HDM 目前共有 3 种类型，分别是 HDM-H、HDM-D 和 HDM-DB，下面针对每种类型进行详细的解释。

（1）HDM-H。HDM-H 中“H”代表 Host-only Coherent。HDM-H 仅用于 Type 3 类型的设备，例如内存扩展卡。HDM-H 只通过主机来保证缓存一致性，即所有 HDM-H 的缓存一致性都由主机侧提供。主机侧提供的功能包括哪个 CPU 缓存了这块内存，以及各个缓存的 MESI 状态是什么。设备没有缓存 HDM-H 的权限，CXL 也不提供设备的缓存一致性机制。HDM-H 相对比较简单，也容易实现产品化。

（2）HDM-D。HDM-D 中的“D”代表 Bias based Device Coherent。HDM-D 仅用于 Type 2 设备，采用一种带有偏向性的一致性模型，依赖 CXL.cache 协议管理一致性。HDM-D 有不同的 Bias 模式，包括 Host Bias 和 Device Bias 两种，不同 Bias 模式处理缓存的业务流程不一样。HDM-D 通常在主机下发命令和收取相应计算结果时为 Host Bias，在进行异构设备计算时为 Device Bias。

（3）HDM-DB。HDM-DB 中的“DB”代表 Device Coherent using Back-Invalidate。HDM-DB 可用于 Type 2 或 Type 3 设备，是一种基于反向无效机制的设备一致性模型，即设备通知主机无效主机缓存。反向无效机制最初用于 CPU 缓存领域，指低级缓存通知高级缓存进行相应的缓存处理，例如，L2 Cache 通知 L1 Cache 无效化某块缓存。HDM-DB 最早出现于 CXL 3.0，之前的版本没有这个类型，若 HDM 支持 256B Flit 模式，则必须支持 HDM-DB，这是设备标准规定的。HDM-DB 将缓存一致性管理从主机侧移到了设备侧，相当于给设备更大的管理权限。这样的优点在于设备在分享内存时，管理缓存一致性变得高效。

主机和设备需要对 HDM 类型协商，以对地址范围等进行管理。HDM-D/ HDM-H/ HDM-DB 类型是硬件设备功能决定，不能通过配置修改，例如，内存扩展卡仅支持 HDM- H。但 HDM-D 的 Bias 模式是设备运行状态，可以动态修改，不同的 Bias 模式有不同的性能优势。

5.1.2 缓存行的归属

缓存与内存相似，主机和设备内均有缓存，一组缓存构成一个缓存行。缓存行通常是固定大小的数据块，是缓存的基本单位。很多操作（例如，写某个缓存行）都是针对整个缓存行的。主机侧的缓存称为主机缓存，通常包含多级（例如 L1 Cache、L2 Cache），设备内的缓存称为设备缓存，并不一定有多级。不同的缓存也采用了不同技术方案，L1 Cache 的速度比 L3 Cache 快 10 倍以上，但所有的缓存都技术性能远高于内存、存储空间远小于内存。主机缓存、设备缓存、主机内存和设备内存对应关系示意如图 5-1 所示。

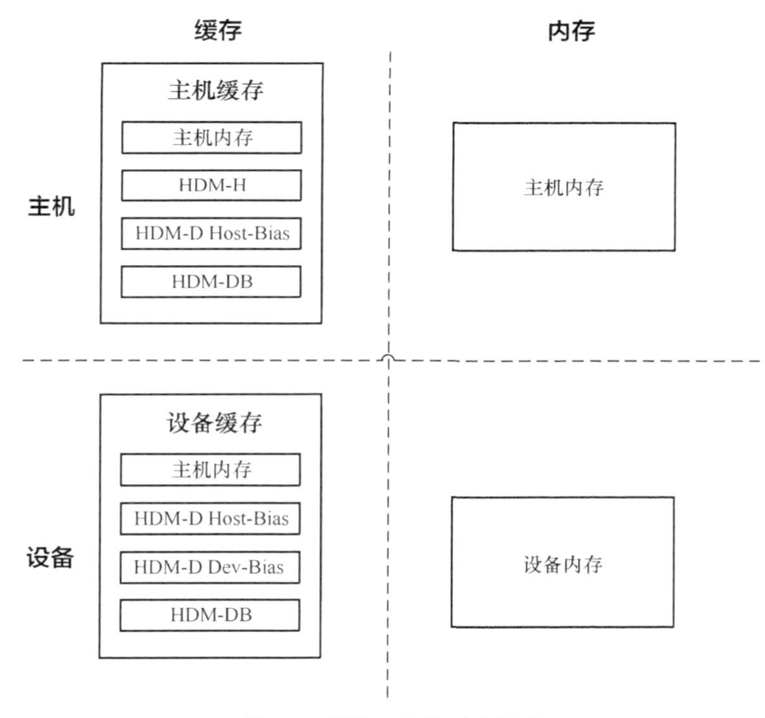

图 5-1 缓存、内存对应关系

这里的“主机内存”特指 CXL 设备能够访问的所有主机内存，其他主机内存不予展现。这里的设备内存特指当前 CXL 设备开放给主机使用的内存，其他设备内存不予展现。主机缓存是指由 CPU 使用的缓存，设备缓存是指由异构设备使用的缓存，在异构设备中，提供异构设备高速缓存的能力。

所有主机内存都可以缓存在主机缓存里。主机内存也可以缓存在 Type 1、Type 2 的设备缓存中，而不能出现在 Type 3 的设备缓存中，即 Type 3 无缓存主机内存能力，这是 CXL 设备类型功能划分规定的。

设备内存的缓存情况会更复杂一些。Type 1 设备没有设备内存，不能出现在主机缓存中。HDM-H 区域内存只能缓存在主机缓存。HDM-D 处在 Host Bias 模式的内存区域，可以缓存在主机和设备缓存中。HDM-D 处在 Device Bias 模式的内存区域，只能缓存在设备缓存中。HDM-DB 区域的内存可以缓存在主机和设备缓存中。这里比较特殊的是 HDM-D 处在 Device Bias 模式的内存区域，主机无法缓存处在该区域下的设备内存。因为主机无法缓存该区域内存，设备就可以自行高速处理该区域内存的缓存一致性，无须和主机进行大量的交互，提升了性能，但也失去了缓存在主机的机会。

通常，当主机内存数据缓存在设备缓存中，或者设备内存数据缓存在主机缓存中时，由内存归属方负责对所有缓存该内存的缓存进行监听，是一种高效监测模式，这样可以避免多个使用缓存的节点交互缓存状态信息。事实也的确如此，主机可以通过 CXL.cache 的 H2D 请求通道、设备可通过 CXL.mem 的 S2M BISnp 来监听和更新缓存状态。

5.2 CXL 事务层协议

完整的 CXL 有 CXL.io、CXL.cache 和 CXL.mem 共 3 个子协议。落到事务层上，也同样划分为 CXL.io、CXL.cache 和 CXL.mem 3 个部分，下面对 3 个事务层协议进行详细说明。

5.2.1 CXL.io 事务层

CXL.io 事务层为 I/O 设备提供了非一致的加载 / 存储接口，详细信息请参阅 PCIe 基本规范中“事务层规范”部分的内容。CXL.io 事务层在 CXL/PCIe 事务层中的位置如图 5-2 所示。

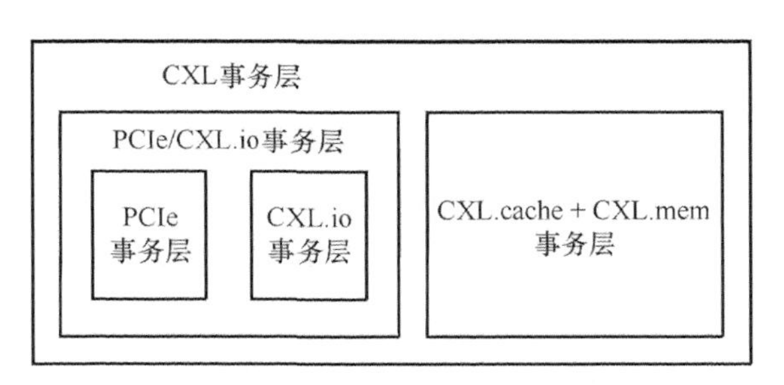

图 5-2 CXL 事务层协议关系

CXL.io 协议基于 PCIe，仅做了一些功能加强，主要用于设备发现、配置、初始化、I/O 虚拟化和使用非一致加载存储语义的 DMA 等功能。CXL.io 与 PCIe 一样，是一种拆分事务、基于信用的分组协议。CXL.cache 和 CXL.mem 则相对更为独立，与 PCIe 事务层功能相差较大，为 CXL 实际业务处理。

5.2.2 CXL.cache 事务层

CXL.cache 协议使设备能够缓存主机内存，也能保障主机和设备对 HDM-D 的缓存一致性，也就是说，CXL.cache 可以保障对主机内存和对设备内存的缓存一致性。CXL.cache 通过在异构计算中实现 MESI 模型保持缓存一致性。为设备协议简单化，主机对所有的缓存一致性进行跟踪，并且设备从不直接与任何其他芯片缓存进行交互。该协议在每个方向上有 3 个通道，通道的方向是主机到设备（H2D）和设备到主机（D2H），每个方向都有请求、响应和数据通道。

D2H 请求通道携带从设备到主机的请求信息，请求通常以内存或者缓存为目标，每个请求将接收零个到两个响应以及最多一个 64 字节的缓存行数据。D2H 请求通道包括十几个命令，分为四类：Read、Read0、Read0-Write、Write。Read 命令允许设备请求主机内存缓存行的一致性状态和数据。Read0 命令只对数据的一致性状态的请求，不需要任何数据，可用于更新高速缓存中的现有数据状态。Read0 命令的 H2D 响应为由主机提供的缓存状态。Read0-Write 命令允许设备直接将数据写入主机，而无须进行任何一致性处理，即缓存一致性无法保障。Write 用于在主机缓存中写入数据，请求数据可以是脏数据（M 状态），也可以是干净数据（E 或 S 状态），与 Read0-Write 命令不同的是 Write 会触发缓存一致性处理。

D2H 响应通道携带从设备到主机的所有响应。设备对监听的响应在设备的高速缓存状态。D2H 数据通道将所有数据和使能状态，从设备传送到主机。数据传输可以由隐式或显式写回产生。其中，隐式数据传输由监听触发，显式写回由缓存溢出触发。

H2D 请求信道用于主机改变设备中的一致性状态，称为 Snoop，缩写为 Snp。在缓存中有脏数据（M 状态）的情况下，设备必须将该数据返回主机。H2D 请求主要有以下 3 种：SnpData、SnpInv 和 SnpCur，这 3 种请求分别用于获取设备数据、无效化设备缓存和获取当前的设备缓存行状态。

H2D 请求信道携带从主机到设备的请求，这些请求是保持一致性的监听，可能会返回数据，而不是直接缓存设备内存数据，直接缓存设备内存数据通过 CXL.mem 完成。该请求携带数据缓存的位置，任何返回的数据都应写入该缓存区。H2D 请求可能由于缺乏设备资源而受到反压。H2D 响应通道携带排序消息并拉取写入数据。每个响应携带来自原始设备请求的请求标识符，以指示应将响应发往何处。对于写入数据拉取响应，消息包含应写入数据的位置。H2D 数据通道为设备读取请求提供数据。在所有情况下，传输的都是完整的 64 字节缓存行数据。

5.2.3 CXL.mem 事务层

主机通过 CXL.mem 访问 HDM，允许主机管理和访问该内存，HDM 将类似于主机的本地 DDR。该协议独立于使用的内存介质，使用一组简单的读写操作。使用主机物理地址时，在设备内部主机物理地址会转换到设备介质地址空间。根据类型的不同，它可能单独使用，也可能和 CXL.cache 一起使用。CXL.mem 可用于主机内存扩展和主机访问加速器内存。目前 CXL.mem 有 3 种一致性模型，分别是 HDM-H、HDM-D 和 HDM-DB。

在 CXL.cache 中，两端是 Host 和 Device，而 CXL.mem 两端是 Master 和 Subordinate。从 Master 到 Subordinate 的消息（M2S）有 3 类，分别是 Req、RwD 和 BIRsp。从 Subordinate 到 Master 的消息（S2M）有 3 类，分别是 NDR、DRS 和 BISnp。

对 Type 3 设备（不支持 CXL.cache）来说，设备通常为一个扩展的内存，只需要支持读写内存即可。主机发送内存读请求，设备响应内存数据。主机发送内存写请求，设备响应完成。

对 Type 2 设备（支持 CXL.cache）来说，设备既有自己的缓存，又有自己的内存，需要保证主机缓存和设备缓存的一致性。主机想要写入数据到设备内存的时候，如果此时设备缓存中有脏数据，需要进行写合并，再把合并后的数据写入设备内存。

注意，Back-Invalidation（BI）比较特别，可以让设备通过 Snoop 修改主机缓存中 HDM-DB 的数据。

5.3 CXL 事务层架构

CXL 体系结构主要包含 CXL 事务层、链路层和物理层，如图 5-3 所示。

CXL 事务层由 PCIe/CXL.io、CXL.cache 和 CXL.mem 事务层组成，其中 CXL.io 和 PCIe 事务层的功能和业务逻辑非常相似，工程实现上通常也把它们放在一个模块；而 CXL.cache 和 CXL.mem 相对独立，需要实现较多的 CXL 事务层的业务逻辑。

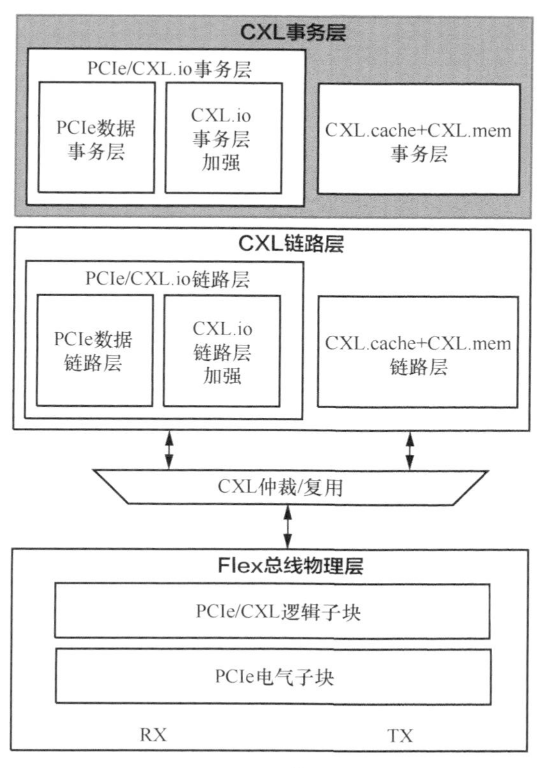

图 5-3 CXL 体系结构

5.3.1 CXL 事务层概念映射关系

前文介绍了 CXL 核心概念，以及 CXL 的 3 个事务层协议。接下来将针对这些前置知识，梳理出它们的关系。这里所使用的文字描述并没有用到 CXL 官方定义的术语，主要是为了让读者能更好地理解它们之间的关系。CXL 涉及缓存、监听、CXL.cache、CXL.mem 等多个概念，且这些概念相互关联，很多 CXL 功能需要多个概念相互交叉。表 5-1 为 CXL 内存、缓存、协议关系映射。

表 5-1 CXL 内存、缓存、协议关系映射

内存类型	主机缓存	主机监听设备	设备缓存	设备监听主机
主机内存	CPU 内部实现	CXL.cache H2D 请求 CXL.cache D2H 响应 CXL.cache D2H 数据	CXL.cache D2H 请求 CXL.cache H2D 响应 CXL.cache H2D 数据	CXL.cache D2H 请求 CXL.cache H2D 响应 CXL.cache H2D 数据

续表

内存类型	主机缓存	主机监听设备	设备缓存	设备监听主机
HDM-H	CXL.mem M2S 请求 CXL.mem S2M 响应	CXL.cache H2D 请求 CXL.cache D2H 响应 CXL.cache D2H 数据	设备内部实现	无
HDM-D	CXL.mem M2S 请求 CXL.mem S2M 响应	CXL.cache H2D 请求 CXL.cache D2H 响应 CXL.cache D2H 数据	设备内部实现	CXL.cache D2H 请求 CXL.cache H2D 响应 CXL.cache H2D 数据
HDM-DB	CXL.mem M2S 请求 CXL.mem S2M 响应	CXL.cache H2D 请求 CXL.cache D2H 响应 CXL.cache D2H 数据	设备内部实现	CXL.mem BI 请求

在表 5-1 中，横向维度为操作。主机缓存为主机缓存某块内存，即主机将某块内存放入主机缓存中。主机监听设备为主机监听设备缓存状态，即主机想获取设备某缓存行的状态，通常用在主机进行缓存一致性处理时，例如，主机想让设备释放某块内存的缓存行，希望独占处理。设备缓存为设备缓存某块内存，即设备将某块内存放入自己缓存中。设备监听主机为设备监听主机缓存状态，即设备想获取主机某缓存行的状态，通常用在设备进行缓存一致性处理时，例如，设备想让主机释放某块内存的缓存行，希望独占处理。纵向维度为内存类型，包括主机内存、HDM-H、HDM-D 和 HDM-DB。不同类型操作和内存会对应不同类型协议处理方式，这些处理的协议就是表格中填写的协议和消息类型，例如，主机缓存 HDM-H，使用 CXL.mem M2S 请求、CXL.mem S2M 响应完成整个流程。

这些关系比较复杂的原因在于某个功能往往触发一系列操作，例如，主机缓存 HDM-D 内存，除了主机缓存请求，还有可能触发主机和设备在这个地址缓存行之间的一致性处理，这样就会触发对应的监听、缓存行状态变化，以及数据同步等。

通常，CXL.io 是相对独立的。CXL.cache、CXL.mem 会经常配合完成某项任务，而且主机和设备内部实现也会结合两者一起工作，并不像 TCP、UDP 协议那样完全独立完成某个功能。接下来的流程部分会展示常见的 CXL 功能，并展示 CXL 各个操作之间是如何配合的。

5.3.2 CXL 事务层硬件逻辑架构

图 5-4 所示为 CXL 事务层硬件逻辑架构。主机和设备在逻辑上是相互独立的，主机通过主机内存总线连接主机内存，设备通过设备内存总线连接 HDM。主机和设备通过 CXL 交互内存和缓存的数据以及缓存状态。这里特别强调一下，Home Agent 和 DCOH 这两个概念会在后面的流程讲解中出现。Home Agent 是主机侧维护缓存一致性状态的硬件设备，DCOH 是

设备侧维护缓存一致性状态的硬件设备。它们都是硬件功能，每个设备的实现会有很大的不同，但是功能都是存在的，所以可以抽象出一些逻辑硬件。

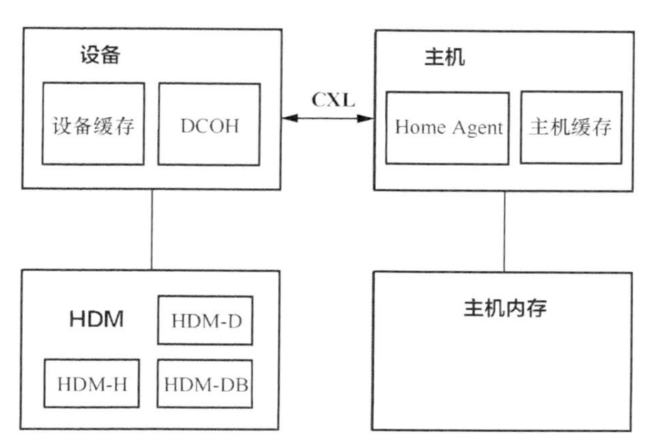

图 5-4　CXL 事务层硬件逻辑架构

5.4　CXL.cache 事务层详解

如前所述，在 CXL.cache 事务层流程中，CXL.cache 使设备能够缓存主机内存，也能保障主机和设备对 HDM-D、主机内存的缓存一致性。设备对主机的 CXL.cache 请求通常是对内存物理地址的读写请求，是对主机物理内存的缓存请求或者缓存状态修改请求，而主机对设备的 CXL.cache 请求是对设备内缓存行的监听请求，这两个方向的流程并不完全对等。

5.4.1　CXL.cache Read 请求

CXL.cache Read 为设备对主机的请求，主要用于设备获取主机内存信息，并提供相应的缓存请求，具体流程如图 5-5 所示。

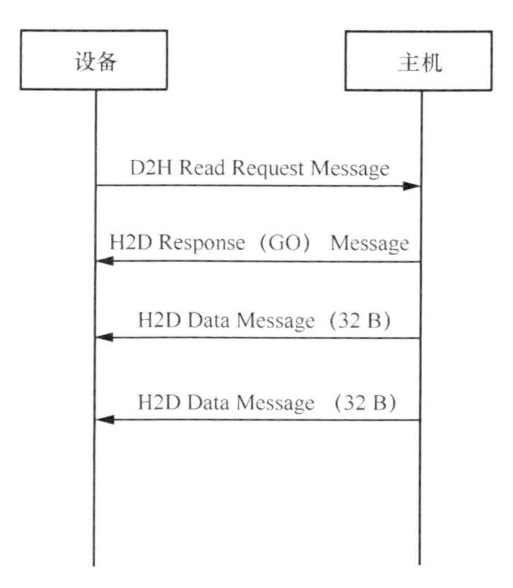

图 5-5　CXL.cache Read 请求流程

CXL.cache Read 类操作有 RdCurr、RdOwn、RdShared、RdAny。RdCurr 为读取主机内存缓存行中的当前值，不进行缓存一致性操作，相当于复制了内存缓存行，如果这块内存没有被缓存，就直接复制内存里的数据。RdOwn 为获取主机内存缓存行所有权，即获取缓存行值后，设备缓存行状态为 E，主机相关缓存行状态变为 I。不同的请求对应的响应类型也不同，例如，RdShared 请求会收到 GO-s 响应。其余两种操作与前两种类似，相关内容参见 CXL 官方文档。

5.4.2　CXL.cache Read0 请求

CXL.cache Read0 为设备对主机的请求，主要用于设备对主机内存的缓存行状态的请求，并不修改缓存行和内存数据，其具体流程如图 5-6 所示。

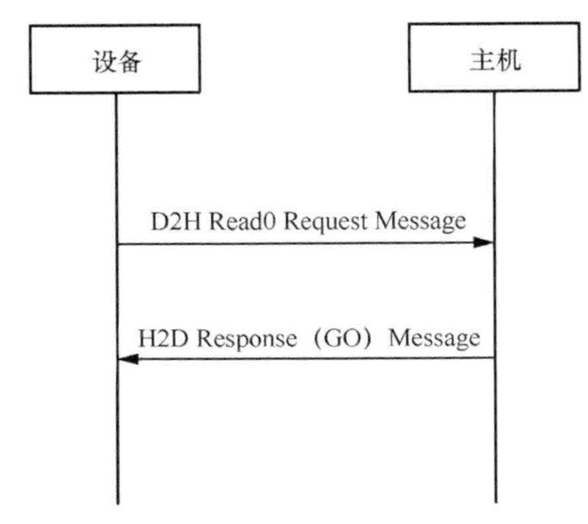

图 5-6　CXL.cache Read0 请求流程

CXL.cache Read0 类操作有 RdOwnNoData、CLFlush、CacheFlushed。RdOwnNoData 为获取主机内存缓存行所有权，即获取缓存行值后，设备缓存行状态为 E，主机相关缓存行状态变为 I。CLFlush 为无效化主机内存缓存行，即主机相关缓存行状态变为 I。CacheFlushed 和前两种类似，相关内容参见 CXL 官方文档。

5.4.3　CXL.cache Write 请求

CXL.cache Write 为设备对主机的请求，主要用于设备修改主机内存信息，并提供相应的缓存请求，具体流程如图 5-7 所示。

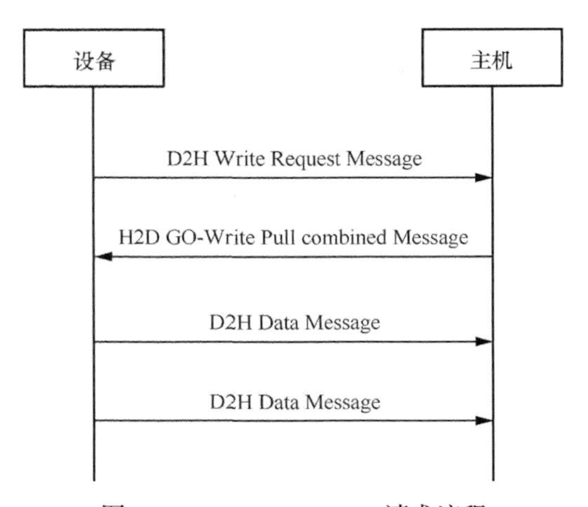

图 5-7　CXL.cache Write 请求流程

CXL.cache Write 类操作有 CleanEvict、DirtyEvict、CleanEvictNoData、WOWrInv、WOWrInvF 和 WrInv。CleanEvict 是对主机的请求，请求从设备中回收一个完整的 64 字节独占缓存行。

因为最后的决策权在于主机，所以只能算作请求。通常，CleanEvict 会收到 GO WritePull 或 GO WritePullDrop 响应，设备都会放弃对缓存行的所有权。收到 GO WritePull，设备将正常发送数据；收到 GO WritePullDrop，设备丢弃数据。WritePull 指示设备发送数据给主机，但不改变缓存状态，通过 WritePull 完成对主机内存的写操作。GO 消息指示主机希望设备相关缓存行的状态。WritePull 和 GO 可以合并成一个响应，也就是 GO WritePull。CleanEvict 请求还向主机保证设备不再包含此行的任何缓存副本。CleanEvict 仅适用于主机连接的内存地址范围。DirtyEvict 类似 CleanEvict，但是不会收到 WritePullDrop 响应。其余操作和前两种类似，相关内容参见 CXL 官方文档。

5.4.4 CXL.cache Read0-Write 请求

CXL.cache Read0-Write 为设备对主机的请求，主要用于设备直接将数据写入主机，而无须进行任何一致性处理，即缓存一致性无法保障，其具体流程如图 5-8 所示。

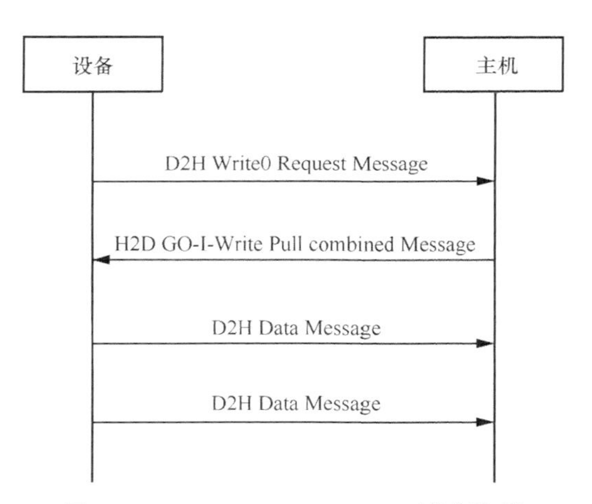

图 5-8 CXL.cache Read0-Write 请求流程

CXL.cache Read0-Write 类操作有 ItoMWr、WrCur。Read0-Write 与 Write 类操作的主要区别为 Write 考虑缓存一致性处理，而 Read0-Write 不考虑，具体内容可以查看 CXL 官方文档。

5.4.5 CXL.cache H2D 请求

CXL.cache H2D 请求信道用于主机改变设备中的一致性状态，称为 Snoop。在缓存中有脏数据（M 状态）的情况下，设备必须将该数据返回主机。其具体流程如图 5-9 所示。

H2D 请求主要有以下 3 种：SnpData、SnpInv 和 SnpCur，分别用于获取设备缓存数据、无效化设备缓存以及获取当前的设备缓存行状态。主机可以改变设备中缓存的主机内存和

HDM 的缓存行的状态。

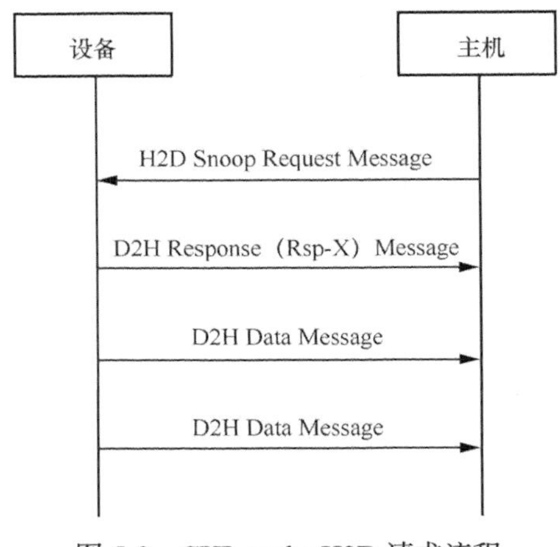

图 5-9 CXL.cache H2D 请求流程

5.5 CXL.mem 事务层详解

CXL.mem 事务层是 CXL 体系结构中的重要组成部分，负责处理与内存相关的通信和事务操作。通过 CXL.mem 事务层，可以实现高效的数据传输和访问，提升系统的整体性能。该事务层具有灵活性、可扩展性的特点，能够支持不同的内存类型和访问模式，可为系统设计和优化提供更多的可能。

5.5.1 CXL.mem M2S 请求

主机通过 CXL.mem 访问 HDM，允许主机管理和访问该内存。CXL.mem 访问 HDM 为最简单的情况，即 HDM-H。HDM-D 和 HDM-DB 不仅仅访问设备内存，还会在请求中携带缓存一致性信息，会触发后续的一致性处理。CXL.mem M2S 请求流程如图 5-10 所示。

CXL.mem M2S Req 为主机对设备的请求，通常为读 HDM 请求，主要包括 MemInv、MemRd、MemRdData、MemRdFwd、MemWrFwd 等。MemRd、MemRdData 为内存读请求，MemRdFwd、MemWrFwd 为跳过主机之间操作指示。

CXL.mem M2S RwD 为主机对设备的请求，但是会携带数据，通常为写 HDM 请求，主要包括 MemWr、MemWrPtl、BIConflict、MemRdFill 等。MemWr 为将整个缓存行写入内存，MemWrPtl 为将部分缓存行写入内存。

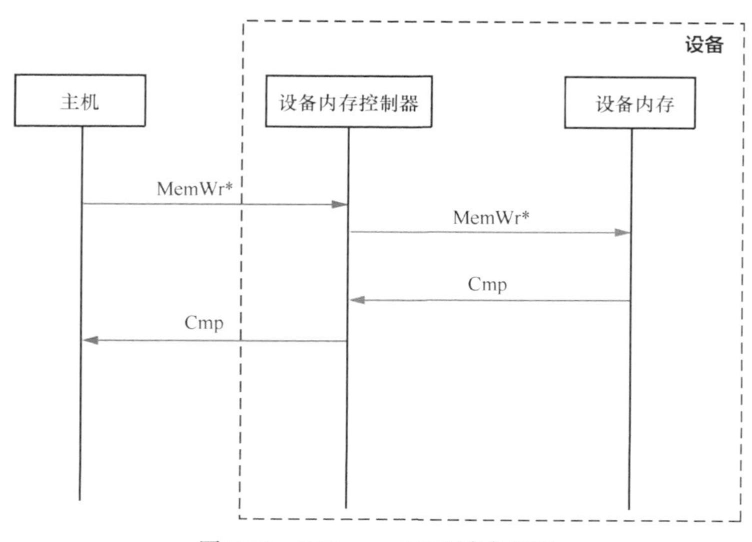

图 5-10 CXL.mem M2S 请求流程

5.5.2 反向无效机制

BISnp 拥有专用信道，HDM-DB 的所有设备可监听可能具有缓存行副本的主机。SF 是设备中的一种功能模块，可用于跟踪 HDM-DB 的所有主机缓存。

SF 已满时，会向主机发送 BISnp 命令（消息请求），触发主机将 HDM-DB 的缓存行无效化，进而释放 SF 存储资源。通常 SF 已满时，由 M2S 请求会引起 SF miss，而设备还必须分配新的 SF 条目，所以 SF 就必须清空一部分空间。具体的流程会在 HDM-DB 读写中详细解释。

BISnp 命令让设备可以通过 Snoop 修改主机中缓存 HDM-DB 的数据。反向无效机制赋予设备能够反向监听主机设备缓存行的能力，这一新增的功能可以有效提升 CXL 的灵活性。

5.6 CXL Type 1/Type 2 主机请求 HDM 流程

CXL Type 1/Type 2 设备类型的主机请求通常是主机读写、缓存设备内存的相关请求。这些请求因所访问 HDM 类型和模式的不同，有不同的处理流程。

本节将展示几个最常见的 CXL Type 1/Type 2 设备类型的主机请求流程。由于这类请求是主机请求设备内存 / 缓存，主机侧的缓存一致性问题已在主机侧处理完毕，因此不需要再考虑与主机的缓存一致性，直接处理设备相关的一致性即可。

在下面的描述中，为了区分 CXL.cache、CXL.mem、主机和设备内部实现，我们会使用不同的颜色，其中 CXL.cache 为绿色，CXL.mem 为蓝色，主机和设备内部实现为红色。CXL.cache、CXL.mem 为 CXL 标准规定的，是协议要求的，为确定的流程；主机和设备内部为 CPU、设备厂商自己实现的，这里展示的内容仅供读者参考。

5.6.1 主机缓存读设备内存

在本节的示例中，主机将请求可缓存非独占设备内存副本。本示例所用设备为 Type 2 设备，其已缓存了 HDM 地址。非独占请求使用 MemRd + SnpData 命令进行通信，这里的 SnpData 是 CXL.mem 请求中的 SnpType 类型，不是 CXL.cache 里的 SnpData 请求。在本示例中，请求在 DCOH 中触发了一个监听筛选器命中（SF Hit），命中触发了后续读取设备缓存的操作。设备缓存将状态从独占降级为共享，并将共享数据副本返回主机。主机使用 Cmp-S 消息告知缓存行状态。

如图 5-11 所示，SF Hit 意味着设备缓存中有该地址的缓存行，因此先与设备同步，如果没有命中，则触发与设备内存的缓存同步。由于这个请求是主机请求设备内存的缓存，主机侧的缓存一致性问题已在主机侧处理完毕，因此不需要再考虑与主机的缓存一致性，直接处理设备的一致性即可。请求结束后，该地址的缓存行在设备和主机中都是共享状态。

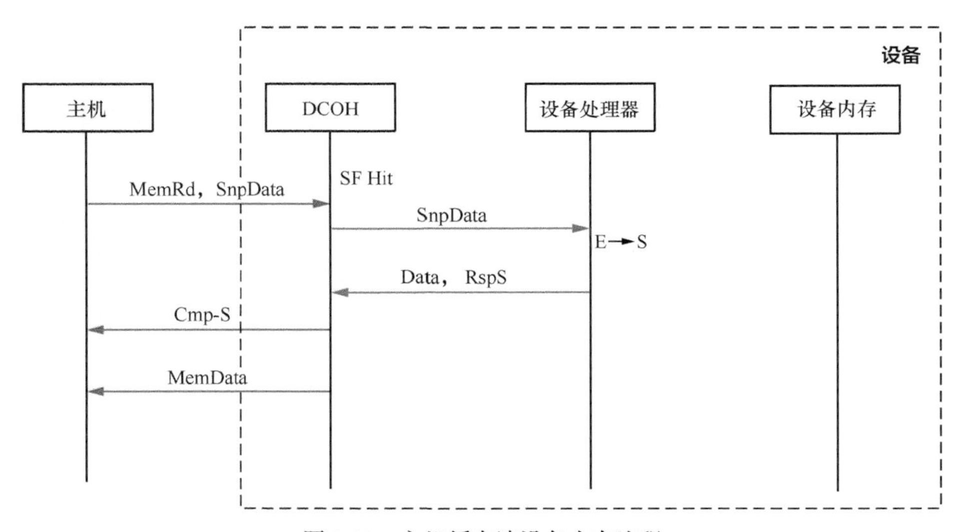

图 5-11 主机缓存读设备内存流程

5.6.2　主机独占读设备内存

在下面的示例中，主机请求了可缓存独占副本。独占请求使用 MemRd + SnpInv 命令进行通信，命令要求设备使其缓存无效，这里的 SnpInv 是 CXL.mem 请求中的 SnpType 类型，不是 CXL.cache 里的 SnpInv 请求。在本示例中，请求在 DCOH 中触发了 SF Hit，命中触发了后续读取设备缓存的操作，如果没有命中，则触发与设备内存的缓存同步。设备缓存将状态从独占降级为无效，并将独占数据副本返回主机。Cmp-E 语义用于通知主机，主机缓存行可转为独占状态。主机独占读设备内存流程如图 5-12 所示。这个示例和主机缓存读设备内存相比，只有缓存状态不一样，后者的主机和设备均为共享状态。

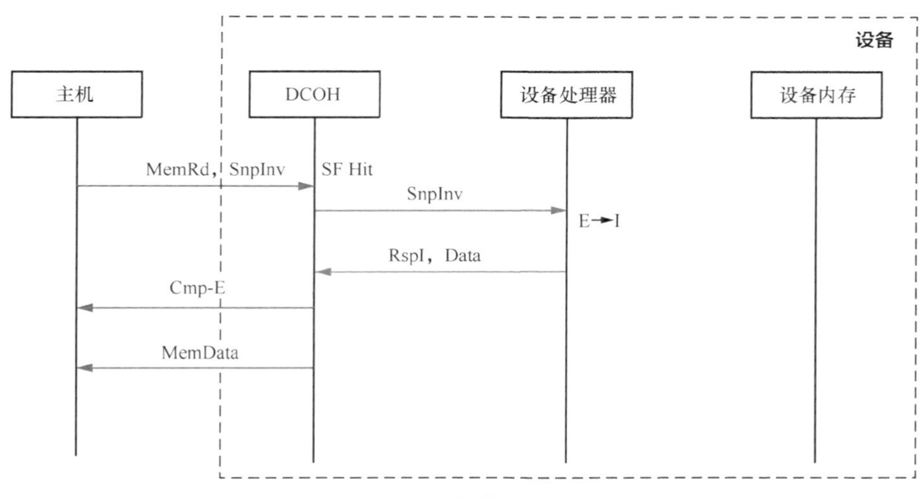

图 5-12　主机独占读设备内存流程

5.6.3　主机无缓存读设备内存

在下面的示例中，主机请求了不可缓存副本。不可缓存请求的使用 MemRd + SnpCur 命令进行通信，这里的 SnpCur 是 CXL.mem 请求中的 SnpType 类型，不是 CXL.cache 里的 SnpCur 请求。在本示例中，请求在 DCOH 中触发了 SF Hit，命中触发了后续读取设备缓存的操作。设备缓存不需要更改其缓存状态，而是给出了数据的当前快照，即以后设备修改相关缓存行内容无须通知主机。在回复响应消息中，主机被告知不允许缓存该数据，如果主机需要最新的该缓存行数据，需要重新获取数据。主机无缓存读设备内存流程如图 5-13 所示。

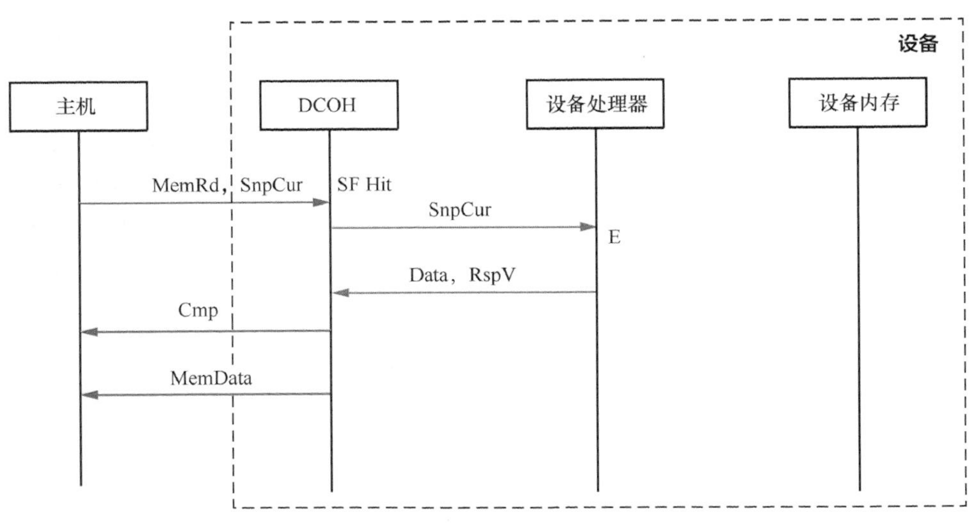

图 5-13 主机无缓存读设备内存流程

5.6.4 主机独占设备内存（无数据）

在下面的示例中，主机请求了可缓存独占副本。独占请求使用 MemInv+ SnpInv 命令进行通信，命令要求设备使其缓存无效。在本例中，请求在 DCOH 中触发了 SF Hit，命中触发了后续读取设备缓存的操作，如果没有命中则触发与设备内存的缓存同步。设备缓存将状态从独占降级为无效，并将独占数据副本返回主机。Cmp-E 响应通知主机可以切换到缓存独享状态。主机独占设备内存（无数据）流程如图 5-14 所示。主机使用 MetaValue 为 10 的 MemInv 命令标识这项操作，区别于需要数据的命令。

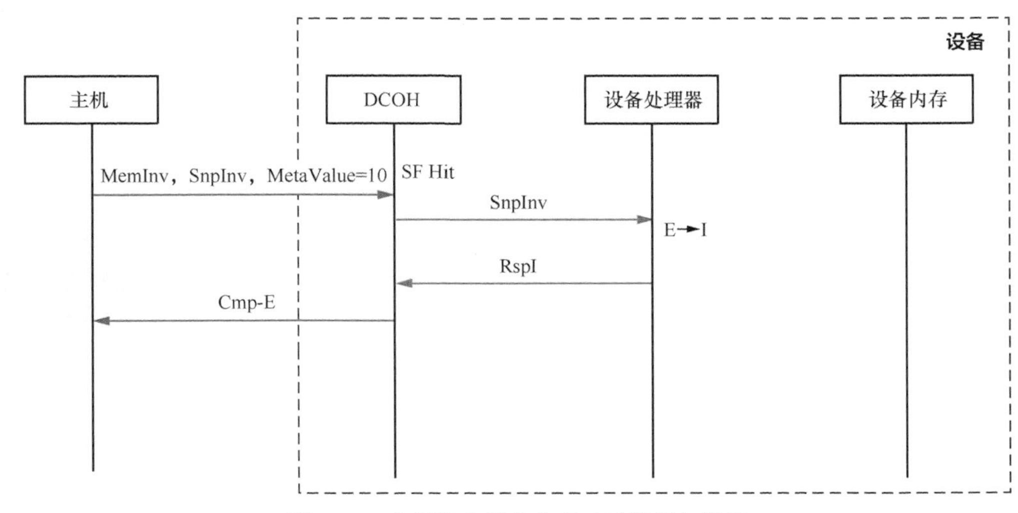

图 5-14 主机独占设备内存（无数据）流程

5.6.5 主机刷新设备缓存

在下面的示例中，主机希望将一缓存行刷新到设备内存。这时会使用 MetaValue 为 00 的 SnpCur 命令，设备刷新其缓存并向主机返回 Cmp 指示。主机刷新设备缓存流程如图 5-15 所示。刷新后，设备不再缓存相应设备内存。

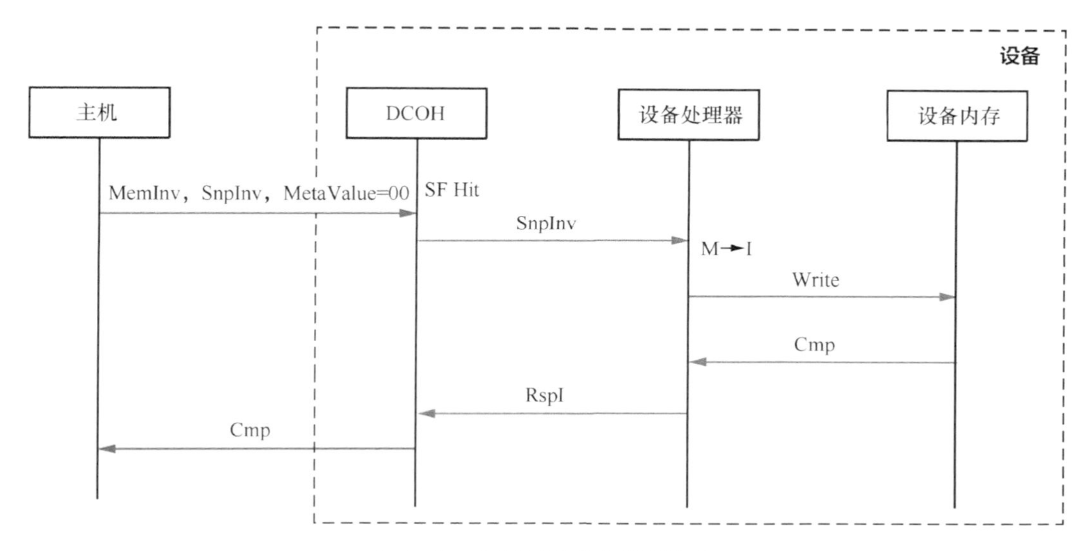

图 5-15 主机刷新设备缓存流程

5.6.6 主机弱有序写设备

在下面的示例中，主机发出弱有序写入命令。弱有序请求通过 MemWr + SnpInv 命令发起。在示例中，设备缓存了一个数据行的副本。设备写回内存并向主机发送 Cmp 指示，在设备内进行数据合并。数据合并是指设备和主机写数据有可能修改了不同字节的数据，需要进行合并，才能写入设备内存中。主机弱有序写设备流程如图 5-16 所示。

“弱有序”是指主机直至接收到 Cmp 消息之后才能保证数据的顺序，这与 M 状态下的 CPU 缓存不同。

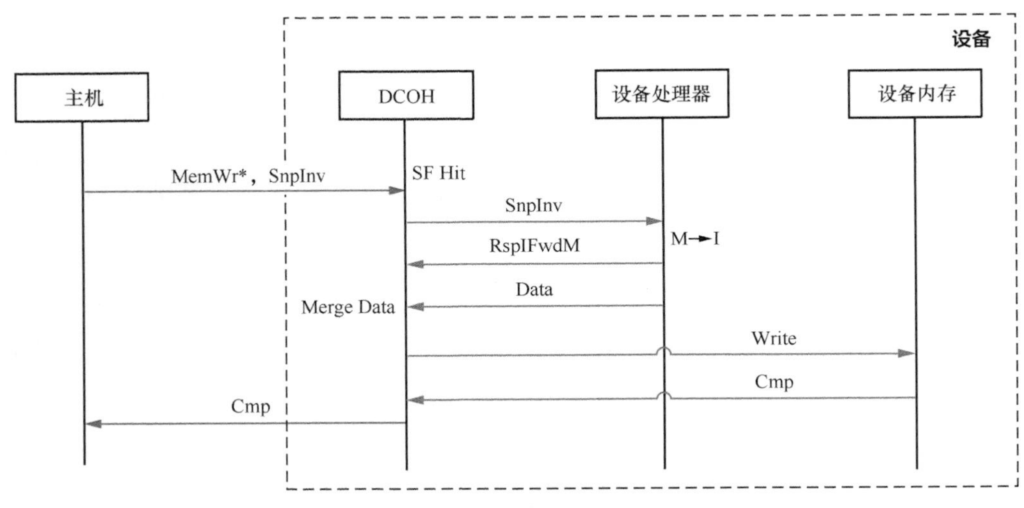

图 5-16 主机弱有序写设备流程

5.6.7 主机无效缓存写设备

在下面的示例中，主机执行写入，同时保证主机不持有该行的有效缓存副本。由于主机缓存为独占状态，因此主机不需要监听设备缓存的状态，即可以把数据直接写入设备内存，无须关注设备缓存。主机无效缓存写命令由 00 的 MetaValue 表示。如图 5-17 所示，SF Miss 意味着设备缓存中没有该地址的缓存行，因此直接与设备内存同步，跳过了设备处理器，设备处理器上有缓存单元。

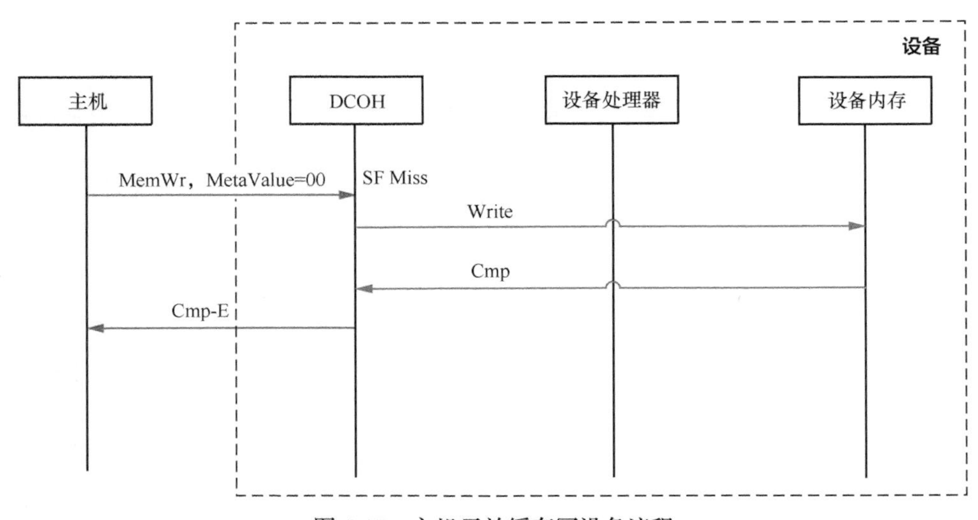

图 5-17 主机无效缓存写设备流程

5.6.8 主机缓存写设备

下面的示例与前一个示例相同，只是主机选择在写入后保留该行的有效可缓存副本，即主机仍然具备缓存数据，而前一个实例没有缓存数据。这是使用非 00 的 MetaValue 传达给设备的。如图 5-18 所示，SF Miss 意味着设备缓存中没有该地址的缓存行，因此直接与设备内存同步，跳过了设备缓存。

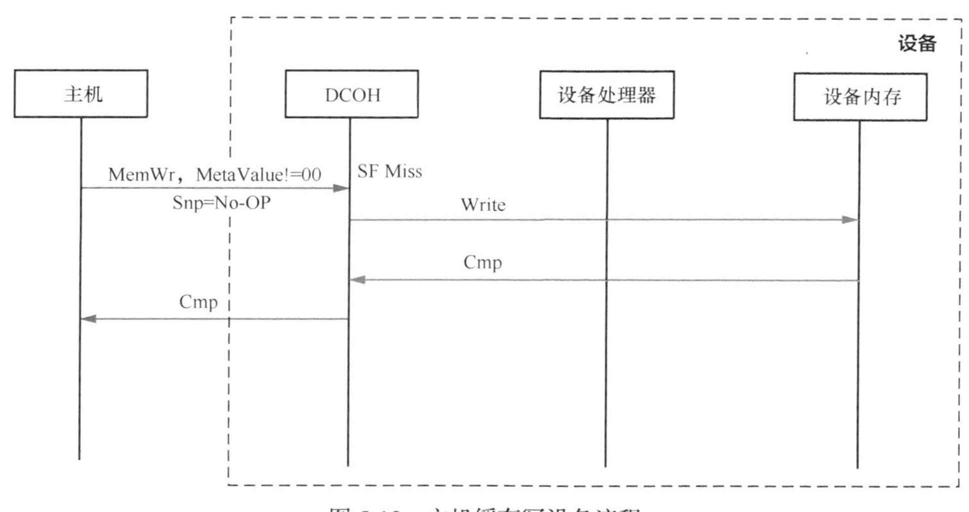

图 5-18 主机缓存写设备流程

5.7 CXL Type 1/Type 2 设备请求 HDM 流程

CXL Type 1/Type 2 设备类型的设备请求通常是设备读写主机 / 设备的内存 / 缓存的相关请求。这些请求因访问 HDM 类型和模式的不同，相应的处理流程也有所不同。本节将展示几个最常见的 CXL Type 1/Type 2 设备请求流程。

5.7.1 设备读 HDM-D

图 5-19 共有两个流程，两个流程都以内部 CXL.cache 请求 RdAny 开始，以设备的 HDM-D 地址区域为目标。

在第一个流程中，设备发现设备连接的内存时，HDM 处于 Host Bias 状态。因为处于 Host Bias 状态中，所以设备需要向主机发送请求以解决一致性问题。主机在解决一致性后问题，使用 CXL.mem 的 MemRdFwd 命令通知设备。此时设备变成 Device Bias，可以直接在内部进行缓存操作，无须通知主机。

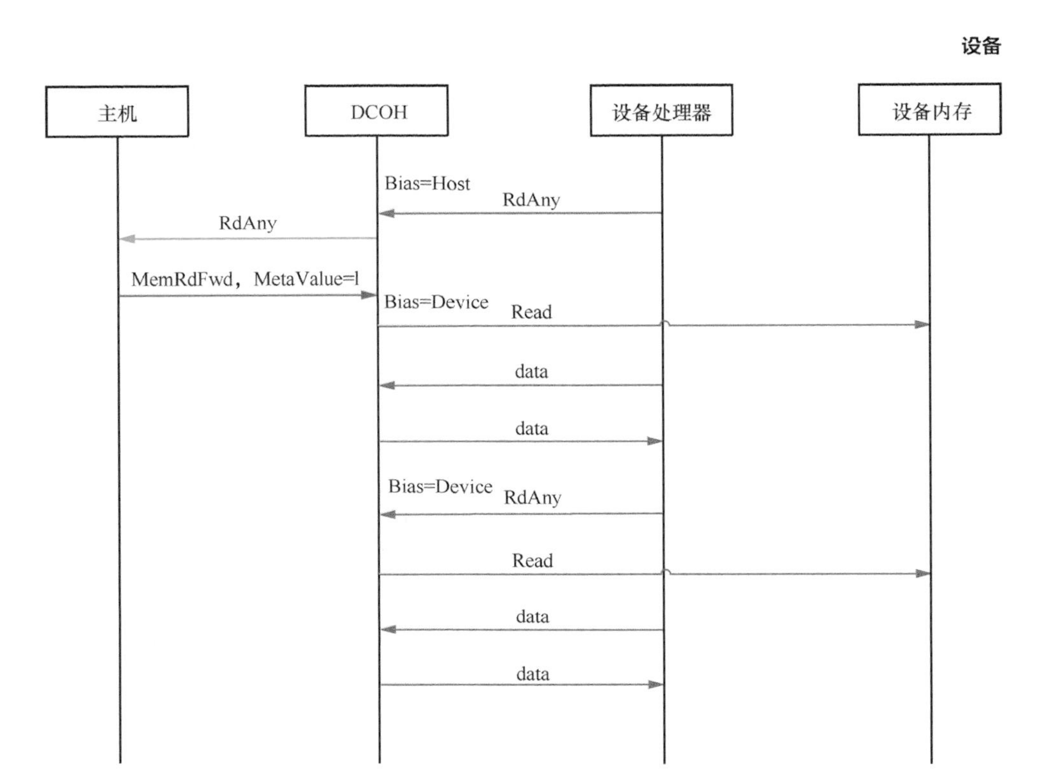

图 5-19 设备读 HDM-D 流程

在第二个流程中，HDM 处于 Device Bias。因为它处于 Device Bias 中，所以读取可以完全在设备本身内完成，不需要向主机发送请求。

这两个示例很好地说明了不同 Bias 模式的区别，以及模式切换的场景。Host Bias 模式下，性能明显更差，但是主机可以缓存 HDM-D。HDM-D 通常在主机下发命令和收取相应计算结果时为 Host Bias，在进行异构设备计算时为 Device Bias。

5.7.2 设备读 HDM-DB

如图 5-20 所示，同样的设备请求但目标换成了 HDM-DB，就必须通过 CXL.mem BISnp 通道解决缓存一致性问题。这个流程中不同之处在于，SF Hit 指示主机可能具有缓存的副本，设备发送 BISnpData 到主机以解决一致性问题。主机处理完一致性问题后，发送 BIRspI 进行响应，指示主机处于 I 状态，设备可以继续访问其数据。SF Miss 表示主机没有缓存该地址数据的缓存行，所以无须发送相应的一致性请求。

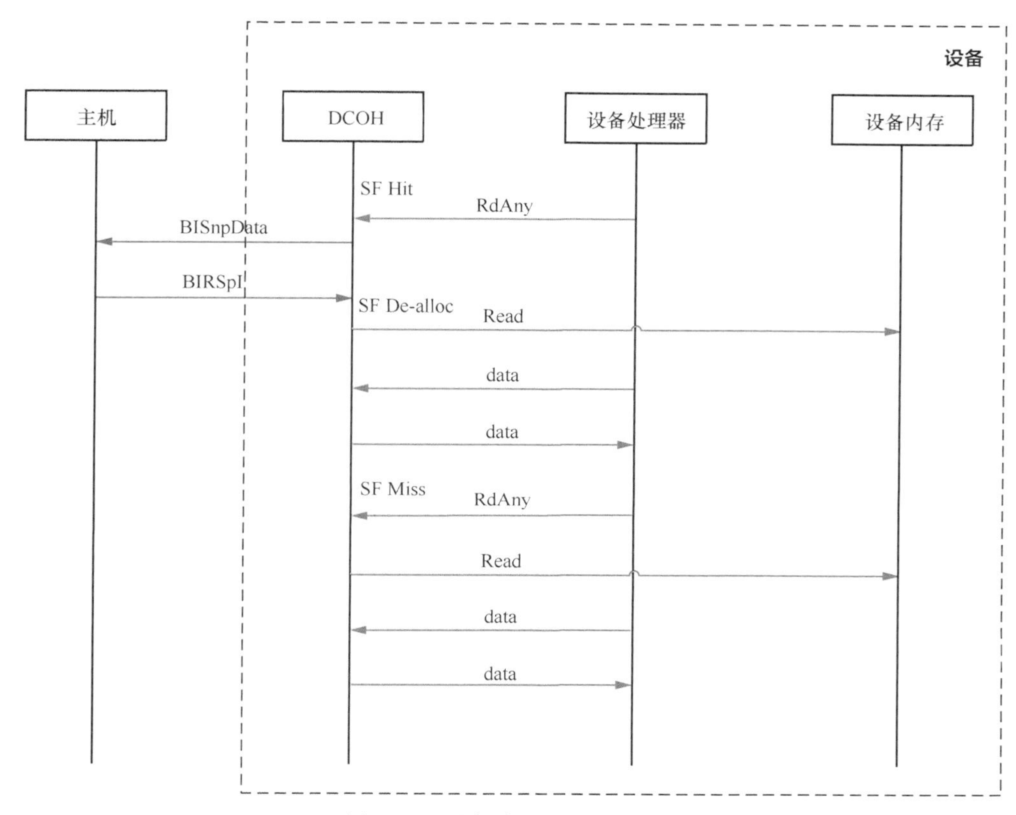

图 5-20 设备读 HDM-DB 流程

HDM-DB 由设备负责缓存一致性跟踪，也就是说，设备跟踪所有缓存该地址数据的缓存行，而 HDM-D 是由主机跟踪，只要是 Host Bias 状态，就必须发送相应的一致性请求给主机，由主机进行相应的缓存一致性决策。HDM-DB 则由设备的 DOCH 完成一致性处理。当设备为多个主机提供服务时，这种由设备处理缓存一致性的方式能方便地处理多主机之间的缓存一致性冲突，提供很大的灵活性。同时，这种方式下，也能根据不同场景将一致性处理部署在合适的地方。

5.7.3 设备写 HDM-D（Host Bias）

图 5-21 所示为 HDM-D 区域的两个流程。两者都以 Host Bias 状态开始，分别是弱有序写入请求和强有序写入请求。

在弱有序写入请求时，该请求由设备向主机发出，以解决缓存一致性问题。主机处理完缓存一致性问题后，发送 CXL.mem MemWrFwd 命令，MemWrFwd 携带了 WO Wr 命令的完成响应，标识主机已处理完缓存一致性问题。此时，设备可以在内部完成写入。在发送 MemWrFwd 之后，主机不再阻止对同一行的访问，所以是弱有序写入。

在第二个流程中，写入是强有序的。为了保留强有序语义，主机可以在写入完成后，阻止其他对同一行的访问，即在本次写 HDM 完成前，所有改变该地址缓存的行为都会被拒绝。然而，这涉及跨链路的两次数据传输，本身比较低效。除非的确需要强有序写入，否则弱有序写入可以获得更好的性能。

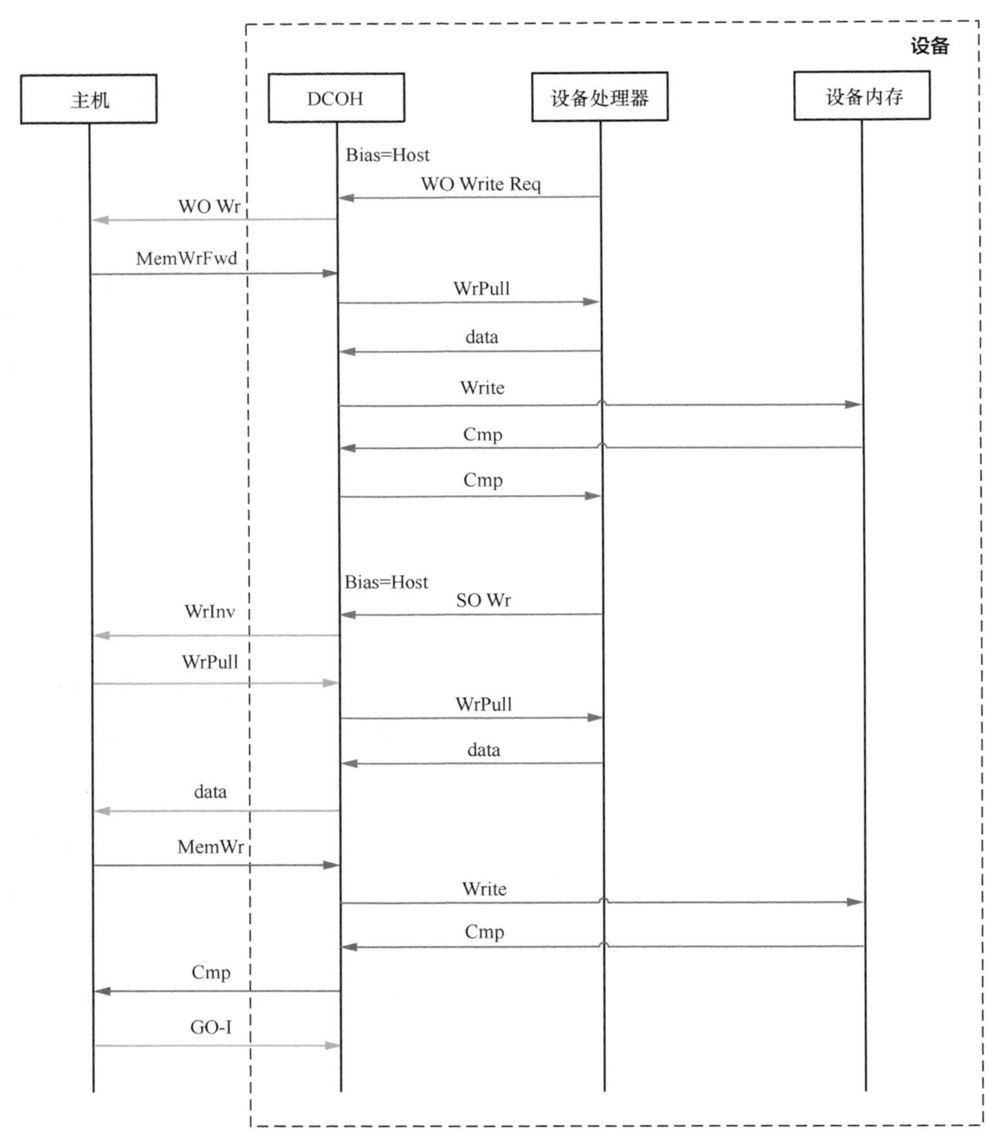

图 5-21　设备写 HDM-D（Host Bias）流程

5.7.4　设备写 HDM-DB

与 HDM-D 不同，在 HDM-DB 流程中，CXL.mem 协议中的 BISnp 通道用于解决内部弱有序写入与主机的一致性问题。对于 HDM-DB 和 HDM-D，强有序写入遵循相同的流程，只是触发判定标准从 Host Bias 变为了 SF Hit。Host Bias 和 SF Hit 正好是两种 HDM 具备主机缓存行的状态。设备写 HDM-DB 流程如图 5-22 所示。

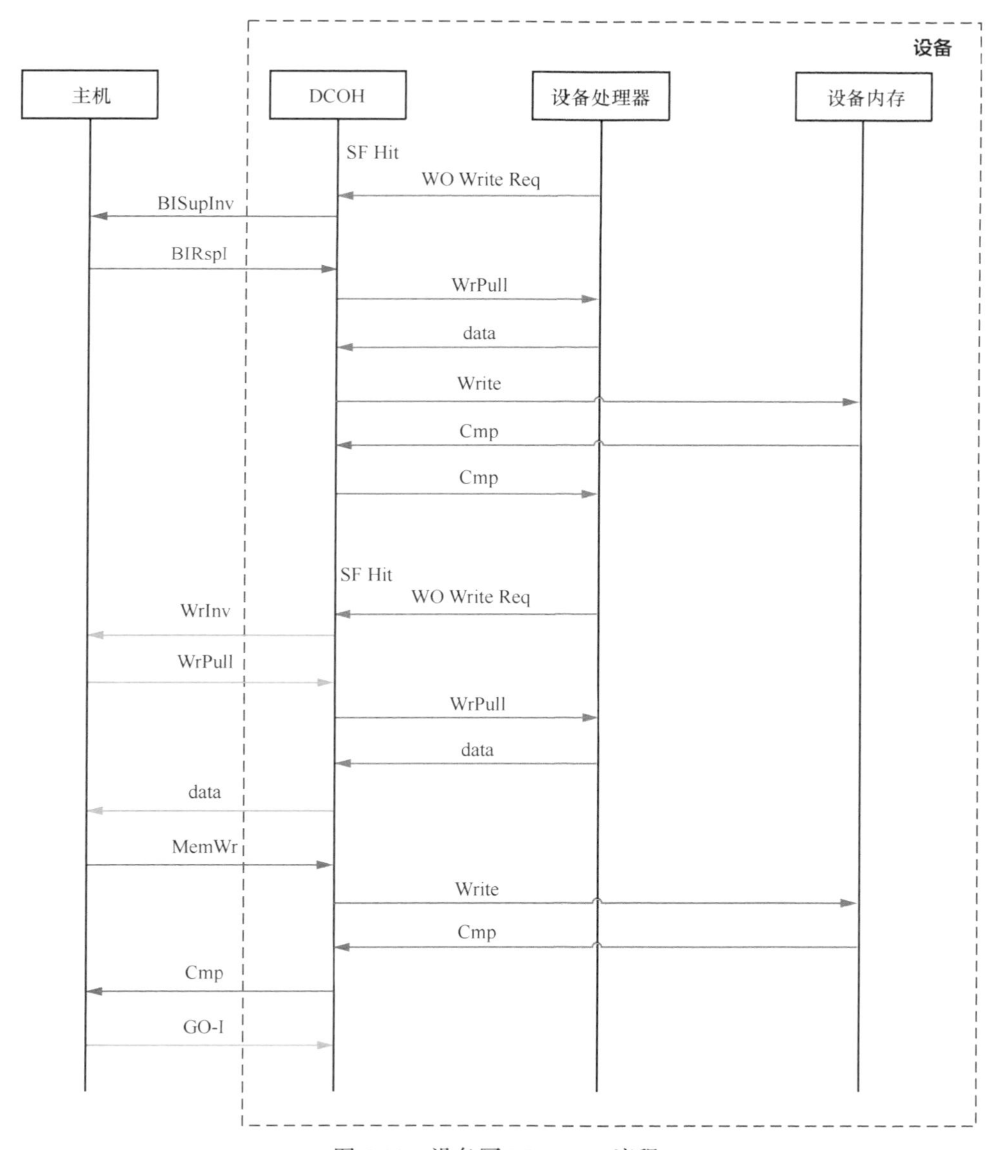

图 5-22　设备写 HDM-DB 流程

5.7.5 设备写 HDM（仅内部实现）

如图 5-23 所示，共有两个仅设备内部实现参与的写操作。在第一种情况下，在 Device Bias 模式下，进行 HDM 上的写操作，则写入可以完全在设备内完成，而不必向主机发送任何指示。第二个流程为设备对设备内存的写回，无论偏置状态如何，都可以在设备内完成请求，而无须向主机发送请求。回写表明设备缓存的状态为 M，主机没有对应的缓存数据，且回写完毕后，M 状态可以保持不变，所以不需要考虑偏置状态。

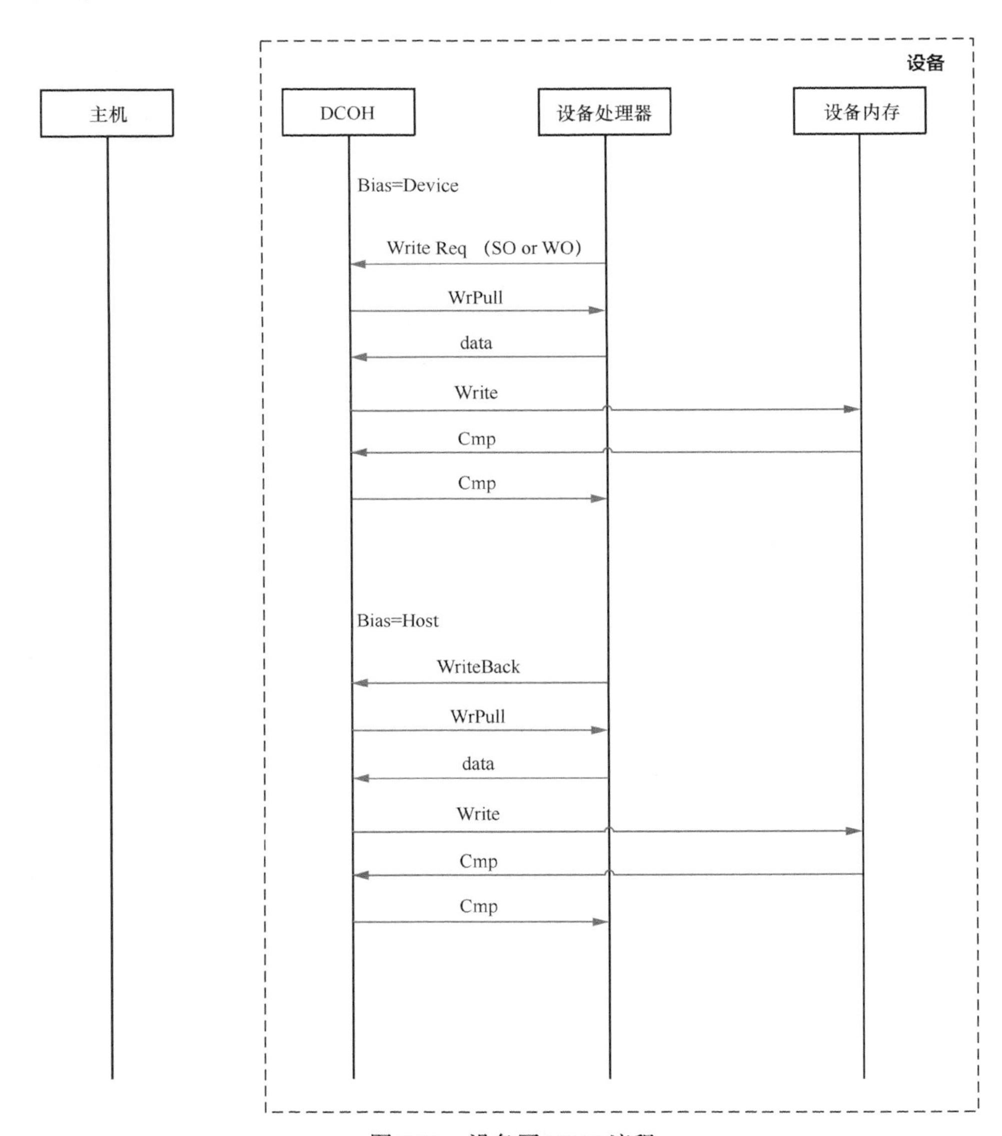

图 5-23 设备写 HDM 流程

5.8 CXL Type 1/Type 2 设备请求主机内存流程

CXL Type 1/Type 2 设备请求主机内存是设备读写主机内存 / 缓存的相关请求。接下来我们将展示几种常见的设备请求主机内存流程。

5.8.1 设备读主机内存

如图 5-24 所示，设备读取主机内存的过程中，由 CXL.cache RdAny 触发，消息从设备发送到主机，主机 Home Agent 模块处理消息，并触发 CPU 和主机内存的缓存一致性同步，之后发送 GO 消息给设备，并发送相关数据。红色箭头涉及的模块为 CPU 厂商的自定义实现，可能会有不同。设备读主机内存除了 RdAny 还可以是其他 read 请求，通常不同的 read 类型触发的缓存一致性操作不同。

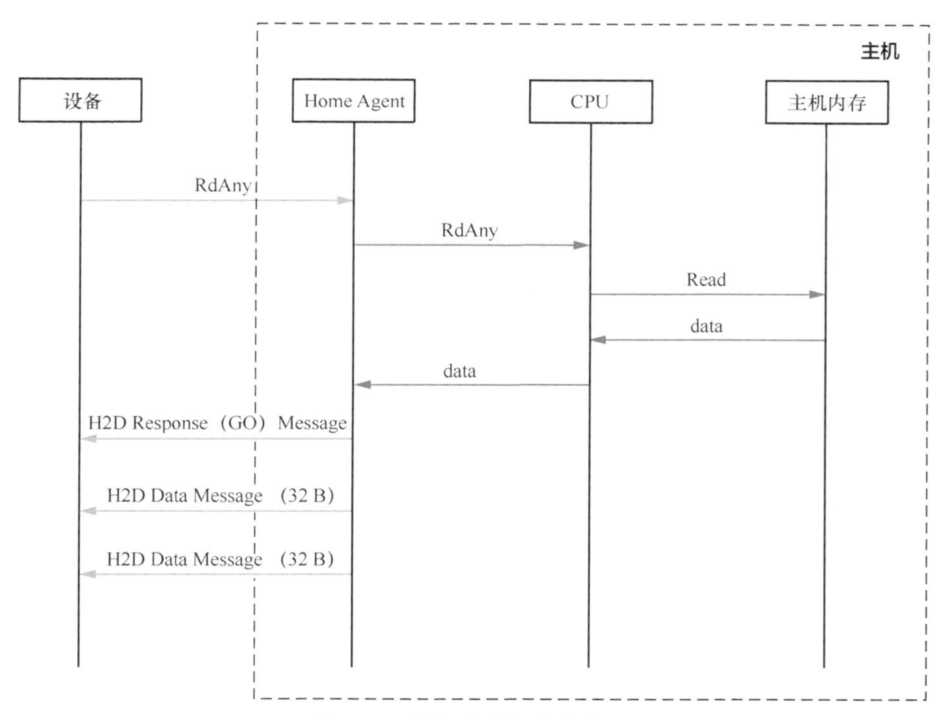

图 5-24 设备读主机内存流程

5.8.2 设备写主机内存

如图 5-25 所示，设备写主机内存的过程中，由 CXL.cache D2H Write Request 触发，消息从设备发送到主机，主机 Home Agent 模块处理消息，并回复 H2D GO+Write Pull combined

Message 给设备，设备发送相关数据给主机。红色部分为 CPU 厂商的自定义实现，可能会有不同。H2D GO+Write Pull combined Message 只在 Posted 传送方式出现，Non-Posted 传送方式不能合并发送消息。

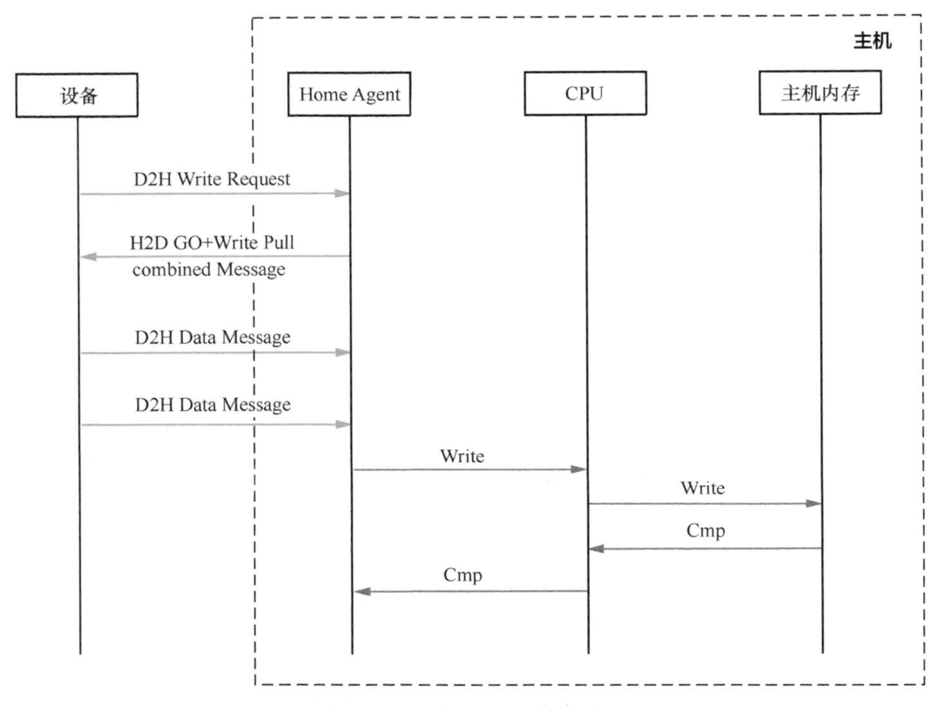

图 5-25 设备写主机内存流程

5.9 CXL Type 3 主机请求 HDM 流程

CXL Type 3 设备的主机请求通常是主机读写设备的内存 / 缓存的相关请求。本书将展示几种常见的 CXL Type 3 设备请求流程。

5.9.1 主机读 HDM-H

Type 3 类型设备中的 HDM-H 用作存储扩展器，并且该设备不需要对与主机的一致性进行管理。因此，对 HDM-H 的访问不使用 DCOH 代理。这也意味着到 HDM-H 的请求流程可以大大简化，同时只涉及缓存 HDM 数据，不需要做缓存一致性处理。

图 5-26 所示为 HDM-H 的读取流程。在这个流程中，只返回一条 Data 消息，而在 HDM-D/HDM-DB 中，则要复杂很多。

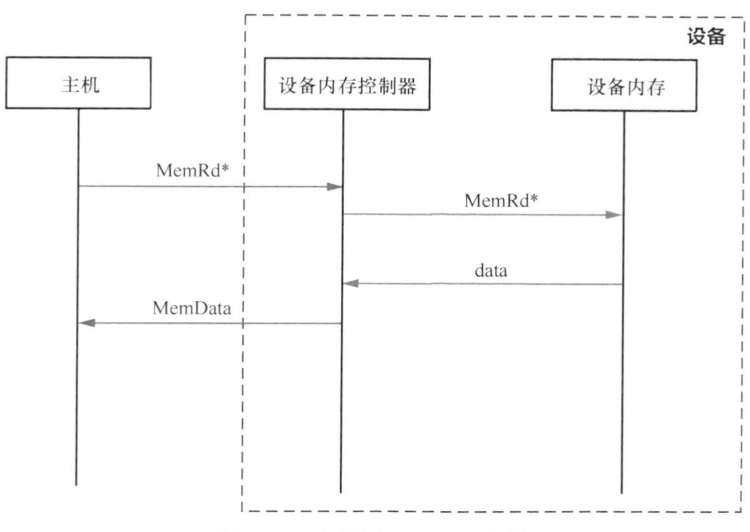

图 5-26 主机读 HDM-H 流程

5.9.2 主机写 HDM-H

与主机读 HDM-H 相同，Type 3 类型设备中的 HDM-H 用作存储扩展器，并且该设备不需要对与主机的一致性进行管理。因此，对 HDM-H 的访问不使用 DCOH 代理。这也意味着到 HDM-H 的请求流程可以大大简化，同时只涉及缓存 HDM 数据，不存在缓存一致性处理。主机写 HDM-H 流程如图 5-27 所示。

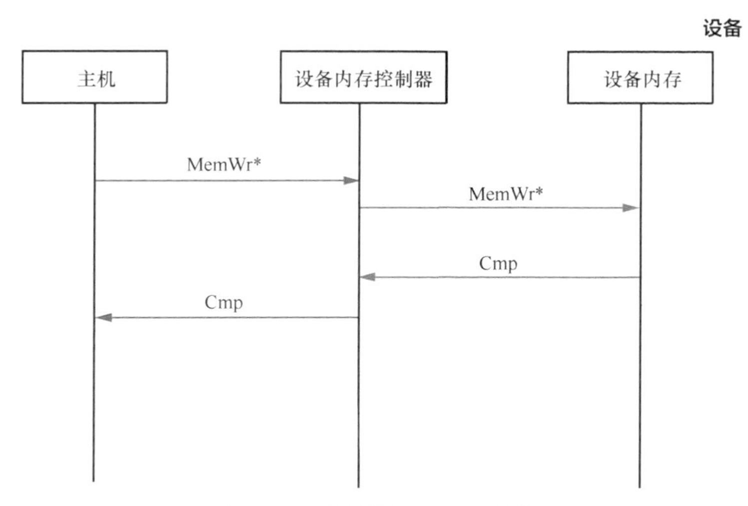

图 5-27 主机写 HDM-H 流程

5.10 小结

本章介绍了 CXL 事务层的相关内容，例如 CXL 事务层核心概念、CXL 事务层协议、CXL 事务层架构等，并在此基础上通过实例流程讲解各个核心概念、事务层协议是怎么配合完成 CXL 事务层功能的。其中，一些实例流程非常接近，只有一些细微的差别，这些差别通常由 HDM 类型等因素导致，读者通过仔细对比会豁然开朗。

总的来说，CXL 事务层是整个 CXL 协议栈里最上层，规范了 CXL 功能的处理逻辑，也是深入学习 CXL 的基础，对大部分读者来说应该多加了解。学习了 CXL 事务层，就会对 CXL 功能具体怎么实现有一定认识。

第 6 章　CXL 链路层 / 物理层

CXL 体系结构主要包含 CXL 事务层、CXL 链路层和 CXL 物理层。本章主要介绍 CXL 链路层 / 物理层（见图 6-1）的相关内容，例如 CXL 链路 / 物理层核心概念、CXL 链路 / 物理层架构、CXL 链路层详解、CXL 仲裁 / 复用详解、CXL 物理详解。通过这些内容，读者能了解 CXL 链路 / 物理层的设计目的，以及 CXL 链路 / 物理层各个模块的功能和协作方式。

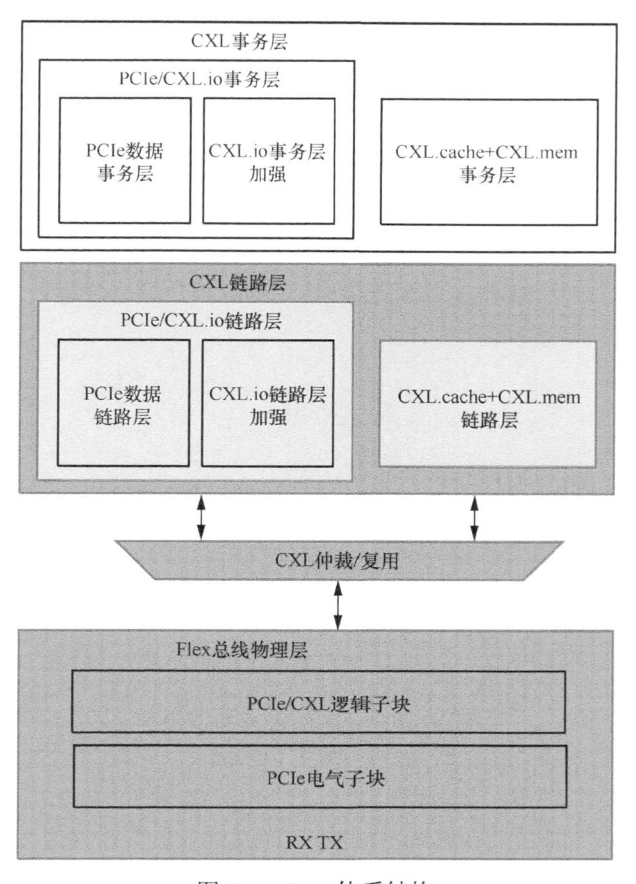

图 6-1　CXL 体系结构

6.1 核心概念

如第 5 章所述，CXL 体系结构包括 CXL 事务层、CXL 链路层和 CXL 物理层。在了解 CXL 链路 / 物理层功能之前，读者需要了解相关核心概念。这些核心概念主要包括 Filt、流量控制、错误检查等。

6.1.1 Flit

Flit（Flow Control Unit）是 CXL 协议中的一个关键概念，它代表数据传输的最小单位。在 CXL 中，Flit 是一种固定宽度的数据包格式，用于在链路层进行数据传输。当前，CXL 具备 68B Flit 和 256B Flit 两种模式，两种模式具备不同的报文格式、处理流程和功能。CXL 链路 / 物理层都会因为 Flit 模式不同而有所区别。

当前版本的 CXL 规定需要两种模式都支持。通常来说，68B Flit 模式出现得更早，兼容性更好，256B Flit 模式出现得较晚，为 CXL 3.0 中新增，整体性能更高。具体而言，CXL 68B Flit 和 CXL 256B Flit 模式在数据包大小、编码方式和延迟优化等方面存在显著区别。

（1）数据包大小。CXL 68B Flit 模式每个 Flit 包含 68 个字节的数据。CXL 256B Flit 模式每个 Flit 包含 256 个字节的数据。

（2）编码方式。CXL 68B Flit 模式使用 128b/130b 编码。CXL 256B Flit 模式使用 PAM4 编码。此外，还有 latency-optimized 256B Flit，其将循环冗余校验（CRC）码拆分为两部分，分别放在中间和结尾，并且增加了更多的空间。

（3）延迟优化。CXL 68B Flit 模式没有特别的延迟优化措施。CXL 256B Flit 模式有两种类型，其中一种做了延迟优化，降低了 CXL 系统延迟。

（4）协议支持。CXL 68B Flit 模式广泛应用于 CXL 1.0/2.0/3.0 中，是通用的 Flit 模式。CXL 256B Flit 模式在 CXL 3.0 中引入，支持更高的数据传输速率和新的协议增强功能。

6.1.2 流量控制

流量控制（Flow Control）是指对系统中的数据报文发送进行管理和调节的过程，以确保整个系统能够在可接受的负载范围内运行，并保证其高可用性和性能。在计算机通信领域，流量控制是数据链路层和传输层的重要工作之一。大部分通信技术都有流控技术，包括 TCP、RoCEv2 等。对 CXL/PCIe 而言，流量控制就是接收数据报文的设备，通知发送数据报文的设备当前接收设备还有多少缓存可用。CXL/PCIe 的流量控制有点类似 TCP 的滑动窗口协议。

很多读者分不清流量控制与拥塞控制，经常将两者混淆。流量控制与拥塞控制的区别在于两者的设计目的和实现方式：流量控制主要是作用于接收者的，目的是控制发送者的发送速度，使接收者能够及时处理接收到的数据，防止分组丢失；而拥塞控制则作用于网络本身，目的是防止网络发生堵塞，它通过调整发送方的发送速率来减少网络上的数据量，从而减轻网络拥塞。CXL/PCIe 链路层不存在拥塞控制功能。

6.1.3 错误检查

错误检测是指在数据传输、存储或处理过程中，通过特定的算法和技术手段，发现数据中的错误，以确保数据的完整性和准确性。常见的错误检测技术包括奇偶校验、CRC、重复码等。

错误检测与纠正功能的实现需要在发送端和接收端进行配合。发送端将要发送的数据划分为适当的数据块。根据选择的差错检测技术，计算冗余信息（校验和）。将冗余信息添加到数据块中，形成完整的发送数据帧，将发送数据帧传输到接收端。接收端接收到数据帧后，根据选择的差错检测，提取冗余信息和数据，使用校验算法计算接收数据的校验和，比较接收到的校验和与计算得到的结果。如果校验结果一致，表示数据没有差错，可以继续处理接收到的数据；如果校验结果不一致，表示存在差错，可请求发送端重传数据。

某些高级错误检查模块还包含纠错功能，可以通过一些冗余信息推算出错误数据，并进行纠正，对于延时比较高的通信来说，纠错功能非常重要，重传效率比较低。

6.2 CXL 链路层 / 物理层架构

CXL 链路层 / 物理层由 CXL 链路层、CXL 仲裁 / 复用和 CXL 物理层组成，其中 CXL 链路层提供可靠的传输，CXL 仲裁 / 复用提供 CXL.io 和 CXL.cachemem 链路层控制和数据信号的动态复用，以及与 Flex 总线物理层接口。CXL 物理层基于 PCIe 标准实现高效的数据传输和低延迟的通信。

在 CXL 链路层上，CXL.io 和 PCIe 功能和业务逻辑非常相似，工程实现上通常把它们放在一个模块。CXL.cache 和 CXL.mem 相对独立，需要现实一些的 CXL 传输可靠数据的业务逻辑，并执行 3 个主要功能：TLP 纠错、流控制和部分链路电源管理。链路层通过 CRC 去检测错误，当 16 位的 CRC 码和收到数据计算出来数值不一样时，就意味着报文错误。

CXL 链路层通过 ACK 和 NACK 通知发送方收到的 TLP 是否正确，如果不正确就重发 TLP。CXL 的流量控制主要是为了通知发送方当前的可用缓存数量，避免发送数据过多，导致的数据丢失。

在 CXL 物理层上，CXL 和 PCIe 功能几乎一致，而且 CXL.io、CXL.cache 和 CXL.mem 也不再区分功能模块，3 个 CXL 子协议共用物理层，物理层也是 CXL 的最底层。TLP 和 DLLP 类型的数据包从数据链路层向下转发到物理层，通过线路上的信号传输，并在接收器处向上转发到数据链路层。CXL 同样按照 PCIe 的功能分类方式，分为逻辑和电气两个子模块。逻辑物理层的功能包含编码、串并转换等；电气物理层是连接到线路的物理层模拟电路接口，由每条线路的差分驱动器和接收器组成。

CXL 链路 / 物理层是基于 PCIe 的扩展，本章对 CXL 与 PCIe 相同的部分仅做架构原理讲解，具体细节请查阅 PCIe 对应的图书和手册。本章将聚焦于 CXL 与 PCIe 不同部分。

6.3 CXL 链路层详解

6.3.1 CXL 链路层简介

CXL 链路层是 PICe 链路上的扩展，所提供的主要功能也是错误检测与纠正、流量控制等。CXL 的数据链路层作为事务层和物理层之间的桥梁，其核心职责是确保来自事务层的 TLP 能够准确无误地在链路中传输。为实现这一目标，数据链路层特别设计了一系列数据链路层报文，即 DLLP。

为确保数据传送的完整性和一致性，CXL 链路层采用了容错和重传机制。在数据传输中，一旦检测到错误或丢失的数据包，数据链路层会立即启动重传流程，确保数据能够准确无误地到达目的地。

此外，CXL 链路层还承担着“桥梁”的任务角色，它能够从物理层接收报文，并将其准确无误地传递给事务层。同时，它也能接收来自事务层的报文，并将其安全地转发到物理层。

6.3.2 CXL.io 链路层

CXL.io 链路层充当 CXL.io 事务层和 Flex 总线物理层之间的中间层，如图 6-2 所示。它的主要职责是为链路上的两个器件之间交换 TLP 提供可靠的机制。CXL.io 链路层采用 PCIe 数据链路层作为链路层。详细信息请参见 PCIe 基本规范中部分的内容“数据链路层规范”章节。值得注意的是，CXL.io 的链路层分为 68B Flit 和 256B Flit 两种模式。

在 256B Flit 模式下，PCIe 定义的功耗管理（PM）和链路管理 DLLP 不适用于 CXL.io，不能使用。对于 68B Flit 模式，CXL.io 仅使用 8 GT/s、16 GT/s 和 32 GT/s 数据速率的编码。

对于 CXL.io，无论协商的链路宽度如何，只有 PCIe 基本规范中描述的 x16 链路发送器和接收器的帧规则适用，x1、x2、x4 和 x8 的帧规则不适用。当实际活动线路数小于 x16 时，使用 x16 帧规则形成单个 x16 数据流，并在降级链路上传输。

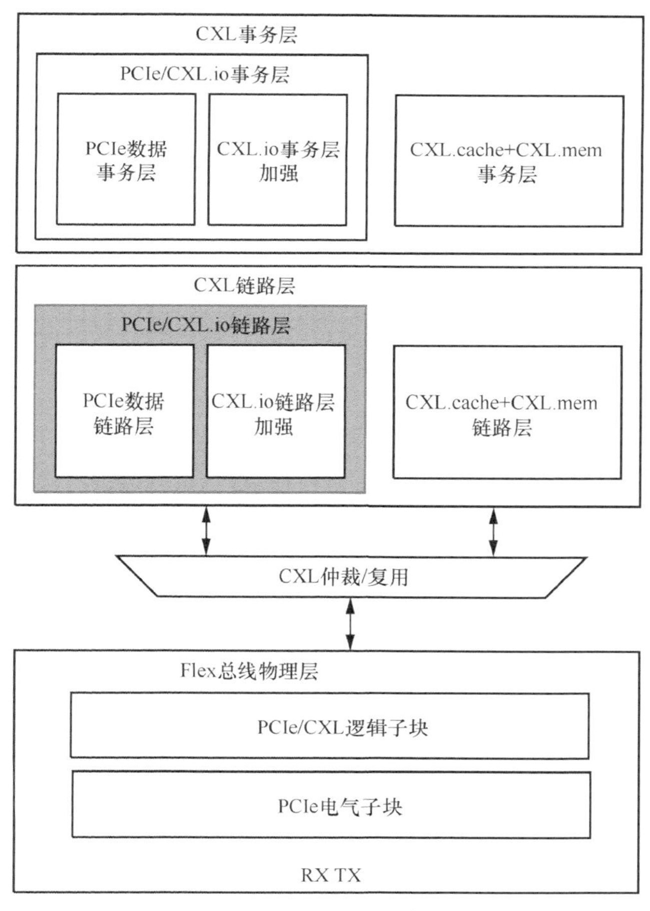

图 6-2 CXL.io 链路层

CXL.io 链路层将成帧的 I/O 数据包转发给 Flex 总线物理层。对于 256B Flit 模式，由于在 Flit 开始时加了两个字节的 Flit 类型，PCIe 基本规范中 PCIe Flit 模式的 NOP-TLP 对齐规则被改变。CXL.io 链路层必须保证，如果传输的 TLP 恰好在 Flit 边界处结束，则必须有后续的 CXL.io Flit。

6.3.3 CXL.cache/mem 链路层

CXL.cache 和 CXL.mem 使用相同链路层，为了简化表述，以下称此公共链路层为 CXL.cachemem 链路层。

图 6-3 显示了 CXL.cache 和 CXL.mem 链路层在 Flex 总线分层层次结构中的位置。链路层有两种工作模式：68B Flit 和 256B Flit。

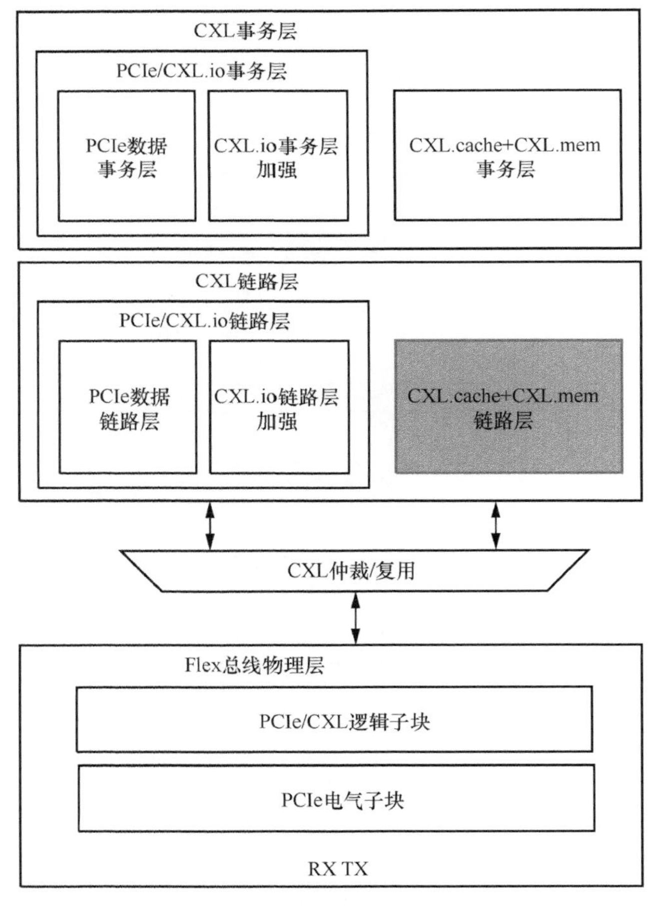

图 6-3 CXL.cache + CXL.mem 链路层

（1）68B Flit 模式。68B Flit 在链路层定义 66 字节，在 ARB/MUX 中定义 2 字节，支持物理层最高 32 GT/s 的传输速率。为了支持更高的速度，定义了 256B Flit，该 Flit 定义的可靠性流在物理层处理，因此不使用 68B Flit 模式的重传流。256B Flit 可以支持任何合法的传输速率，但需要 > 32 GT/s。有一些事务层特性需要 256B Flit，这些特性包括 CacheID、BISnp 和 PBR。

- 68B Flit 链路层格式。CXL.cachemem 68B Flit 在链路层的大小是固定的 528 位（66 字节）。如图 6-4 和图 6-5 所示，CRC 码有 2 字节，4 个各 16 字节的 Slot。

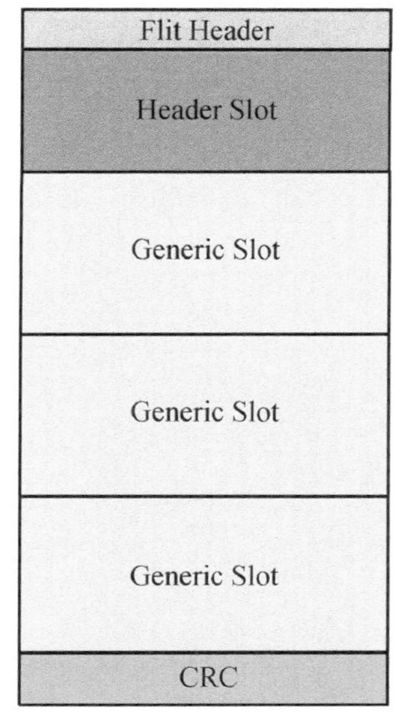

图 6-4　Protocol Flit 格式

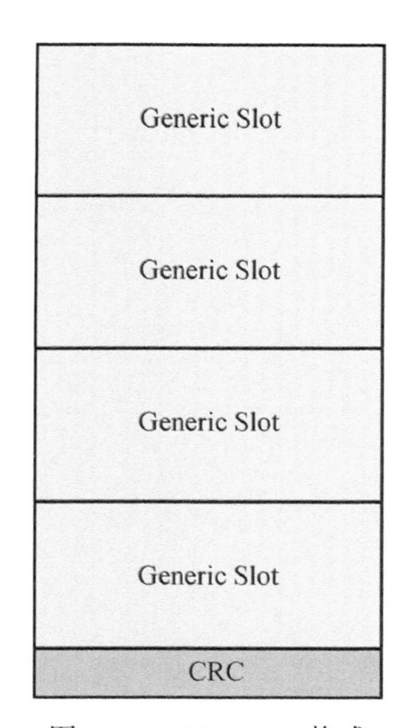

图 6-5　All Data Flit 格式

设备到主机方向的协议 Flit 示例如图 6-6 所示。

“Header” Slot 被定义为携带链路层特定信息的 Slot。“Generic” Slot 可以携带一个或多个请求 / 响应消息或单个 16B 数据块。一个 Flit 可以由一个 Header Slot 和 3 个 Generic Slot（Protocol Flit）或 4 个 16B Data Chunk（All-Data Flit）组成。链路层 Flit Header 部分（4 字节）对上游端口和下游端口使用相同的定义，如表 6-1 所示。

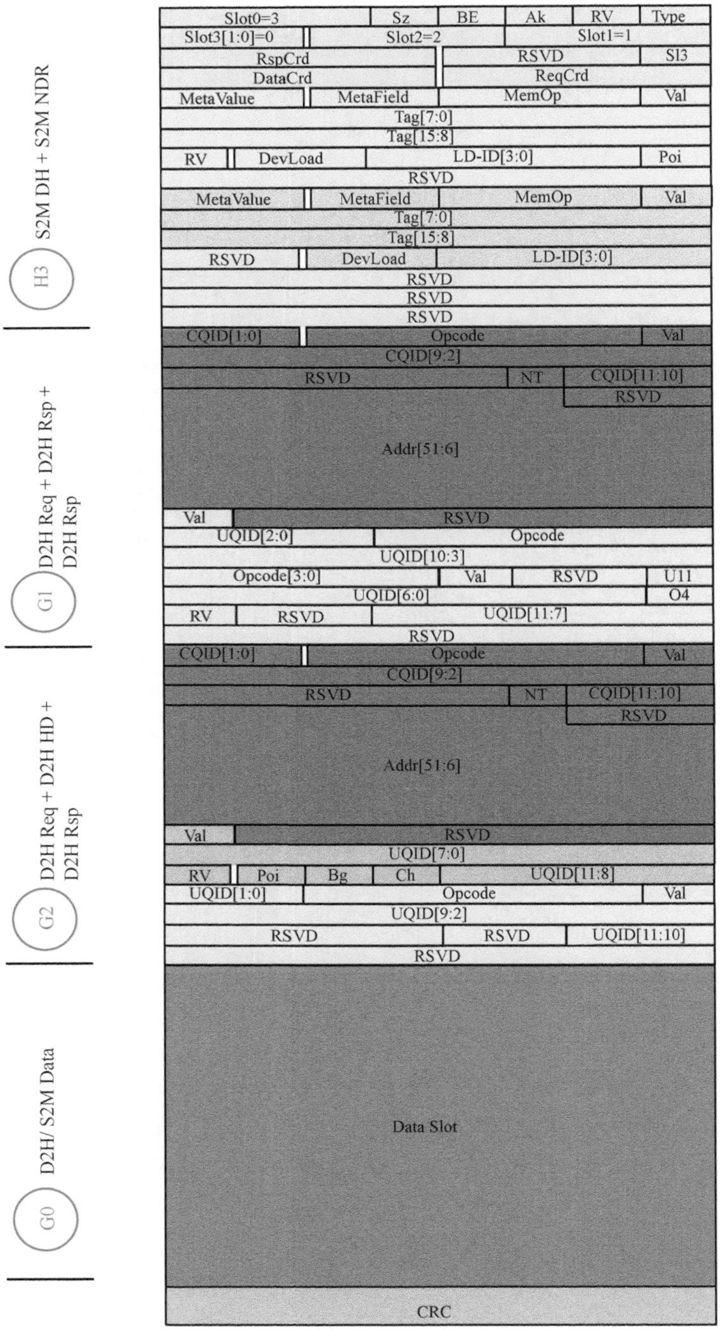

Slot0=3 | Sz | BE | Ak | RV | Type
Slot3[1:0]=0 | Slot2=2 | Slot1=1
RspCrd | RSVD | Sl3
DataCrd | ReqCrd
MetaValue | MetaField | MemOp | Val
Tag[7:0]
Tag[15:8]
RV | DevLoad | LD-ID[3:0] | Poi
RSVD
MetaValue | MetaField | MemOp | Val
Tag[7:0]
Tag[15:8]
RSVD | DevLoad | LD-ID[3:0]
RSVD
RSVD
RSVD

H3 S2M DH + S2M NDR

CQID[1:0] | Opcode | Val
CQID[9:2]
RSVD | NT | CQID[11:10]
RSVD
Addr[51:6]
Val | RSVD
UQID[2:0] | Opcode
UQID[10:3]
Opcode[3:0] | Val | RSVD | U11
UQID[6:0] | O4
RV | RSVD | UQID[11:7]
RSVD

G1 D2H Req + D2H Rsp + D2H Rsp

CQID[1:0] | Opcode | Val
CQID[9:2]
RSVD | NT | CQID[11:10]
RSVD
Addr[51:6]
Val | RSVD
UQID[7:0]
RV | Poi | Bg | Ch | UQID[11:8]
UQID[1:0] | Opcode | Val
UQID[9:2]
RSVD | RSVD | UQID[11:10]
RSVD

G2 D2H Req + D2H HD + D2H Rsp

Data Slot

G0 D2H/ S2M Data

CRC

图 6-6 从设备到主机的协议 Flit 示例

表 6-1 CXL.cachemem 链路层 Flit Header 定义

字段名	说明	大小 / 位（bit）数
Type	此区分协议或控制 Flit	1
Ak	8 个 Flit 成功传输确认	1
BE	字节有效（控制 Flit 保留）	1
Sz	长度（控制 Flit 保留）	1
ReqCrd	请求 Credit 返回。RETRY 或 INIT 控制 Flit 保留	4
DataCrd	数据 Credit 返回。RETRY 或 INIT 控制 Flit 保留	4
RspCrd	响应 Credit 返回。RETRY 或 INIT 控制 Flit 保留	4
Slot 0	Slot 0 格式类型（控制 Flit 保留）	3
Slot 1	Slot 1 格式类型（控制 Flit 保留）	3
Slot 2	Slot 2 格式类型（控制 Flit 保留）	3
Slot 3	Slot 3 格式类型（控制 Flit 保留）	3
RSVD	保留	4
总和		32

未定义的位或编码将标记为“保留”或“RSVD”。发送方应该将这些位设置为 0，接收方应该忽略它们。

表 6-2 所示为对 Flit Header 信息进行编码所使用的 Type 字段编码。

表 6-2 Type 字段编码

值	Flit 类型	描述
0	协议	这是一个携带 CXL.cache 或 CXL.mem 协议相关信息的 Flit
1	控制	这是一个由链路层插入的 Flit，仅用于特定于链路层的功能。这些 Flit 不暴露在上层

Ak 字段用作链路层重试协议的一部分，用于表示 CRC 通过接收来自远程发送端的 Flit。发送端设置 Ak 位以确认成功接收 8 次 Flit；清除的 Ak 位被接收端忽略。

BE（Byte Enable）和 Sz（Size）字段与数据消息的可变大小有关。为了达到最高效率，CXL.cachemem 链路层假设通常对大多数数据启用所有字节，并且数据以完整的缓存行粒度传输。当所有字节都使能时，链路层不发送字节使能位，而是清除相应的 Flit 报头的字节使能字段。当接收端解码到字节使能字段被清除时，它必须在将数据消息传递到事务层之前将字节使能位重新置 1。如果设置了字节使能位，链路层 Rx 需要一个额外的数据块 Slot，其中包含字节使能信息。注意，这个额外的数据块 Slot 将始终是相关请求的最后一个数据 Slot。

- 链路层控制 Flit。链路层控制 Flit 不遵循协议 Flit 的流量控制机制。也就是说，它们可以在没有任何 Credit 的情况下从实体发送。由于没有存储或流量控制机制，接收端必须在信道上传输一个 Flit 的时间内处理和消耗这些 Flit。表 6-3 列出了 CXL.cachemem 链路层支持的所有控制 Flit。

表 6-3 CXL.cachemem 链路层支持的所有控制 Flit

编码	类型	描述	可否重试
0001b	RETRY	链路层 RETRY Flit	否
0000b	LLCRD	Flit 包含链路层 QoS 遥测、credit 返回和 / 或 Ack 信息，但不包含协议信息	是
0010b	IDE	完整性和数据加密控制消息	是
1100b	INIT	链路层初始化 Flit	是
其他	保留	—	—

- 链路层重试。链路层通过重传或链路层重试（Link Layer Retry，LLR）来恢复传输错误。发送方在本地链路层重试缓冲区（LLRB）中缓冲发送的每个可重试的 Flit。为了唯一地识别缓冲区中的 Flit，重试方案依赖于每个设备中维护的序列号。与 PCIe 不同，CXL.cachemem 序列号不会用每个 Flit 在设备之间进行通信，以优化链路效率。序列号的交换只在 LLR 序列期间通过链路层控制 Flit 发生。在链路层初始化期间，序列号被设置为预定值（0）。序列号使用循环计数器实现，计数器在到达重试缓冲区的深度后返回 0。具体重试过程请参阅 CXL 规范。

（2）256B Flit 模式。256B Flit 模式建立在 PCIe Flit 模式的基础上，其中可靠性流在物理层中处理。链路层中的 Flit 定义了 Slot 边界、Slot 组包规则和消息流控。整个 Flit 有在物理层定义的字段。68B Flit 模式中定义的“All Data”概念在 256B Flit 模式中不存在。

- 256B Flit 格式。256B Flit 有两种变体：标准和延迟优化（LOpt）。操作模式必须与物理层同步。标准 256B Flit 支持标准消息或 PBR 消息，其中 PBR 消息携带额外的 ID 空间（DPID，有时为 SPID）。

如图 6-7 所示，标准模式下，物理层控制着 Flit 的 16B，其中字段为 HDR、CRC 和 FEC。所有其他字段都在链路层定义。

2B HDR	Slot0-14B（H-Slot）	
Slot1-16B（G-Slot）		
Slot2		
Slot3		
Slot4		
Slot5		
Slot6		
Slot7		
Slot8		
Slot9		
Slot10		
Slot11		
Slot12		
Slot13		
Slot14		
2B CRD	8B CRC	6B FEC

图 6-7　标准 256B Flit

延时优化后的 Flit 定义如图 6-8 所示。在这个定义中，当传输无错误时，更多的字节被分配给物理层，以实现更少的存储转发。在这个 Flit 中，20B 被分配到物理层，其中的字段是 12B CRC（分成 26 个 6B CRC 码）、6B FEC 和 2B HDR。

2B HDR	Slot0-14B（H-Slot）		
Slot1-16B（G-Slot）			
Slot2			
Slot3			
Slot4			
Slot5			
Slot6			
Slot7			6B CRC
Slot8 -12B(HS-Slot) – Last 2B at the bottom			Slot7
Slot9			
Slot10			
Slot11			
Slot12			
Slot13			
Slot14			
2B CRD	Slot8 -2B	6B FEC	6B CRC

图 6-8　延迟优化（LOpt）256B Flit

在这两种 Flit 模式中，Flit 消息组包规则都是通用的，除了 Slot 8，它在 LOpt 256B Flit 中是一个具有特殊组包规则的 12B Slot。这些是 Slot0 组包规则的子集。这种 Slot 格式称为 H

Subset（HS）格式。

- 链路层控制消息。在 256B Flit 模式下，控制消息使用 H8 格式编码，有时使用 HS8 格式。图 6-9 所示为链路层控制（LLCTRL）消息的 256B 封装。H8 在考虑 4 位 Slot 格式编码后提供 108 位用于对控制消息进行编码。8 位用于 LLCTRL/SubType 编码，4 位保留，有效负载为 96 位。对于 HS8，它被限制为 2 字节，这将可用的有效负载削减到 80 位。在几乎所有情况下，控制消息之后的剩余 Slot 都被认为是保留的（清除为全 0），并且不携带任何协议信息。例外情况是 IDE.TMAC，它允许协议消息在 Flit 中的其他 Slot。对于在 HS Slot 注入的消息，在 HS Slot 之前的 Slot 可以携带协议信息，但在 HS Slot 之后的 Slot 被保留。

LLCTRL	SlotFmt = 8
RSVD	SubType
Payload[7:0]	
Payload[15:8]	
Payload[23:16]	
Payload[31:24]	
Payload[39:32]	
Payload[47:40]	
Payload[55:48]	
Payload[63:56]	
Payload[71:64]	
Payload[79:72]	
Payload[87:80]	
Payload[95:88]	
RSVD	
RSVD	

图 6-9 LLCTRL 消息的 256B 封装

- 延迟优化。通过两个方法可使 256B Flit 的发送获得最佳的延迟特性，即链路层实现 64B 或 128B 流水线和延迟优化的 Flit（可选的）。额外的延迟优化是以合理的发送空 Slot 的方式来调度 Flit 到 ARB/MUX，避免需要等待下一次 Flit 对齐的开始。在 CXL.io 和空 Slot 之间存在权衡，因此应该考虑总体带宽。

链路层需要包含一种方法来指示当前 Flit 没有消息或 CRD 信息。在这种情况下，空 Flit 的定义是整个 Flit 可以被丢弃而没有副作用，CRD 字段的特殊编码提供了表示空 Flit 的方法，即 CRD[4:0] = 01h。

6.4 CXL 仲裁 / 复用详解

CXL 仲裁 / 复用在 Flex 总线分层层次结构中的位置如图 6-10 所示。CXL 仲裁 / 复用提供 CXL.io 和 CXL.cachemem 链路层控制和数据信号的动态复用，以与 Flex 总线物理层对接。

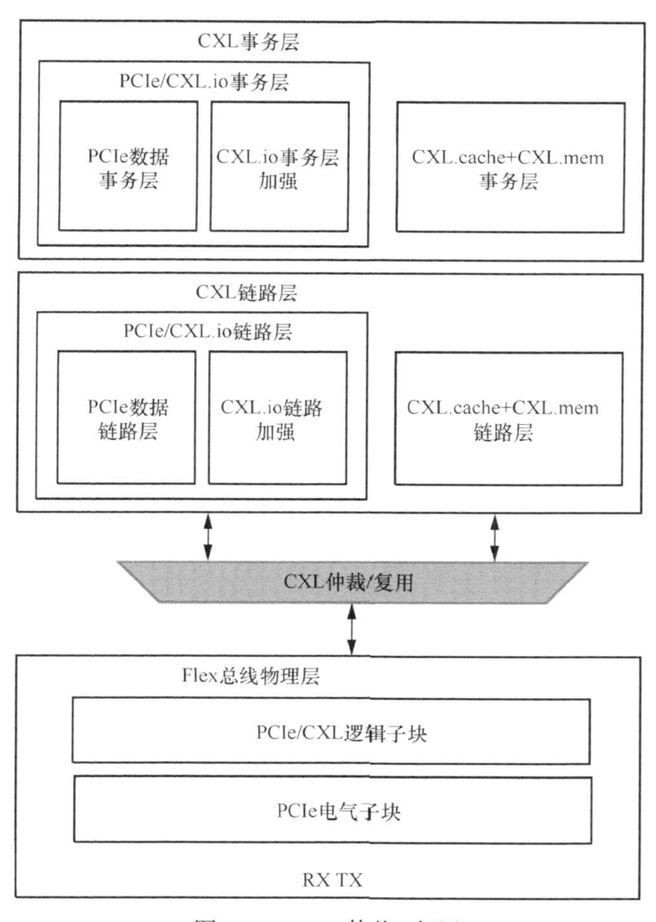

图 6-10　CXL 仲裁 / 复用

在发送方向上，ARB/MUX 在来自 CXL 链路层的请求之间进行仲裁，并对数据进行多路复用。它还可以处理来自链路层的电源状态转换请求：将它们解析为单个请求转发到物理层，为每个链路层接口维护虚拟链路状态机（vLSM）并生成 ARB/MUX 链路管理包（ALMP），以代表每个链路层跨链路通信电源状态转换请求。在 PCIe* 模式下，会绕过 ARB/MUX，从而禁用 ARB/MUX 生成 ALMP。

在接收方向上，ARB/MUX 确定与 CXL 转换相关联的协议，并将转换转发到适当的链路层。它还处理 ALMP，参与任何必要的握手，并酌情更新其 vLSM。

对于 256B Flit 模式，重放缓冲区是物理层的一部分。ALMP 具有与 68B Flit 模式不同的 Flit 格式，并受到前向纠错（FEC）和 CRC 的保护。它们还必须分配给物理层中的重放缓冲区，并遵循重放序列协议。因此，它们被保证无错误地传送到远程 ARB/MUX。

ARB/MUX 负责在来自 CXL 链路层的请求之间进行仲裁，并根据仲裁结果对数据进行多路复用。仲裁策略是由具体实现定义的，只要它满足在 Flex 总线链路上传输的高级协议的定时要求。此外，必须有一种方法来设置与 CXL.io 和 CXL.cache + CXL.mem 链路层关联的相对仲裁权重，因为它们通过 Flex 总线链路仲裁传输流量。不同 CXL 之间的流量交错[①]在 68B Flit 模式下 528 位的 Flit 边界上完成，在 256B Flit 模式下的 256B Flit 边界上完成。

6.5　CXL 物理层详解

本节主要介绍 CXL 物理层，包括 CXL 链路层简介、CXL 物理层帧结构、链路训练等。CXL 物理层已经不再区分 CXL.io、CXL.cache、CXL.mem 协议，但仍具备 68B Flit 和 256B Flit 两种模式，两种模式具备不同的报文格式、处理流程和支持功能。

6.5.1　CXL 物理层简介

CXL 物理层处于 CXL 仲裁 / 复用与 PCIe 链路之间，它的主要作用如下：其一为发送数据链路层的 TLP 与 DLLP；其二为发送与接收在物理层产生的报文 PLP（Physical Layer Packet）；其三是从 PCIe 链路接收数据报文，并传送给 CXL 仲裁 / 复用，并最终到达 CXL 链路层。物理层主要由物理层逻辑模块以及物理层电气模块组成。CXL 物理层和 PCIe 物理层是混用的，这个混用的结构即称为 Flex 总线物理层。由于两者混用无法独立讲解，因此接下来将介绍 Flex 总线物理层。Flex 总线物理层是一个融合的逻辑物理层，根据链路训练期间的替代模式协商的结果，选择在 PCIe 模式或 CXL 模式下运行。

Flex 总线物理层在 CXL 体系结构中的位置如图 6-11 所示。在发送端，Flex 总线物理层准备从 PCIe* 链路层或 CXL ARB/MUX 接收数据，以便在 Flex 总线链路上传输。在接收端，Flex 总线物理层对接收到的数据进行反序列化，并将其转换为合适的格式，以便转发到 PCIe 链路层或 ARB/MUX。Flex 总线物理层由 PCIe/CXL 逻辑子块（又名逻辑 PHY）和

① 流量交错旨在管理和优化不同 CXL 设备之间的数据传输，以减少冲突及提高效率。——作者注

PCIe 电气子块组成。逻辑 PHY 在初始链路训练期间以 PCIe 模式运行，在训练到 2.5 GT/s 后，如果合适，可以根据备用模式协商的结果切换到 CXL 模式。电气子块遵循 PCIe 基本规范。

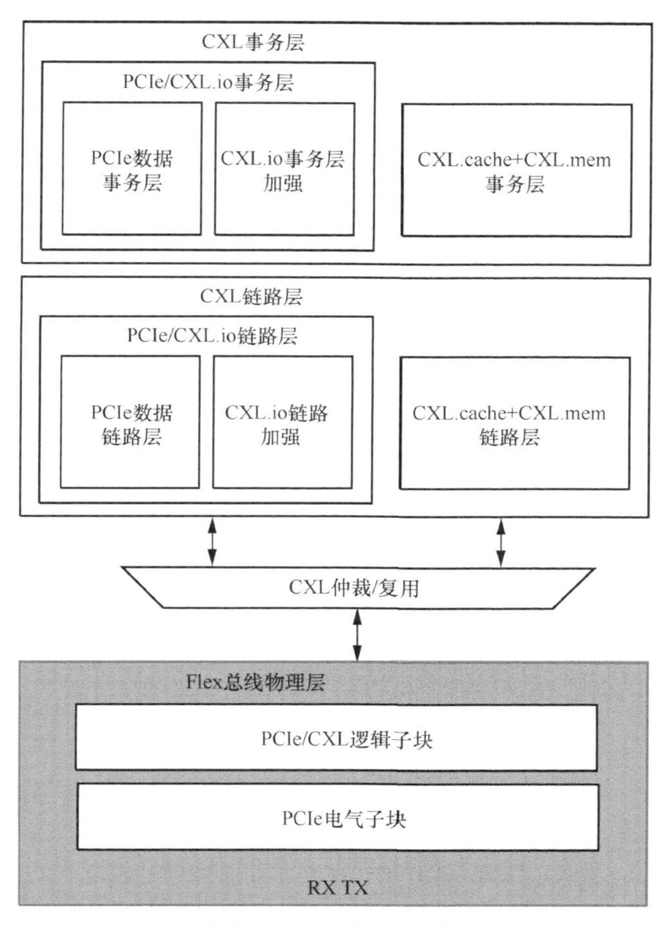

图 6-11 Flex 总线物理层

CXL 模式下，在本地链路宽度和 32 GT/s 或 64 GT/s 链路速率下可以正常工作。在 CXL 模式中支持 x8 和 x4 宽度的分叉（又称链路细分）。降级的工作模式包括 8 GT/s 或 16 GT/s 或 32 GT/s 链路速度和较小的 x2 和 x1 链路宽度，支持的 CXL 组合如表 6-4 所示。在 PCIe 模式下，链路支持 PCIe 基本规范中定义的所有宽度和速度，以及分叉的能力。

表 6-4 支持的 CXL 组合

链路速度	链路宽度	支持的等级模式
32 GT/s	x16	x16 at 16 GT/s or 8 GT/s; x8,x4,x2 or x1 at 32 GT/s or 16 GT/s or 8 GT/s
	x8	x8 at 16 GT/s or 8 GT/s; x4,x2 or x1 at 32 GT/s or 16 GT/s or 8 GT/s
	x4	x4 at 16 GT/s or 8 GT/s; x2, or x1 at 32 GT/s or 16 GT/s or 8 GT/s
64 GT/s	x16	x16 at 32 GT/s or 16 GT/s or 8 GT/s; x8,x4,x2 or x1 at 64 GT/s or 32 GT/s or 16 GT/s or 8 GT/s
	x8	x8 at 32 GT/s or 16 GT/s or 8 GT/s; x4,x2 or x1 at 64 GT/s or 32 GT/s or 16 GT/s or 8 GT/s
	x4	x4 at 32 GT/s or 16 GT/s or 8 GT/s; x2 or x1 at 64 GT/s or 32 GT/s or 16 GT/s or 8 GT/s

Flex 总线逻辑物理层基于 PCIe 逻辑物理层。PCIe 模式完全遵循 PCIe 基本规范，而 Flex Bus.CXL 模式相对于 PCIe 具有更多的影响链路训练和成帧的变量。

6.5.2 有序集块和数据块

Flex Bus.CXL 使用了有序集（Ordered Set）块和数据（Data）块的 PCIe 概念。每个数据通路中每个块跨越 128 位，每个数据通路中可能有 2 位同步头。

有序集块与 PCIe 基本规范中的定义一致，用于训练、进入和退出 Electrical Idle、转换到数据块、时钟公差补偿。当使用 128b/130b 编码时，在有序集块中每个数据通路传输 128 位之前插入一个值为 01b 的 2 位同步头；在 Sync Header bypass 延迟优化模式下，没有同步头。此外，根据 PCIe 基本规范，当使用 1b/1b 编码时，没有同步头。

数据块用于传输从 CXL ARB/MUX 接收到的数据。在 68B Flit 模式下，一个 16 位的协议 ID 字段与从链路层接收的每个 528 位的 Flit 负载（512 位负载 + 16 位 CRC 码）相关联，该负载以 8 位的粒度分散在各个数据通路之间；协议 ID 的位置取决于宽度。当使用 128b/130b 编码时，在数据块中每通道传输 128 位之前插入一个值为 10b 的 2 位同步头；在 latency-optimized Sync Header Bypass 模式下，不存在同步头。528 位的 Flit 可以穿过数据块之间的边界。在 256B Flit 模式下，Flit 为 256 字节，其中包括 Flit Type 字段中的协议 ID 信息。

有序集块和数据块之间的转换有几种表示方式，根据数据速率和 CXL 模式，只有其中的一种方式可能适用。第一种方法是通过 2 位同步头，01b 为有序集块和 10b 为数据块。第二种方法是通过使用数据流开始（Start of Data Stream，SDS）有序集和数据流结束（End of

Data Stream，EDS）令牌。与 EDS 令牌为显式的 PCIe 不同，Flex Bus.CXL 在 68B Flit 模式下编码 EDS 指示在协议 ID 值中；后者被称为“隐含的 EDS 令牌”。在 256B Flit 模式中，从数据块到有序集块的转换只允许发生在固定的位置，如 PCIe 基本规范中指定的 PCIe Flit 模式。

在 PCIe 链路训练期间，可供选择的有 68B Flit 模式与 256B Flit 模式。

6.5.3 CXL 物理层帧结构

本节主要介绍 68B Flit 模式帧结构和 256B Flit 模式帧结构。

1．68B Flit 模式帧结构

68B Flit 模式帧结构包括以下几部分内容。

（1）协议 ID。16 位的协议 ID 字段指定传输的是 CXL.io、CXL.cachemem 还是其他负载。表 6-5 所示为有效的 16 位协议 ID 编码，包含隐含的 EDS 令牌的编码表示当前字符结束所在的块之后的下一个块是有序集块。隐含的 EDS 令牌只能在传输的最后一个 Flit 的数据块中出现。

表 6-5　有效的 16 位协议 ID 编码

协议 ID[15:0]	描述
FFFFh	CXL.io
D2D2h	CXL.io 带有隐含的 EDS 令牌
5555h	CXL.cachemem
8787h	CXL.cachemem 带有隐含的 EDS 令牌
9999h	NULL Flit：物理层产生的 NULL Flit
4B4Bh	NULL Flit 带有隐含的 EDS 令牌：可变长度的 Flit，包含正好在有序集块之前的数据块边界处结束的 NULL（由物理层生成）
CCCCh	CXL ARB/MUX 链路管理数据包（ALMP）
1E1Eh	CXL ARB/MUX 链路管理数据包带有隐含的 EDS 令牌
其他编码	保留

当链路层没有有效的 Flit 可用时，物理层将 NULL Flit 插入数据流。带有隐含的 EDS 令牌传输的 NULL Flit 正好在有序集块之前的数据块边界处结束，这些是可变长度的字符，最多 528 位，旨在尽快过渡到有序集块。当使用 128b/130b 编码时，在 16 位协议 ID 传输后遇到的第一个块边界上结束可变长度 NULL Flit，并在下一个块中传输有序集。因为有序集块以固定的块间隔插入，当 Sync Headers 被禁用时，可变长度 NULL Flit 将始终包含固定的 528

位有效负载。NULL Flit 由全 0 负载组成。

复制汉明距离为 4 的 8 位编码以创建 16 位编码，用于防止位翻转的错误。如果只有一个 8 位编码组看起来不正确，记录一个可纠正的协议 ID 帧错误，不需要进一步的错误处理操作；正常处理使用正确的 8 位编码组。如果两个 8 位编码组都不正确，则记录一个不可纠正的协议 ID 帧错误，丢弃该文件，并且物理层进入恢复状态以重新训练链路。

物理层负责丢弃它接收到的带有无效协议 ID 的任何文件。这包括删除任何具有意外协议 ID 的 Flit，这些协议 ID 对应于协商期间未启用的 Flex 总线定义的协议。与物理层或 ARB/MUX 生成的文件相关联的协议 ID 不能被视为意外。当一个 Flit 因一个意外的协议 ID 而被丢弃时，物理层在 Flex Bus DVSEC 端口状态寄存器中记录一个意外的协议 ID 错误。

（2）x16 数据包布局。图 6-12 所示为 x16 数据包布局。首先，传输 16 位的协议 ID，在连续的通道上以 8 位粒度分割；接下来是 528 字节的 Flit 的传输，以 8 位的粒度分散在各个数据通路上。根据符号时间，如图 6-12 中最左边一列所示，协议 ID 加上 Flit 传输可能从 L0、L4、L8 或 L12 开始。传输模式每 17 个符号重复一次。图中所示的两位同步头，在每个数据通路传输每 128 位之后插入，但在 Sync Header bypass 的延迟优化模式中同步头被忽略。

	L0	L1	L2	L3	L4	L5	L6	L7	L8	L9	L10	L11	L12	L13	L14	L15
Sync Hdr	0	0	0	0	0	0	0	0	0	0	0	0	0	0	0	0
	1	1	1	1	1	1	1	1	1	1	1	1	1	1	1	1
symbol0	Prot ID[7:0]	Prot ID[15:8]	Flit[7:0]	Flit[15:8]	Flit[23:16]	Flit[31:24]	Flit[39:32]	Flit[47:40]	Flit[55:48]	Flit[63:56]	Flit[71:64]	Flit[79:72]	Flit[87:80]	Flit[95:88]	Flit[103:96]	Flit[111:104]
symbol1	Flit[119:112]	Flit[127:120]	Flit[135:128]	Flit[143:136]	Flit[151:144]	Flit[159:152]	Flit[167:160]	Flit[175:168]	Flit[183:176]	Flit[191:184]	Flit[199:192]	Flit[207:200]	Flit[215:208]	Flit[223:216]	Flit[231:224]	Flit[239:232]
symbol2	Flit[247:240]	Flit[255:248]	Flit[263:256]	Flit[271:264]	Flit[279:272]	Flit[287:280]	Flit[295:288]	Flit[303:296]	Flit[311:304]	Flit[319:312]	Flit[327:320]	Flit[335:328]	Flit[343:336]	Flit[351:344]	Flit[359:352]	Flit[367:360]
symbol3	Flit[375:368]	Flit[383:376]	Flit[391:384]	Flit[399:392]	Flit[407:400]	Flit[415:408]	Flit[423:416]	Flit[431:424]	Flit[439:432]	Flit[447:470]	Flit[455:448]	Flit[463:456]	Flit[471:464]	Flit[479:472]	Flit[487:480]	Flit[495:488]
symbol4	Flit[503:496]	Flit[511:504]	Flit[519:512]	Flit[527:520]	Prot ID[7:0]	Prot ID[15:8]	Flit[7:0]	Flit[15:8]	Flit[23:16]	Flit[31:24]	Flit[39:32]	Flit[47:40]	Flit[55:48]	Flit[63:56]	Flit[71:64]	Flit[79:72]
symbol5	Flit[87:80]	Flit[95:88]	Flit[103:96]	Flit[111:104]	Flit[119:112]	Flit[127:120]	Flit[135:128]	Flit[143:136]	Flit[151:144]	Flit[159:152]	Flit[167:160]	Flit[175:168]	Flit[183:176]	Flit[191:184]	Flit[199:192]	Flit[207:200]
symbol6	Flit[215:208]	Flit[223:216]	Flit[231:224]	Flit[239:232]	Flit[247:240]	Flit[255:248]	Flit[263:256]	Flit[271:264]	Flit[279:272]	Flit[287:280]	Flit[295:288]	Flit[303:296]	Flit[311:304]	Flit[319:312]	Flit[327:320]	Flit[335:328]
symbol7	Flit[343:336]	Flit[351:344]	Flit[359:352]	Flit[367:360]	Flit[375:368]	Flit[383:376]	Flit[391:384]	Flit[399:392]	Flit[407:400]	Flit[415:408]	Flit[423:416]	Flit[431:424]	Flit[439:432]	Flit[447:470]	Flit[455:448]	Flit[463:456]
symbol8	Flit[471:464]	Flit[479:472]	Flit[487:480]	Flit[495:488]	Flit[503:496]	Flit[511:504]	Flit[519:512]	Flit[527:520]	Prot ID[7:0]	Prot ID[15:8]	Flit[7:0]	Flit[15:8]	Flit[23:16]	Flit[31:24]	Flit[39:32]	Flit[47:40]
symbol9	Flit[55:48]	Flit[63:56]	Flit[71:64]	Flit[79:72]	Flit[87:80]	Flit[95:88]	Flit[103:96]	Flit[111:104]	Flit[119:112]	Flit[127:120]	Flit[135:128]	Flit[143:136]	Flit[151:144]	Flit[159:152]	Flit[167:160]	Flit[175:168]
symbol10	Flit[183:176]	Flit[191:184]	Flit[199:192]	Flit[207:200]	Flit[215:208]	Flit[223:216]	Flit[231:224]	Flit[239:232]	Flit[247:240]	Flit[255:248]	Flit[263:256]	Flit[271:264]	Flit[279:272]	Flit[287:280]	Flit[295:288]	Flit[303:296]
symbol11	Flit[311:304]	Flit[319:312]	Flit[327:320]	Flit[335:328]	Flit[343:336]	Flit[351:344]	Flit[359:352]	Flit[367:360]	Flit[375:368]	Flit[383:376]	Flit[391:384]	Flit[399:392]	Flit[407:400]	Flit[415:408]	Flit[423:416]	Flit[431:424]
symbol12	Flit[439:432]	Flit[447:470]	Flit[455:448]	Flit[463:456]	Flit[471:464]	Flit[479:472]	Flit[487:480]	Flit[495:488]	Flit[503:496]	Flit[511:504]	Flit[519:512]	Flit[527:520]	Prot ID[7:0]	Prot ID[15:8]	Flit[7:0]	Flit[15:8]
symbol13	Flit[23:16]	Flit[31:24]	Flit[39:32]	Flit[47:40]	Flit[55:48]	Flit[63:56]	Flit[71:64]	Flit[79:72]	Flit[87:80]	Flit[95:88]	Flit[103:96]	Flit[111:104]	Flit[119:112]	Flit[127:120]	Flit[135:128]	Flit[143:136]
symbol14	Flit[151:144]	Flit[159:152]	Flit[167:160]	Flit[175:168]	Flit[183:176]	Flit[191:184]	Flit[199:192]	Flit[207:200]	Flit[215:208]	Flit[223:216]	Flit[231:224]	Flit[239:232]	Flit[247:240]	Flit[255:248]	Flit[263:256]	Flit[271:264]
symbol15	Flit[279:272]	Flit[287:280]	Flit[295:288]	Flit[303:296]	Flit[311:304]	Flit[319:312]	Flit[327:320]	Flit[335:328]	Flit[343:336]	Flit[351:344]	Flit[359:352]	Flit[367:360]	Flit[375:368]	Flit[383:376]	Flit[391:384]	Flit[399:392]
Sync Hdr	0	0	0	0	0	0	0	0	0	0	0	0	0	0	0	0
	1	1	1	1	1	1	1	1	1	1	1	1	1	1	1	1
symbol0	Flit[407:400]	Flit[415:408]	Flit[423:416]	Flit[431:424]	Flit[439:432]	Flit[447:470]	Flit[455:448]	Flit[463:456]	Flit[471:464]	Flit[479:472]	Flit[487:480]	Flit[495:488]	Flit[503:496]	Flit[511:504]	Flit[519:512]	Flit[527:520]
symbol1	Prot ID[7:0]	Prot ID[15:8]	Flit[7:0]	Flit[15:8]	Flit[23:16]	Flit[31:24]	Flit[39:32]	Flit[47:40]	Flit[55:48]	Flit[63:56]	Flit[71:64]	Flit[79:72]	Flit[87:80]	Flit[95:88]	Flit[103:96]	Flit[111:104]

图 6-12　x16 数据包布局

如图 6-13 所示，在 x16 链路上，CXL.io 和 CXL.cachemem 流量以 2 个 Flit 的粒度交错分布。图中上部分显示了 CXL.io 流在映射到 Flex 总线数据通路和与 CXL.cachemem 流量交叉之前的样子；成帧规则遵循 PCIe Base Specification 中的 x16 成帧规则。图中下部分显示了两个流在 Flex 总线上交叉时的最终结果。对于 CXL.io Flit，传输 16 位协议 ID 后，使用 512 位传输 CXL.io 流量，有 16 位不使用。对于 CXL.cachemem Flit，在传输 16 位协议 ID 后，使用 528 位来传输 CXL.cachemem Flit。如本例所示，封装在 CXL.io 流中的 PCIe TLP 和 DLLP 如果跨越 Flit 边界，可能会被不相关的 CXL 流量中断。

	L0	L1	L2	L3	L4	L5	L6	L7	L8	L9	L10	L11	L12	L13	L14	L15
Sync Hdr	0	0	0	0	0	0	0	0	0	0	0	0	0	0	0	0
	1	1	1	1	1	1	1	1	1	1	1	1	1	1	1	1
symbol0	PCIe STP Token				PCIe TLP Header DW0				PCIe TLP Header DW1				PCIe TLP Header DW2			
symbol1	PCIe TLP Data Payload DW0				PCIe TLP Data Payload DW1				PCIe TLP Data Payload DW2				PCIe TLP LCRC			
symbol2	PCIe SDP Token		PCIe DLLP Payload				PCIe DLLP CRC		PCIe IDL	PCIe IDL	PCIe IDL	PCIe IDL	PCIe IDL	PCIe IDL	PCIe IDL	PCIe IDL
symbol3	PCIe STP Token				PCIe TLP Header DW0				PCIe TLP Header DW1				PCIe TLP Header DW2			
symbol4	PCIe TLP Data Payload DW0				PCIe TLP Data Payload DW1				PCIe TLP Data Payload DW2				PCIe TLP Data Payload DW3			
symbol5	PCIe TLP Data Payload DW4				PCIe TLP Data Payload DW5				PCIe TLP Data Payload DW6				PCIe TLP Data Payload DW7			
symbol6	PCIe TLP Data Payload DW8				PCIe TLP LCRC				PCIe SDP Token		PCIe DLLP Payload				PCIe DLLP CRC	
symbol7	PCIe STP Token				PCIe TLP Header DW0				PCIe TLP Header DW1				PCIe TLP Header DW2			
symbol8	PCIe TLP Data Payload DW0				PCIe TLP Data Payload DW1				PCIe TLP Data Payload DW2				PCIe TLP LCRC			

	L0	L1	L2	L3	L4	L5	L6	L7	L8	L9	L10	L11	L12	L13	L14	L15
Sync Hdr	0	0	0	0	0	0	0	0	0	0	0	0	0	0	0	0
	1	1	1	1	1	1	1	1	1	1	1	1	1	1	1	1
symbol0	Prot ID[7:0]	Prot ID [15:8]	PCIe STP Token				PCIe TLP Header DW0				PCIe TLP Header DW1				PCIe TLP Header DW2[15:0]	
symbol1	PCIe TLP Header DW2[31:16]		PCIe TLP Data Payload DW0				PCIe TLP Data Payload DW1				PCIe TLP Data Payload DW2				PCIe TLP LCRC	
symbol2	PCIe TLP LCRC		PCIe SDP Token		PCIe DLLP Payload				PCIe DLLP CRC		PCIe IDL	PCIe IDL	PCIe IDL	PCIe IDL	PCIe IDL	PCIe IDL
symbol3	PCIe IDL	PCIe IDL	PCIe STP Token				PCIe TLP Header DW0				PCIe TLP Header DW1				PCIe TLP Header DW2[15:0]	
symbol4	PCIe TLP Header DW2[31:16]		reserved	reserved	Prot ID[7:0]	Prot ID [15:8]	PCIe TLP Data Payload DW0				PCIe TLP Data Payload DW1				PCIe TLP Data Payload DW2[15:0]	
symbol5	PCIe TLP Data Payload DW2[31:16		PCIe TLP Data Payload DW3				PCIe TLP Data Payload DW4				PCIe TLP Data Payload DW5				PCIe TLP Data Payload DW6[15:0]	
symbol6	PCIe TLP Data Payload DW6[31:16		PCIe TLP Data Payload DW7				PCIe TLP Data Payload DW8				PCIe TLP LCRC				PCIe SDP Token	
symbol7	PCIe DLLP Payload				PCIe DLLP CRC		PCIe STP Token				PCIe TLP Header DW0				PCIe TLP Header DW1	
symbol8	PCIe TLP Header DW1		PCIe TLP Header DW2				reserved	reserved	Prot ID[7:0]	Prot ID [15:8]	Flit[7:0]	Flit[15:8]	Flit[23:16]	Flit[31:24]	Flit[39:32]	Flit[47:40]
symbol9	Flit[55:48]	Flit[63:56]	Flit[71:64]	Flit[79:72]	Flit[87:80]	Flit[95:88]	Flit[103:96]	Flit[111:104]	Flit[119:112]	Flit[127:120]	Flit[135:128]	Flit[143:136]	Flit[151:144]	Flit[159:152]	Flit[167:160]	Flit[175:168]
symbol10	Flit[183:176]	Flit[191:184]	Flit[199:192]	Flit[207:200]	Flit[215:208]	Flit[223:216]	Flit[231:224]	Flit[239:232]	Flit[247:240]	Flit[255:248]	Flit[263:256]	Flit[271:264]	Flit[279:272]	Flit[287:280]	Flit[295:288]	Flit[303:296]
symbol11	Flit[311:304]	Flit[319:312]	Flit[327:320]	Flit[335:328]	Flit[343:336]	Flit[351:344]	Flit[359:352]	Flit[367:360]	Flit[375:368]	Flit[383:376]	Flit[391:384]	Flit[399:392]	Flit[407:400]	Flit[415:408]	Flit[423:416]	Flit[431:424]
symbol12	Flit[439:432]	Flit[447:470]	Flit[455:448]	Flit[463:456]	Flit[471:464]	Flit[479:472]	Flit[487:480]	Flit[495:488]	Flit[503:496]	Flit[511:504]	CRC	CRC	Prot ID[7:0]	Prot ID [15:8]	Flit[7:0]	Flit[15:8]
symbol13	Flit[23:16]	Flit[31:24]	Flit[39:32]	Flit[47:40]	Flit[55:48]	Flit[63:56]	Flit[71:64]	Flit[79:72]	Flit[87:80]	Flit[95:88]	Flit[103:96]	Flit[111:104]	Flit[119:112]	Flit[127:120]	Flit[135:128]	Flit[143:136]
symbol14	Flit[151:144]	Flit[159:152]	Flit[167:160]	Flit[175:168]	Flit[183:176]	Flit[191:184]	Flit[199:192]	Flit[207:200]	Flit[215:208]	Flit[223:216]	Flit[231:224]	Flit[239:232]	Flit[247:240]	Flit[255:248]	Flit[263:256]	Flit[271:264]
symbol15	Flit[279:272]	Flit[287:280]	Flit[295:288]	Flit[303:296]	Flit[311:304]	Flit[319:312]	Flit[327:320]	Flit[335:328]	Flit[343:336]	Flit[351:344]	Flit[359:352]	Flit[367:360]	Flit[375:368]	Flit[383:376]	Flit[391:384]	Flit[399:392]
Sync Hdr	0	0	0	0	0	0	0	0	0	0	0	0	0	0	0	0
	1	1	1	1	1	1	1	1	1	1	1	1	1	1	1	1
symbol0	Flit[407:400]	Flit[415:408]	Flit[423:416]	Flit[431:424]	Flit[439:432]	Flit[447:470]	Flit[455:448]	Flit[463:456]	Flit[471:464]	Flit[479:472]	Flit[487:480]	Flit[495:488]	Flit[503:496]	Flit[511:504]	CRC	CRC
symbol1	Prot ID[7:0]	Prot ID [15:8]	PCIe TLP Data Payload DW0				PCIe TLP Data Payload DW1				PCIe TLP Data Payload DW2				PCIe TLP LCRC[15:0]	

图 6-13　x16 协议交叉示例

（3）帧错误。物理层负责检测帧错误，并随后启动进入恢复以重新训练链路。协议 ID 帧错误如表 6-6 所示。具有在 CXL 规范中定义的值的协议 ID 被认为是有效的协议 ID。有效的协议 ID 可能是预期的，也可能是意外的。预期的协议 ID 是与协商期间启用的协议相对应的协议 ID，意外的协议 ID 是与协商期间未启用的协议相对应的协议 ID。具有未在 CXL 规范中定义的值的协议 ID 被认为是无效的协议 ID。每当因意外的协议 ID 帧错误或不可纠正的协议 ID 帧错误而被物理层丢弃时，物理层进入 LTSSM 恢复以重新训练链路，并通知链路层进入恢复，如果适用，则启动链路级重试。

表 6-6 协议 ID 成帧错误

协议 ID[7:0]	协议 ID[15:8]	期望动作
无效	有效且期望	进程正常使用协议 ID[15:8]；作为 CXL_Correctable_Protocol_ID_Framing_Error 在 DVSEC Flex 总线端口状态寄存器中记录
有效且期望	无效	进程正常使用协议 ID[7:0]；作为 CXL_Correctable_Protocol_ID_Framing_Error 在 DVSEC Flex 总线端口状态寄存器中记录
有效且不期望	有效且不期望且等于协议 ID[7:0]	丢弃 Flit 并且作为 cxl_expected_protocol_id_dropped 在 DVSEC Flex 总线端口状态寄存器中记录；进入 LTSSM 恢复以重新训练链路；通知链路层进入恢复，如果适用则启动链路级重试
无效	有效且不期望	丢弃 Flit 并且作为 cxl_expected_protocol_id_dropped 在 DVSEC Flex 总线端口状态寄存器中记录；进入 LTSSM 恢复以重新训练链路；通知链路层进入恢复，如果适用则启动链路级重试
有效且不期望	无效	丢弃 Flit 并且作为 cxl_expected_protocol_id_dropped 在 DVSEC Flex 总线端口状态寄存器中记录；进入 LTSSM 恢复以重新训练链路；通知链路层进入恢复，如果适用则启动链路级重试
有效	有效且不等于协议 ID[7:0]	丢弃 Flit 并且作为 CXL_Uncorrectable_Protocol_ID_Framing_Error 在 DVSEC Flex 总线端口状态寄存器；进入 LTSSM 恢复以重新训练链路；通知链路层进入恢复，如果适用则启动链路级重试
无效	无效	丢弃 Flit 并且作为 CXL_Uncorrectable_Protocol_ID_Framing_Error 在 DVSEC Flex 总线端口状态寄存器；进入 LTSSM 恢复以重新训练链路；通知链路层进入恢复，如果适用则启动链路级重试

2．256B Flit 模式帧结构

256B Flit 模式操作依赖于 PCIe 基本规范的支持。在 PCIe 链路训练期间，应选择 68B Flit 模式或 256B Flit 模式。链路运行在 256B Flit 模式和 68B Flit 模式的场景如表 6-7 所示。支持 CXL 模式，PCIe 链路速率不低于 8 GT/s；无论是否协商 PCIe Flit 模式，链路速率为 2.5 GT/s 或 5 GT/s 时，不支持 CXL 模式。如果训练时选择 PCIe Flit 模式，请参见 PCIe 基本规范，且链路速率为 8 GT/s 及以上，则使用 256B Flit 模式。如果训练时没有选择“PCIe Flit 模式”，且链路速率大于等于 8 GT/s，则使用 68B Flit 模式。

表 6-7 256B Flit 模式与 68B Flit 模式

数据速率	PCIe Flit 模式	编码	CXL Flit 模式
2.5 GT/s、5 GT/s	否	8b/10b	CXL 不支持
2.5 GT/s、5 GT/s	是	8b/10b	CXL 不支持
8 GT/s、16 GT/s、32 GT/s	否	128b/130b	68B Flit
8 GT/s、16 GT/s、32 GT/s	是	128b/130b	256B Flit
64 GT/s	是	1b/1b	256B Flit

256B Flit 利用了 PCIe Flit 中的几个元素。256B Flit 有两种类型：标准 256B Flit 和由两个 128B 的半 Flit 组成的延迟优化 256B Flit。

（1）标准 256B Flit。标准的 256B Flit 格式如图 6-14 所示。256B Flit 包含 2 字节的 Flit Header（Hdr）信息，有 240 字节的 Flit Data，其格式取决于该 Flit 是否携带 CXL.io 负载、CXL.cachemem 负载或 ALMP 负载，或者是否正在传输 IDLE Flit。

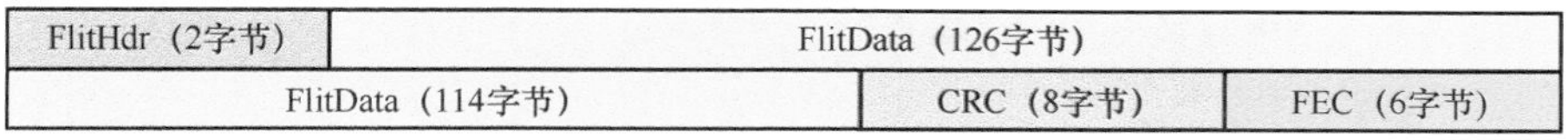

FlitHdr（2字节） FlitData（126字节）
FlitData（114字节） CRC（8字节） FEC（6字节）

图 6-14 标准 256B Flit

对于 CXL.io, Flit 数据包括 TLP 有效负载和 PCIe 基本规范中指定的 4 字节 DLLP 有效负载；DLLP 有效负载位于 Flit Data 的末尾，如图 6-15 所示。8 字节的 CRC 保护 Flit Header 和 Flit Data，并按照 PCIe 基本规范中指定的方式计算。6 个字节的 FEC 保护 Flit Header、Flit Data 和 CRC，并按照 PCIe 基本规范中指定的方式计算。

FlitHdr（2字节） FlitData(126字节)
FlitData（110字节） DLLP（4字节） CRC（8字节） FEC（6字节）

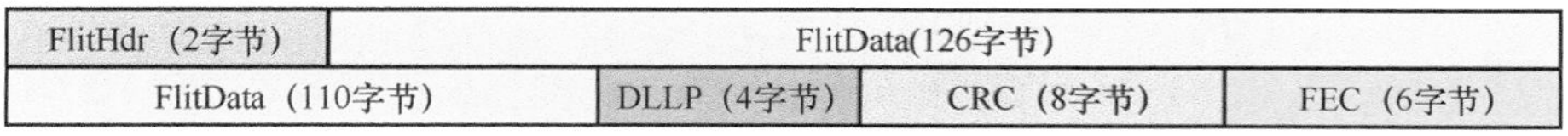

图 6-15 CXL.io 标准 256B Flit

表 6-8 定义的 Flit Header 的 2 个字节可以作为 Flit 的前两个字节传输。2 位的“Flit Type”字段表示该 Flit 的类型，包括 CXL.io、CXL.cachemem、ALMP、IDLE、空和 NOP。

表 6-8 256B Flit Header

Flit Header 字段	Flit Header 位的位置	描述
Flit Type[1:0]	[7:6]	00b = 物理层 IDLE Flit 或者物理层 NOP Flit 或者 CXL.io NOP Flit； 01b = CXL.io 负载 Flit； 10b = CXL.cachemem 负载 Flit 或者 CXL.cachemem 产生的空 Flit； 11b = ALMP
先前 Flit Type	[5]	0 = 先前 Flit 为空、NOP 或 IDLE Flit； 1 = 先前 Flit 为负载 Flit
DLLP 载荷类型	[4]	Flit 类型为 CXL.io 负载或 CXL.io NOP：按照 PCIe 基本规范使用； Flit 类型不为 CXL.io 负载或 CXL.io NOP：保留
重传命令	[3:2]	与 PCIe 基本规范中定义相同
Flit 序号 [9:0]	{[1:0],[15:8]}	与 PCIe 基本规范中定义的 10 位序列号相同

先前 Flit Type 定义在 PCIe 基本规范中定义，它使接收方知道先前的 Flit 是空 Flit、NOP Flit 或 IDLE Flit，因此，如果它有 CRC 错误，则不需要重放（可以丢弃）。DLLP 有效负载定义的类型应与 PCIe 基本规范中对 CXL.io Flit 的定义一致，否则该位会被保留。重传命令 [1:0] 和 Flit 序列号 [9:0] 定义在 PCIe 基本规范中定义。表 6-9 所示为与每个 Flit Type 编码相关联的不同 Flit 负载。

表 6-9 与每个 Flit Type 编码相关联的不同 Flit 负载

编码	Flit 负载	源	描述	是否分配重试缓存
00b	物理层 NOP	物理层	没有有效负载的物理层生成（和沉没）的 Flit；当它的 Tx 重试缓冲区已满，并且它正在向上层反压，或者当上层没有其他可用于传输的 Flit 时，插入数据流	否
	IDLE		物理层生成（和消耗）用于促进 LTSSM 转换的所有 0 字节载荷 Flit，如 PCIe 基本规范中所述	否
	CXL.io NOP	CXL.io 链路层	有效的 CXL.io DLLP 负载（没有 TLP 负载）；如果没有其他 CXL.io Flit 可供传输，则由 CXL.io 链路层定期插入，以满足 PCIe 基本规范对 Credit 更新间隔的要求	否
01b	CXL.io 负载		有效的 CXL.io TLP 和有效的 DLLP 载荷	是

续表

编码	Flit 负载	源	描述	是否分配重试缓存
10b	CXL.cachemem 负载	CXL.cachemem 链路层	有效的 CXL.cachemem Slot 和 / 或 CXL.cachemem Credit 载荷	是
	CXL.cachemem 空		没有有效的 CXL_cachemem 载荷；当 CXL_cachemem 链路层推测性地仲裁传输一个 Flit 以减少空闲到有效的转换时间，但没有有效的 CXL_cachemem 有效负载及时到达以使用 Flit 中的任何 Slot 时，产生此 Flit 负载	否
11b	ALMP	ARB/MUX	ARB/MUX 链路管理数据包	是

在每次进入 L0 时进行序列号握手之前，如 PCIe 基本规范中所述，Flit Type 编码为 00b 表示 IDLE Flit。这些 IDLE Flit 包含所有零负载，由物理层生成和消耗。在 L0 的序号握手期间和握手之后，Flit Type 编码为 00b 表示物理层 NOP 切换或 CXL.io NOP 切换。当物理层因其 Tx 重试缓冲区被填满而向上层反压时，必须插入 NOP Flit；当流量不是由上层产生时，也需要插入 NOP Flit。这些 NOP 缓冲区不能分配到发送重试缓冲区或接收重试缓冲区中。物理层 NOP Flit 将对应于 CXL.io Flit 中用于携带 DLLP 有效负载的 bit 位设置为 0；保留物理层 NOP Flit 的剩余 bit。

CXL.io NOP Flit 由 CXL.io 链路层生成，只携带有效的 DLLP 负载。当 Flit Type 为 00b 被解码时，物理层必须始终检查有效的 DLLP 负载。CXL.io NOP Flit 不能分配到发送重试缓冲区或接收重试缓冲区。

Flit Type 编码为 01b 表示 CXL.io 负载流量，这些 Flit 可以封装有效的 TLP 有效负载和 DLLP 有效负载。

Flit Type 编码为 10b 表示带有有效 CXL.cachemem 负载 Flit 的 Flit 或 CXL.cachemem 空 Flit，这使得 CXL.cachemem 可以通过仲裁使用 ARB/MUX 传输数据路径来最小化有效流量转换的空闲，即使它没有有效的流量要发送，这样它就可以用延迟到达的流量填充 Flit 中稍后的 Slot，而不是要求 CXL.cachemem 等到下一个 256 字节的 Flit 边界才开始传输有效流量。不能将空的 Flit 分配到发送重试缓冲区或接收重试缓冲区中。物理层必须解码链路层 CRD[4:0] 位，以确定该 Flit 是否携带有效负载或该 Flit 是否为空的 CXL.cachemem Empty Flit。

如图 6-16 所示，在 8 位粒度上，从 16 位 Flit Header 开始，然后是 240 字节的 Flit Data、8 字节的 CRC，最后是 6 字节的 FEC（PCIe 基本规范中描述的 3 路交错 ECC）。

	L0	L1	L2	L3	L4	L5	L6	L7	L8	L9	L10	L11	L12	L13	L14	L15
Symbol0	FlitHdr[7:0]	FlitHdr[15:8]	FlitD[7:0]	FlitD[15:8]	FlitD[23:16]	FlitD[31:24]	FlitD[39:32]	FlitD[47:40]	FlitD[55:48]	FlitD[63:56]	FlitD[71:64]	FlitD[79:72]	FlitD[87:80]	FlitD[95:88]	FlitD[103:96]	FlitD[111:104]
Symbol1	FlitD[119:112]	FlitD[127:120]	FlitD[135:128]	FlitD[143:136]	FlitD[151:144]	FlitD[159:152]	FlitD[167:160]	FlitD[175:168]	FlitD[183:176]	FlitD[191:184]	FlitD[199:192]	FlitD[207:200]	FlitD[215:208]	FlitD[223:216]	FlitD[231:224]	FlitD[239:232]
Symbol2	FlitD[247:240]	FlitD[255:248]	FlitD[263:256]	FlitD[271:264]	FlitD[279:272]	FlitD[287:280]	FlitD[295:288]	FlitD[303:296]	FlitD[311:304]	FlitD[319:312]	FlitD[327:320]	FlitD[335:328]	FlitD[343:336]	FlitD[351:344]	FlitD[359:352]	FlitD[367:360]
Symbol3	FlitD[375:368]	FlitD[383:376]	FlitD[391:384]	FlitD[399:392]	FlitD[407:400]	FlitD[415:408]	FlitD[423:416]	FlitD[431:424]	FlitD[439:432]	FlitD[447:440]	FlitD[455:448]	FlitD[463:456]	FlitD[471:464]	FlitD[479:472]	FlitD[487:480]	FlitD[495:488]
Symbol4	FlitD[503:496]	FlitD[511:504]	FlitD[519:512]	FlitD[527:520]	FlitD[535:528]	FlitD[543:536]	FlitD[551:544]	FlitD[559:552]	FlitD[567:560]	FlitD[575:568]	FlitD[583:576]	FlitD[591:584]	FlitD[599:592]	FlitD[607:600]	FlitD[615:608]	FlitD[623:616]
Symbol5	FlitD[631:624]	FlitD[639:632]	FlitD[647:640]	FlitD[655:648]	FlitD[663:656]	FlitD[671:664]	FlitD[679:672]	FlitD[687:680]	FlitD[695:688]	FlitD[703:696]	FlitD[711:704]	FlitD[719:712]	FlitD[727:720]	FlitD[735:728]	FlitD[743:736]	FlitD[751:744]
Symbol6	FlitD[759:752]	FlitD[767:760]	FlitD[775:768]	FlitD[783:776]	FlitD[791:784]	FlitD[799:792]	FlitD[807:800]	FlitD[815:808]	FlitD[823:816]	FlitD[831:824]	FlitD[839:832]	FlitD[847:840]	FlitD[855:848]	FlitD[863:856]	FlitD[871:864]	FlitD[879:872]
Symbol7	FlitD[887:880]	FlitD[895:888]	FlitD[903:896]	FlitD[911:904]	FlitD[919:912]	FlitD[927:920]	FlitD[935:928]	FlitD[943:936]	FlitD[951:944]	FlitD[959:952]	FlitD[967:960]	FlitD[975:968]	FlitD[983:976]	FlitD[991:984]	FlitD[999:992]	FlitD[1007:1000]
Symbol8	FlitD[1015:1008]	FlitD[1023:1016]	FlitD[1031:1024]	FlitD[1039:1032]	FlitD[1047:1040]	FlitD[1055:1048]	FlitD[1063:1056]	FlitD[1071:1064]	FlitD[1079:1072]	FlitD[1087:1080]	FlitD[1095:1088]	FlitD[1103:1096]	FlitD[1111:1104]	FlitD[1119:1112]	FlitD[1127:1120]	FlitD[1135:1128]
Symbol9	FlitD[1143:1136]	FlitD[1151:1144]	FlitD[1159:1152]	FlitD[1167:1160]	FlitD[1175:1168]	FlitD[1183:1176]	FlitD[1191:1184]	FlitD[1199:1192]	FlitD[1207:1200]	FlitD[1215:1208]	FlitD[1223:1216]	FlitD[1231:1224]	FlitD[1239:1232]	FlitD[1247:1240]	FlitD[1255:1248]	FlitD[1263:1256]
Symbol10	FlitD[1271:1264]	FlitD[1279:1272]	FlitD[1287:1280]	FlitD[1295:1288]	FlitD[1303:1296]	FlitD[1311:1304]	FlitD[1319:1312]	FlitD[1327:1320]	FlitD[1335:1328]	FlitD[1343:1336]	FlitD[1351:1344]	FlitD[1359:1352]	FlitD[1367:1360]	FlitD[1375:1368]	FlitD[1383:1376]	FlitD[1391:1384]
Symbol11	FlitD[1399:1392]	FlitD[1407:1400]	FlitD[1415:1408]	FlitD[1423:1416]	FlitD[1431:1424]	FlitD[1439:1432]	FlitD[1447:1440]	FlitD[1455:1448]	FlitD[1463:1456]	FlitD[1471:1464]	FlitD[1479:1472]	FlitD[1487:1480]	FlitD[1495:1488]	FlitD[1503:1496]	FlitD[1511:1504]	FlitD[1519:1512]
Symbol12	FlitD[1527:1520]	FlitD[1535:1528]	FlitD[1543:1536]	FlitD[1551:1544]	FlitD[1559:1552]	FlitD[1567:1560]	FlitD[1575:1568]	FlitD[1583:1576]	FlitD[1591:1584]	FlitD[1599:1592]	FlitD[1607:1600]	FlitD[1615:1608]	FlitD[1623:1616]	FlitD[1631:1624]	FlitD[1639:1632]	FlitD[1647:1640]
Symbol13	FlitD[1655:1648]	FlitD[1663:1656]	FlitD[1671:1664]	FlitD[1679:1672]	FlitD[1687:1680]	FlitD[1695:1688]	FlitD[1703:1696]	FlitD[1711:1704]	FlitD[1719:1712]	FlitD[1727:1720]	FlitD[1735:1728]	FlitD[1743:1736]	FlitD[1751:1744]	FlitD[1759:1752]	FlitD[1767:1760]	FlitD[1775:1768]
Symbol14	FlitD[1783:1776]	FlitD[1791:1784]	FlitD[1799:1792]	FlitD[1807:1800]	FlitD[1815:1808]	FlitD[1823:1816]	FlitD[1831:1824]	FlitD[1839:1832]	FlitD[1847:1840]	FlitD[1855:1848]	FlitD[1863:1856]	FlitD[1871:1864]	FlitD[1879:1872]	FlitD[1887:1880]	FlitD[1895:1888]	FlitD[1903:1896]
Symbol15	FlitD[1911:1904]	FlitD[1919:1912]	CRC0	CRC1	CRC2	CRC3	CRC4	CRC5	CRC6	CRC7	ECC 0A	ECC 0B	ECC 0C	ECC 1A	ECC 1B	ECC 2B

图 6-16 标准 256B Flit x16 物理 Lanes

（2）延迟优化 256B Flit。由两个 128B 的半 Flit 组成的延迟优化 256B Flit，延迟优化后的 256B Flit 格式如图 6-17 所示。支持 256B Flit 的组件可选择支持这种延迟优化的 Flit 格式。在 CXL 备用协议协商期间，以标准 256B 格式或延迟优化的 256B 格式操作的决定发生一次；不支持两种格式之间的动态切换。

<table>
<tr><td>FlitHdr（2字节）</td><td colspan="2">FlitData（120字节）</td><td>CRC（6字节）</td></tr>
<tr><td colspan="2">FlitData（116字节）</td><td>FEC（6字节）</td><td>CRC（6字节）</td></tr>
</table>

图 6-17 延迟优化 256B Flit

延迟优化的 Flit 格式将 256 字节的 Flit 组织为 128 字节的半 Flit。偶数半 Flit 部分由 2 字节的 Flit Header、120 字节的 Flit Data 和 6 字节的 CRC 组成，后者保护偶数半 Flit 部分的 128 字节。奇数半 Flit 由 116 字节的 Flit 数据、6 字节的 FEC（保护整个 256 字节的 Flit）和 6 字节的 CRC（保护不包括 6 字节 FEC 的 128 字节奇数半 Flit）组成。延迟优化的 Flit 格式的好处是减少了 Flit 累积延迟。因为每个 128 字节的半 Flit 都是独立受 CRC 保护的，所以如果 CRC 通过而不必等待接收到后半 Flit 进行 FEC 解码，那么接收方可以使用前半 Flit。对于较小的链路宽度，Flit 累积延迟节省量增加；对于 x4 链路宽度，在 64 GT/s 链路速度下，往返 Flit 积累延迟为 8 ns。类似地，如果 CRC 通过，则可以消耗奇数半 Flit，而不必等待更复杂的 FEC 解码操作完成。如果任意半 Flit CRC 失败，FEC 解码和纠正应用到整个 256 字节的 Flit。随后，如果 CRC 通过，如果先前没有消耗，并且在此 Flit 之前的所有数据都已消耗，则每个半 Flit 都将被消耗。

注意，即便使用延迟优化的 256 字节 Flit，仍然会以 256 字节粒度重试 Flit。如果在 FEC 解码和纠正后任何一个半 Flit 未通过 CRC，则接收方请求重试整个 256 字节的 Flit。接收方负责在重试期间跟踪它之前是否消耗了任何半 Flit，并且必须丢弃之前已消耗的任何半 Flit。

下面的错误场景示例说明了如何处理延迟优化的 Flit。偶数半 Flit 在 FEC 解码之前通过 CRC 并被消耗。奇数半 Flit 未通过 CRC。FEC 解码和校正应用于 256 字节的 Flit；随后，偶数半 Flit 不通过 CRC，奇数半 Flit 通过。在这种情况下，FEC 修正是可疑的，因为先前通过的 CRC 现在失败了。接收方请求重试 256 字节的 Flit，并且假设它通过了 FEC 和 CRC，则从重传的字节中消耗奇数半 Flit。请注意，即使在原始的 Flit 中，偶数半 Flit 失败了 CRC 后 FEC 校正，接收器也不能从重发的 Flit 中重新消耗偶数半 Flit。预期这种情况的发生很可能是奇数 Flit 中的多个错误超过 FEC 校正能力，从而导致由于 FEC 校正而注入额外的错误。

对于 CXL.io, Flit Data 包括 TLP 和 DLLP 有效负载。如图 6-18 所示，4 字节的 DLLP 在 Flit 中的 FEC 之前传输。

FlitHdr（2字节）	FlitData（120字节）		CRC（6字节）
FlitData（112字节）	DLLP（4字节）	FEC（6字节）	CRC（6字节）

图 6-18 CXL.io 延迟优化 256B Flit

（3）256B Flit 模式重试缓冲区。遵循 PCIe 基本规范，在 256B Flit 模式下，物理层实现了发送重试缓冲区和可选的接收重试缓冲区。在 68B Flit 模式下，CXL.io 链路层和 CXL.cachemem 链路层中的重试缓冲区是独立管理的，而在 256B Flit 模式下，有一个统一的传输重试缓冲区来处理所有可重试的 CXL 流量。类似地，在 256B Flit 模式中，有一个统一的接收重试缓冲区来处理 256B Flit 模式中所有可重试的 CXL 流量。重试请求在 256 字节的 Flit 粒度上，即使使用由两个 128 字节的 Flit 组成的延迟优化的 256B Flit 也是如此。

6.5.4 链路训练

CXL 训练是 PCIe 训练的扩展，训练过程中将发现很多配置选项，并通过状态机序列来确定最佳组合。在这个过程中，会检查或建立一些配置内容以确保正确和最佳的操作，例如 Flex 总线模式、链路宽度、链路数据率等。

从 LTSSM 检测退出后，Flex 总线链路开始训练，并根据 PCIe LTSSM 规则完成链路宽度协商和速度协商。在链路训练过程中，下游端口通过 PCIe 备用协议协商机制发起 Flex Bus 模式协商。Flex Bus 模式协商在以 2.5 GT/s 的速度进入 L0 之前完成。如果协商 Sync Header bypass（仅适用于 68B Flit 模式），则当链路转换到 8 GT/s 或更高的速度时，Sync Header 将被绕过。对于 68B Flit 模式，如果 CXL 模式在训练过程中早期协商，则 Flex 总线逻辑 PHY 在发送 SDS 有序集后，一旦转换到 8 GT/s 或更高的链路速度，则发送 NULL Flit。这些 NULL 值被用来代替 PCIe 空闲符号，以促进某些 LTSSM 转换到 L0。在链路转换到最终速度之后，如果在训练过程的早期协商过，则在传输 SDS 有序集之后，链路可以开始代表上层发送 CXL 流量。对于下游端口，物理层只有在接收到非下游端口物理层产生的 Flit 后，才会通知上层链路已经建立，可以进行传输。CXL 模式下，链路速率至少为 8 GT/s。如果在 2.5 GT/s 的链路训练期间，链路进入 CXL 模式后，无法切换到 8 GT/s 或更高的速度，那么即使设备支持 PCIe，链路最终也可能无法连接。

6.6 小结

本章介绍了 CXL 链路层和物理层的相关内容，例如 CXL 链路层 / 物理层核心概念、CXL 链路层 / 物理层架构等，并在此基础上讲解了 CXL 链路层 / 物理层的部分内容。由于

CXL 链路层 / 物理层相较于事务层和 PCIe 更加接近，因为很多具体细节没有像事务层一样展开。读者如感兴趣，可以参阅 PCIe 链路层 / 物理层的手册。本章主要展开了 CXL 的特有部分，包括 CXL 仲裁 / 复用、CXL 物理层帧结构等。

总的来说，CXL 链路层 / 物理层更接近底层通信技术，基于 PCIe 对 CXL 场景的适配和扩展，对通信专业的读者来说更具有研究价值。读者学习了 CXL 链路层 / 物理层，并结合 CXL 链路层等知识，就会明白为什么 CXL 需要对 PCIe 链路层 / 物理层进行扩展、这些扩展的原理和设计意图为何。

第 7 章　CXL 交换技术

本章主要介绍 CXL 的交换技术，协议交换技术主要负责协议的路由和转发，总线协议在使用交换技术后可以支持更多设备之间的通信，从而具备更强的扩展能力。CXL 是基于 PCIe 发展起来的，由于 CXL 拥有更多的子协议，可提供更多的功能，因此相比于 PCIe 交换技术，CXL 交换技术将具备更多新的特点，如支持对 CXL 多种子协议的路由转发。除了支持传统 PCIe 的树形拓扑外，CXL 3.0 版本协议的交换技术还支持网状拓扑结构，为互连拓扑提供更灵活更具扩展性的支持。本章将介绍 CXL 交换机分类、交换机的配置和组成、CXL 协议的解码和转发、Fabric 管理器 API 以及 CXL Fabric 架构。

7.1　CXL 交换机分类

根据交换机内部的不同构成，CXL 交换机可分为两种类型：一种是单 VCS 交换机，另一种是多 VCS 交换机。其中，VCS 是 CXL 交换机中的逻辑模块，负责对 CXL 数据进行路由转发。

7.1.1　单 VCS 交换机

单 VCS 交换机是指包含单一 VCS 模块的 CXL 交换机，它包含一个单独的 CXL Upstream Port（USP）端口和一个或者多个 Downstream Port（DSP）端口，USP 端口与根端口（Root Port）或者上级 CXL 交换机的 DSP 连接，DSP 端口与 CXL 设备、PCIe 设备或者下级 CXL 交换机的 USP 连接。图 7-1 展示了具有 1 个 USP 端口和 4 个 DSP 端口的单 VCS 交换机。

单 VCS 交换机必须符合以下定义好的规则。

（1）必须拥有一个单独的 USP 端口。

（2）必须拥有一个或者多个 DSP 端口。

（3）DSP 端口必须支持以 CXL 模式或者 PCIe 模式运行。

（4）所有非 MLD（包括 PCIe 和 SLD）端口在 vPPB[①] 下支持一个单独的虚拟层次结构。

（5）DSP 端口必须能够支持 RCD[②] 模式运行的设备。

（6）所有端口必须支持 CXL 扩展的 DVSEC[③]。

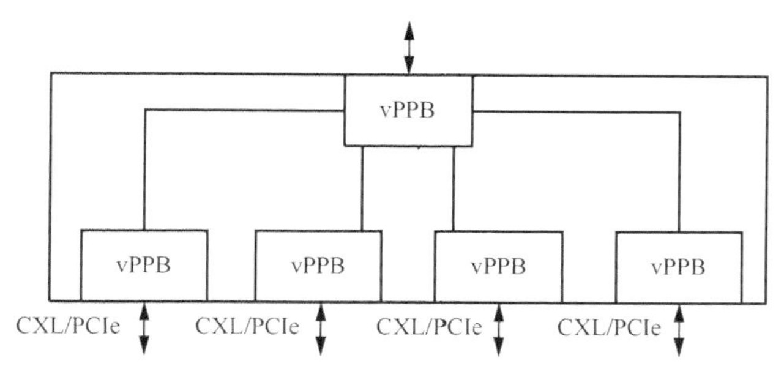

图 7-1 一个包含单 VCS 的 CXL 交换机示例

DVSEC 定义了寄存器解码 CXL.io 子协议来支持交换机下的 RCD 模式，也定义了寄存器用于 CXL 内存解码。对于 CXL.io 的地址解码是嵌入在 vPPB 支持的地址解码机制中的。对于这种包含单 VCS 的 CXL 交换机，Fabric 管理器是一个可选项。

7.1.2 多 VCS 交换机

多 VCS 交换机可分为包含多个 SLD 端口的交换机和包含多个 MLD 端口的交换机。

1．包含多个 SLD 端口的多 VCS 交换机

多 VCS 的 CXL 交换机内部拥有多个 USP，这意味着 CXL 交换机中有多个虚拟的 VCS，每个虚拟的 VCS 必须包含一个 USP 端口和至少一个 DSP 端口。图 7-2 展示了一个包含多 VCS 的支持 SLD 的 CXL 交换机。SLD 是指单逻辑设备（Single Logic Device），相比 MLD（多逻辑设备），SLD 中的内存只能当作一个整体，即一个 SLD 中的内存只能分给一个主机。综上所述，CXL 交换机下游端口上的处理逻辑对于 SLD 与 MLD 是不同的。

多 VCS 的 CXL 交换机符合以下规则定义。

（1）必须有 1 个以上的 USP 端口。

---

① PPB：PCI-PCI Bridge，PCI-PCI 桥。连接到 PPB 上的端口可以是空的，或者 PCIe 组件、CXL 组件。vPPB 是虚拟的 PPB 端口。

② RCD：Restricted CXL Device，即受限制的 CXL 设备，指以 RCD 模式运行的设备（通常是指 CXL 1.1 设备）。

③ DVSEC：在 PCIe 基本规范中定义的指定供应商特定的扩展功能（Designated Vendor-Specific Extended Capability）。

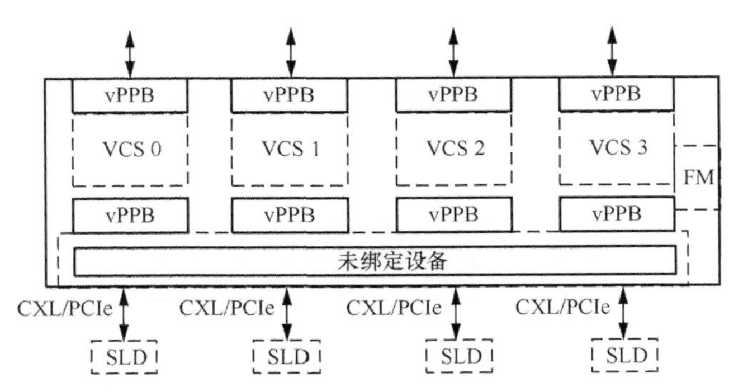

图 7-2 一个包含多 VCS 的支持 SLD 的 CXL 交换机示例

（2）每个 VCS 必须有一个或者多个下游 vPPB。

（3）上游的 vPPB 对物理端口的初始绑定以及 VCS 的结构需使用交换机供应商的特定方法来定义。

（4）每个 DSP 端口必须绑定到一个 PPB 或者 vPPB。

（5）对于多 VCS 的 CXL 交换机来说，Fabric 管理器是可选项。多 VCS 的 CXL 交换机通过 Fabric 管理器实现对 MLD 设备的支持以及绑定或解绑操作。Fabric 管理器包含可管理的“热插拔”流，可用于将解绑后的 CXL 设备分配到另一个 VCS。

（6）一旦 CXL 交换机被配置好，每个 USP 端口及其相关的下游 vPPB 便会形成一个单 VCS 交换机，可按照单 VCS 交换机的规则运行。

（7）DSP 端口必须支持以 CXL 模式或者 PCIe 模式运行。

（8）DSP 端口下的所有非 MLD 端口支持单独的虚拟层次结构。

（9）DSP 端口必须能够支持 RCD 模式运行的设备。

2．包含多个 MLD 端口的多 VCS 交换机

如图 7-3 所示，这是一个包含多 VCS 的绑定 MLD 的交换机。

一个拥有 MLD 端口的多 VCS 需要遵循如下规则。

（1）不止有一个 USP 端口。

（2）每个 VCS 中有一个或者多个 vPPB。

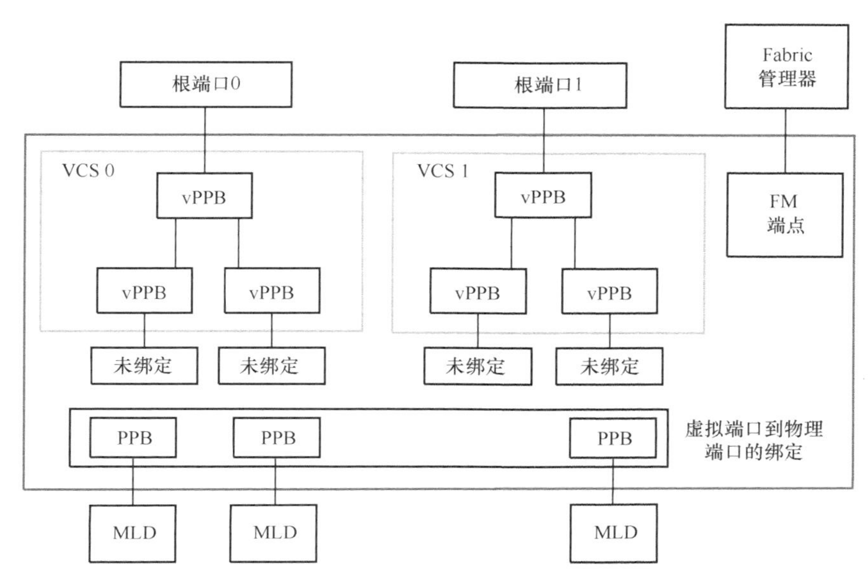

图 7-3 一个包含多 VCS 的绑定 MLD 的交换机

（3）每个 LD 的 DSP 可以绑定到单一的 VCS 上。

（4）一个 MLD-capable 的 DSP 可以连接最多 16 个 USP。

（5）每个 LD 的 DSP 通过被 Fabric 管理器管理的热插拔流可以被重新分配到不同的 VCS。

（6）MLD 组件中的每个 LD 实例通过被 Fabric 管理器管理的热插拔流，可以被重新分配到不同的 VCS。

（7）当配置好后，每个 USP 和其对应的 vPPB 形成单一的 VCS 交换机，并且运行在单一的 VCS 交换机规则下。

（8）DSP 必须支持以 CXL 模式或者 PCIe 模式运行。

（9）DSP 下的所有非 MLD 端口支持单一的虚拟结构。

（10）DSP 必须能够支持 RCD 模式（受限制的 CXL 运行模式）。

需要注意的是，RCD 模式的运行设备不受以下几点限制。

（1）不支持设备的热插拔功能。

（2）这种模式下运行的 CXL 设备总是将 PCIe 功能寄存器中的设备或者端口类型字段设

置成 RCiEP。

（3）不支持除 68B Flit 格式之外的 Flit 模式。

（4）不支持除 HBR 之外的路由类型。

（5）链路将对非 CXL 的软件不可见。

7.2 交换机的配置和组成

CXL 交换机是连接 CXL 设备用于扩展的，在此之前需要对 CXL 交换机启动时的初始化进行配置，启动后为 CXL 设备（包括 SLD 和 MLD）的连接进行配置准备工作，以支撑对 CXL 所连接设备的管理。

7.2.1 CXL 交换机的初始化

CXL 交换机可以使用以下 3 种不同的方式进行初始化：静态初始化、Fabric 管理器优先启动的初始化、Fabric 管理器和主机同时启动的初始化。

1. 静态初始化

图 7-4 所示为一个静态初始化的包含两个 VCS 的 CXL 交换机，在这个示例中，下游的 vPPB 被静态地绑定到端口上，在启动时可被主机使用。

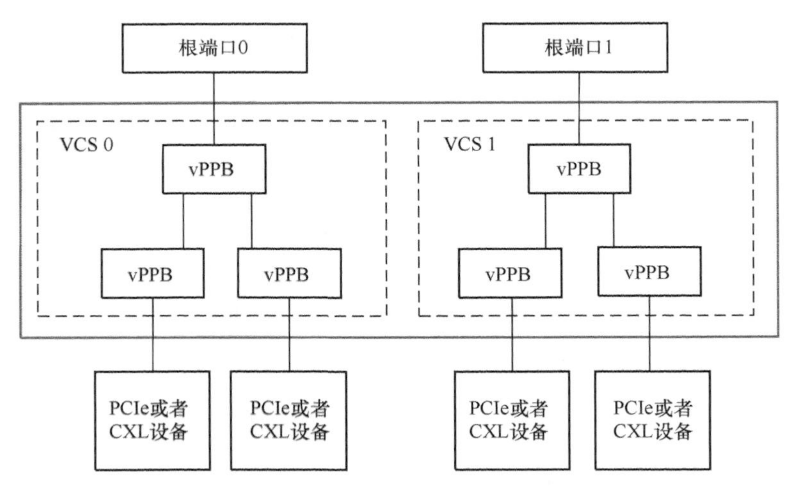

图 7-4 静态初始化的包含两个 VCS 的 CXL 交换机

静态启动的交换机具有如下特点。

（1）不支持 MLD 的端口。

（2）不支持重新绑定端口到不同的 VCS。

（3）Fabric 管理器不是必需的。

（4）在交换机启动时，所有的 VCS 和下游端口的绑定会使用交换机设备制造商定义的机制（例如 SPI Flash 中的配置文件）静态地进行配置。

（5）支持 RCD 模式、CXL VH 模式或者 PCIe 模式。

（6）VCS 与 PCIe 的交换机的功能几乎一致，只是额外加了对 CXL 的支持。

（7）每个 VCS 都可以在主机启动时进行枚举。

（8）支持设备的热添加和热移除。

（9）没有明确地支持 CXL 设备的异步移除（Async Removal），异步移除要求根端口实现 CXL 隔离。

2．Fabric 管理器优先启动的初始化

在 Fabric 管理器先于主机启动的场景中，可以按照图 7-5 所示的例子对 CXL 交换机进行初始化。具体过程如下。

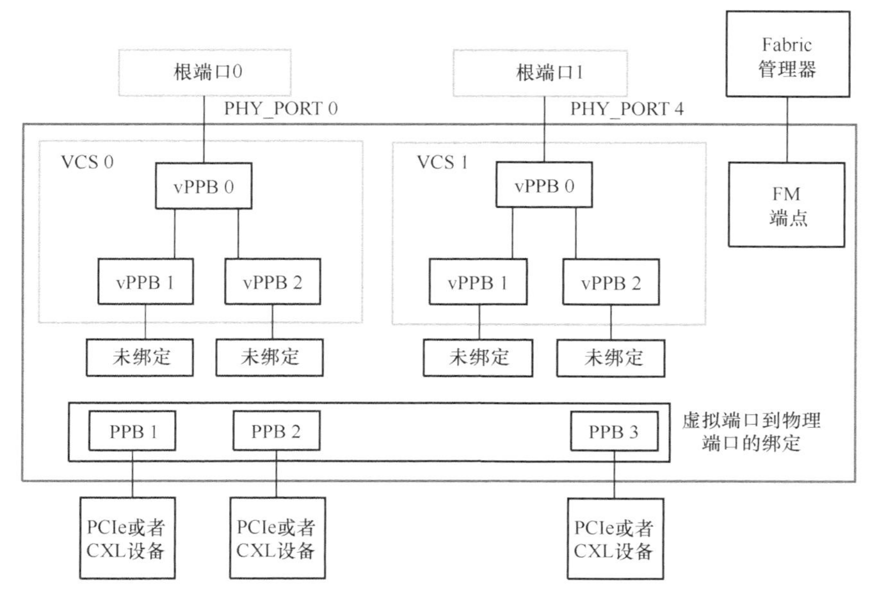

图 7-5 当 Fabric 管理器先启动时，CXL 交换机初始化示例

（1）当主机处于重置状态时，启动 Fabric 管理器。

（2）所有相关的 DSP 连接并且被绑定到 Fabric 管理器管理的 PPB。

（3）DSP 连接后，交换机通过一个管理的热添加消息通知 Fabric 管理器。

在图 7-6 所示的例子中，完成初始化操作后，采取如下的步骤来配置交换机。

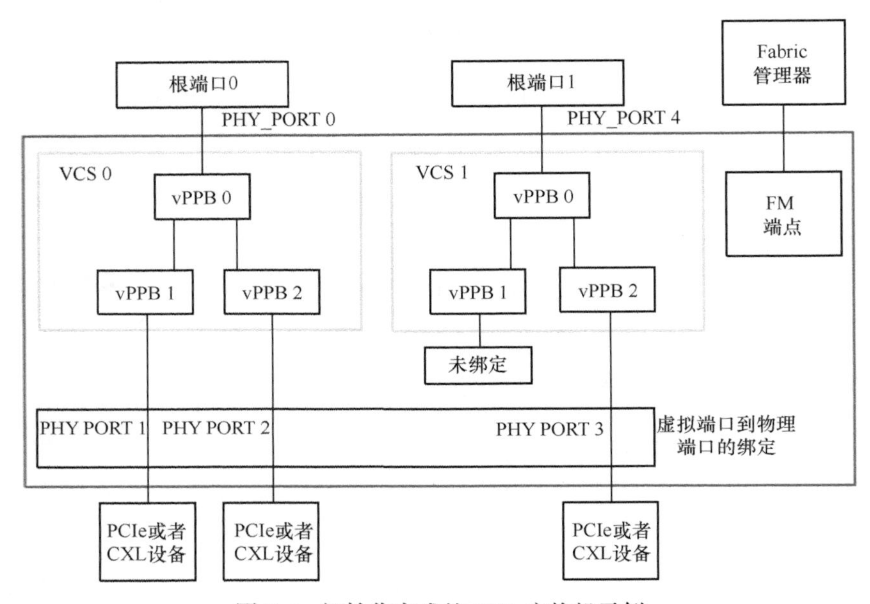

图 7-6 初始化完成的 CXL 交换机示例

（1）Fabric 管理器发送 bind 命令 BIND（VCS0, vPPB1, PHY_PORT_ID1）给交换机，然后交换机配置虚拟端口到物理端口的绑定。

（2）交换机重新映射 vPPB 的虚拟端口号到物理端口号。

（3）交换机重新映射连接器定义（PERST#, PRSNT#）到物理连接器。

（4）交换机通过使用“PPB Link Disable”，使得链路失效。

至此，所有物理的下游 PPB 功能直接映射到了 vPPB，包括“Link Disable”（释放已连接的端口）。Fabric 管理器拥有的 PPB 将不出现在这个端口。当主机启动时，交换机已经准备好进行枚举。

3. Fabric 管理器和主机同时启动的初始化

图 7-7 展示了交换机、Fabric 管理器和主机同时启动的情况，这种情况有如下几个特点。

（1）VCS 是被静态定义的。

（2）在每个 VCS 的 vPPB 处于未绑定状态，并且以断开连接的方式呈现给主机。

（3）交换机发现了下游设备，并将其呈现给 Fabric 管理器。

（4）主机枚举 VH，并且配置 DVSEC 寄存器。

（5）Fabric 管理器执行端口绑定到 vPPB。

（6）交换机执行虚拟端口到物理端口的绑定。

（7）每个绑定的端口会反馈一个热添加的提示给主机。

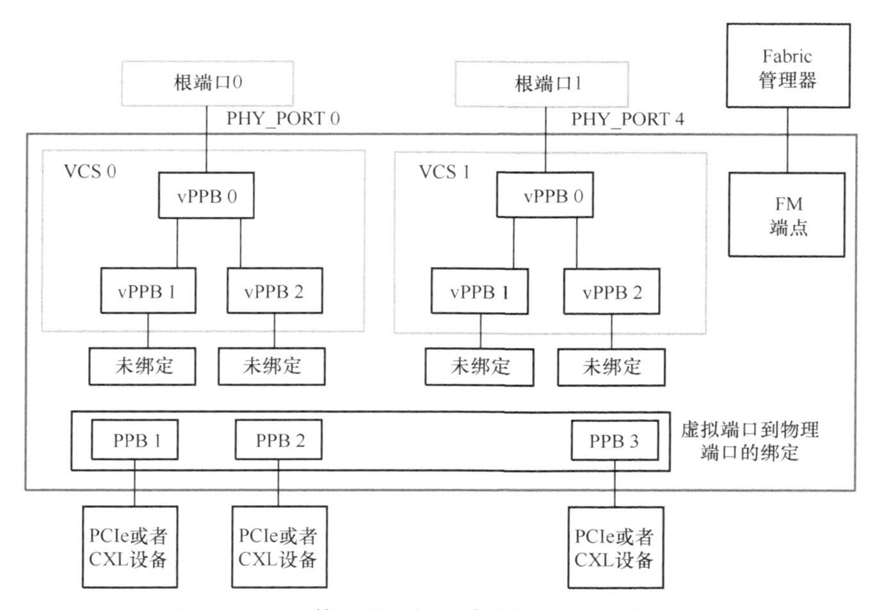

图 7-7 Fabric 管理器和主机同时启动时的交换机示例

图 7-8 展示了一个同时启动后绑定的例子。

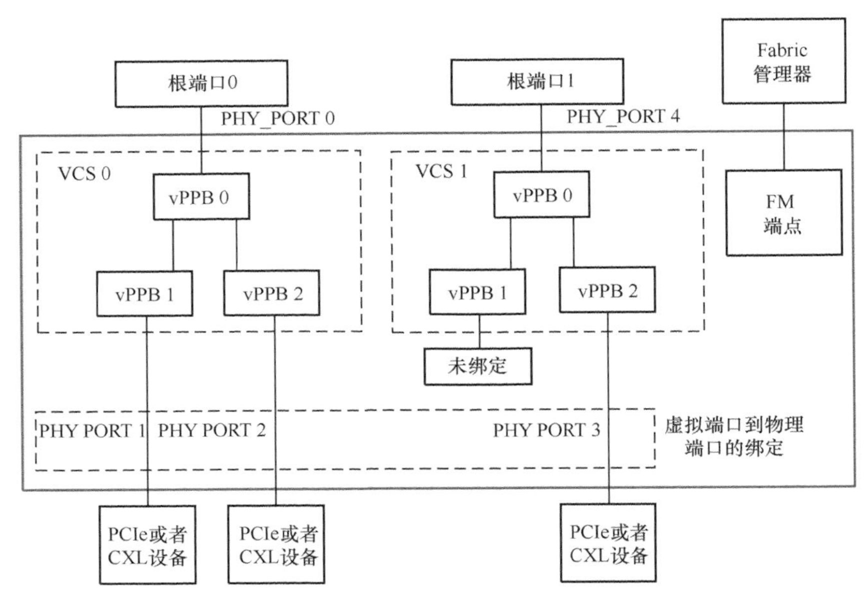

图 7-8 同时启动后绑定示例

7.2.2 CXL 交换机端口的绑定和解绑

本节主要介绍 CXL 交换机端口的绑定和解绑，例如 SLD 端口的绑定和解绑。

1. SLD 端口的绑定和解绑

SLD 端口是指只能绑定到一个 VCS 的端口，这种端口可以连接到一个 PCIe 设备或者 CXL Type 1/Type 2/Type 3 的 SLD。一般情况下，vPPB 绑定到 SLD 端口和 PCIe 交换机中的 PPB 类似，不同点是 vPPB 可以从任何物理端口上解除绑定，在这种情况下，vPPB 表现在主机面前的状态是“linkdown”，没有“Presence Detection”的提示。如果希望重新绑定，交换机必须有 FM API 的支持和 Fabric 管理器的连接。Fabric 管理器可以绑定任何未使用的物理端口到未绑定设备的 vPPB 上，在绑定之后，所有 vPPB 端口设定也将适用于物理端口。图 7-9 呈现了一个有绑定的 DSP 的交换机。

图 7-10 所示为在 VCS 0 中 Fabric 管理器对 vPPB2 执行一个解绑命令后交换机的状态，vPPB 的解绑导致交换机对该端口声明“Link Disable”，然后该端口变成为 Fabric 管理器所拥有，并被该物理端口的 PPB 设定所控制。通过 FM API，Fabric 管理器可利用 CXL.io 访问每个 Fabric 管理器拥有的 SLD 端口或者 Fabric 管理器拥有的 MLD 内的 LD。Fabric 管理器可以通过触发“FLR”或者“CXL Reset”选择重新绑定逻辑设备，交换机禁止任何以 CXL.io 方式从 Fabric 管理器访问一个已绑定的 SLD 端口或者已绑定的 MLD 组件内的 LD。Fabric 管理

器的 API 不支持生成到任何端口的 CXL.cache 或者 CXL.mem 协议事务。

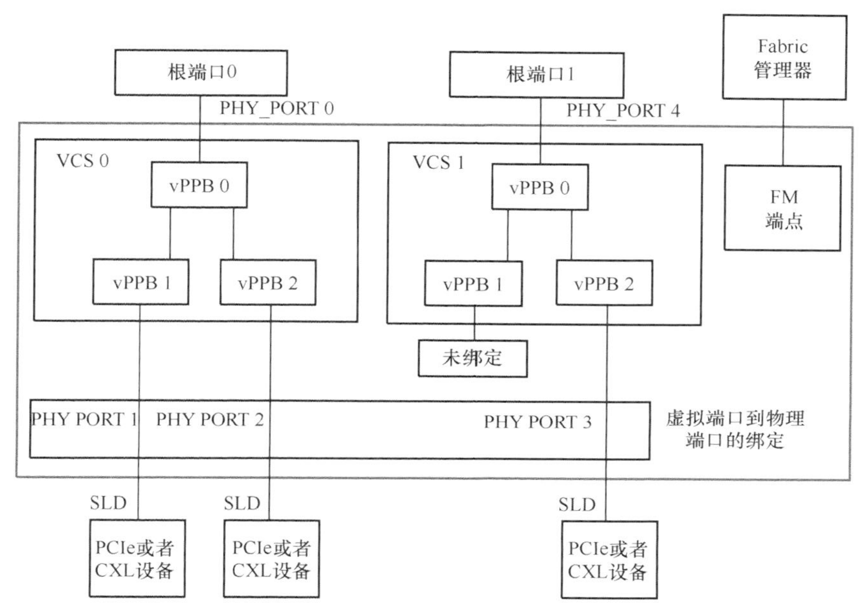

图 7-9 一个绑定了 SLD 设备的 CXL 交换机

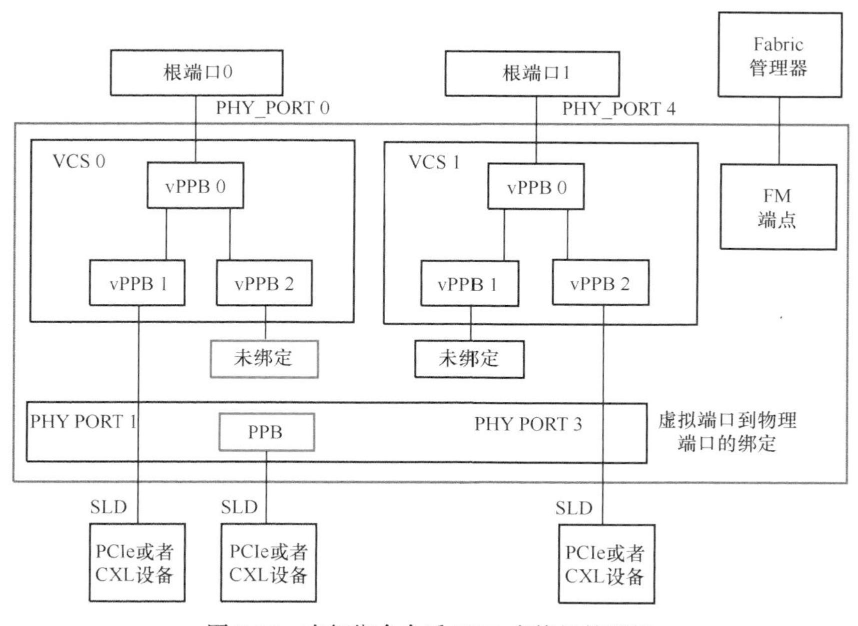

图 7-10 在解绑命令后 CXL 交换机的配置

如图 7-11 所示，在 Fabric 管理器执行了将 VCS 1 中的 vPPB 1 连接到未绑定的物理端口的绑定命令之后的交换机的状态，该命令的成功执行将导致交换机发送一个热添加的信息给 Host 1，主机和 Type 3 设备的枚举、配置、操作与一个设备的热添加过程相同。

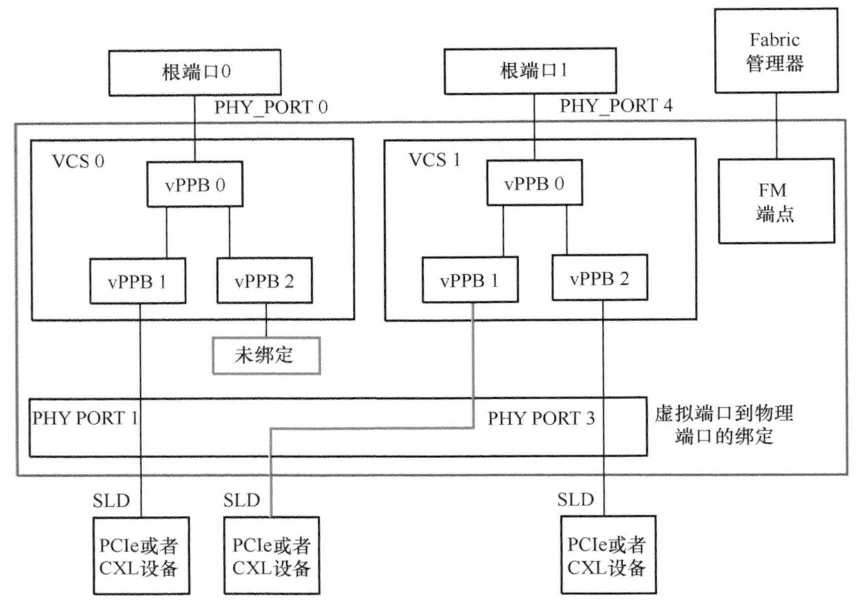

图 7-11 在绑定命令后 CXL 交换机的配置

2．池化设备的绑定和解绑

一个池化设备包含 MLD，因此通过该设备物理端口的流量将与下游多个 vPPB 相关联。对于 MLD 组件的绑定和解绑，交换机的行为与对 SLD 组件的行为类似，但是也有一些显著的区别，如下所示。

（1）物理链路不能被 MLD 组件内 LD 的绑定和解绑所影响，因此“PREST#”“Hot Reset”“Link Disable”不能被声明，并且在绑定和解绑命令期间也不能对其他 VCS 的流量产生影响。

（2）MLD 端口的物理 PPB 总是为 Fabric 管理器所拥有，Fabric 管理器负责端口的链路控制、AER、DPC 等，并且使用 FM API 来管理。

（3）Fabric 管理器可能需要管理池化设备来改变内存分配、使能 LD 等操作。

图 7-12 所示为启动之后但在绑定池化设备内任何 LD 之前的 CXL 交换机。注意，Fabric 管理器并不是一个 PCIe 的根端口，并且由于交换机负责代理从 Fabric 管理器到设备的命令，因此也负责在任意的物理重启之后枚举 Fabric 管理器 LD。MLD 端口的 PPB 总是被 Fabric 管

理器所拥有，因为 Fabric 管理器负责物理端口的配置和错误处理，在连接后，Fabric 管理器会被通知它是一个 Type 3 的池化设备。

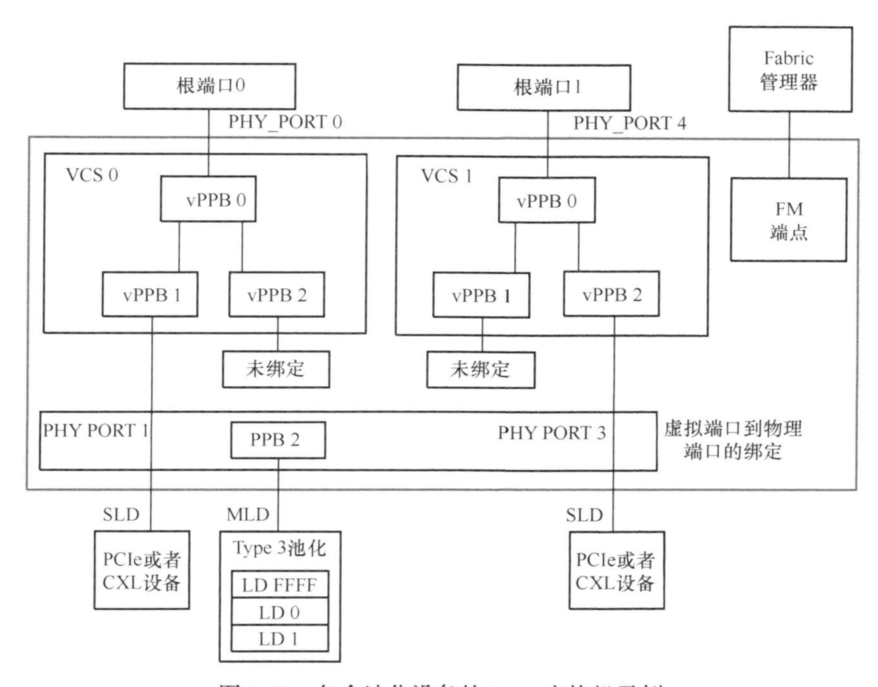

图 7-12 包含池化设备的 CXL 交换机示例

Fabric 管理器配置了池化设备的 LD 1，并设定了其内存分配，Fabric 管理器为 VCS 0 中未绑定的 vPPB 2 执行了一个绑定命令绑定到 Type 3 池化设备的 LD 1，交换机执行虚拟端口到物理端口的翻译，使得目标为 VCS 0 中的 vPPB 2 的 CXL.io 和 CXL.mem 的事务被路由到 LD-ID 设定为 1 的 MLD 端口上。另外，所有来自池化设备的 LD-ID 为 1 的 CXL.io 和 CXL.mem 事务被路由到 VCS 0 的主机配置中，在绑定之后，vPPB 将通知 VCS 0 主机一个热添加信息，这与绑定一个 vPPB 到一个 SLD 端口类似。

图 7-13 呈现了在绑定 LD 1 到 VCS 0 之后的交换机的状态。

Fabric 管理器配置了池化设备的 LD 0，并设定了其内存分配，Fabric 管理器为 VCS 1 中未绑定的 vPPB 1 执行了一个绑定命令绑定到 Type 3 池化设备的 LD 0，交换机执行虚拟端口到物理端口的翻译，使得目标为 VCS 1 中的 vPPB 的 CXL.io 和 CXL.mem 的事务被路由到 LD-ID 设定为 0 的 MLD 端口上。另外，所有来自池化设备的 LD-ID 为 0 的 CXL.io 和 CXL.mem 事务被路由到 VCS 1 的主机配置中，在绑定之后，vPPB 将通知 VCS 1 主机一个热添加信息，这与绑定一个 vPPB 到一个 SLD 端口类似。

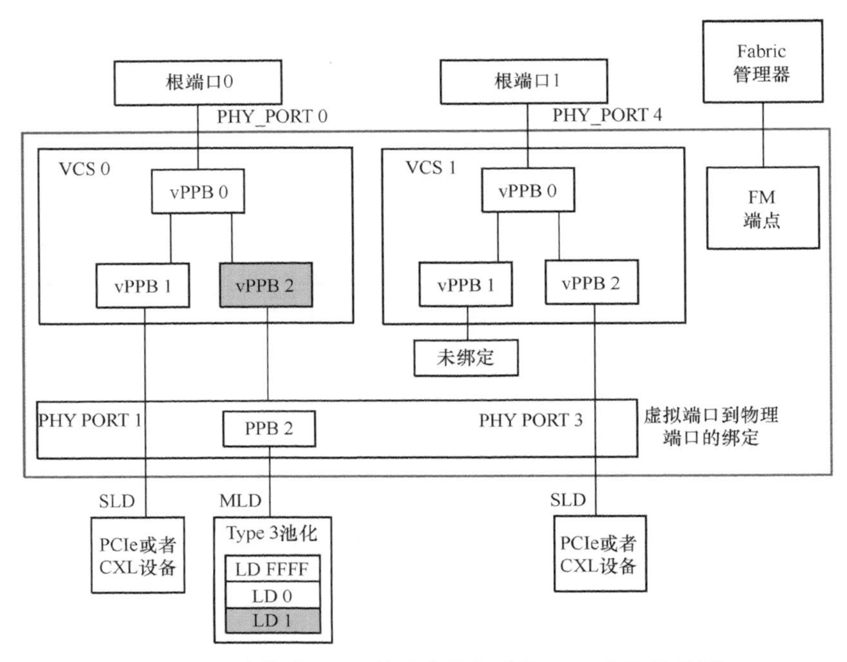

图 7-13　在绑定 LD 1 的池化设备后的 CXL 交换机示例

图 7-14 展示了在绑定 LD 0 到 VCS 1 之后的交换机的状态。

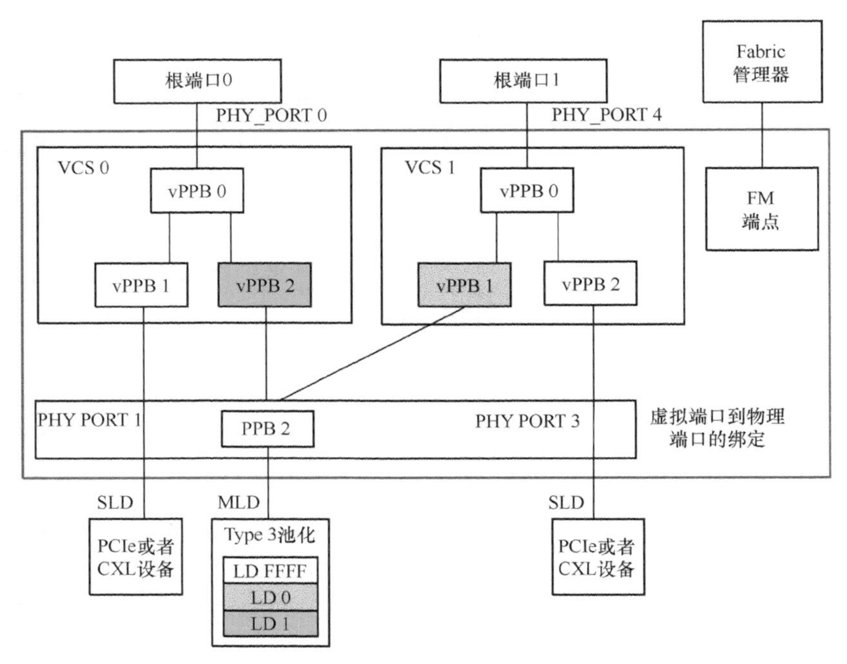

图 7-14　内存池化后的 CXL 交换机示例

绑定 LD 到 vPPB 之后，在控制、状态、错误通知、错误处理等方面，交换机的行为与绑定 SLD 端口不同。

7.2.3 MLD 端口的 PPB 和 vPPB 行为

一个 MLD 端口提供一个虚拟接口使得多个 vPPB 能够通过一个共享的物理接口访问 LD，这就导致绑定一个 MLD 的 vPPB 的特点和行为与绑定一个 SLD 端口的 vPPB 有所区别，本节将介绍它们的区别，如果没有特殊说明，那么绑定 MLD 端口的 vPPB 与绑定 SLD 端口的 vPPB 是相同的。

相关术语的介绍如下。

（1）Hardwire to 0：是指被初始化为 0 的状态和可选的控制寄存器位，对这些位进行改写不会产生任何影响。

（2）Read/Write with on Effect：是指改写会被记录的控制寄存器位，但是对操作没有任何影响，读取那些位反映了之前写入或者初始化的值。

（3）交换机的 Mailbox CCI：CXL 交换机的 Mailbox CCI 被暴露为 PCIe 的有 Type 0 配置空间的 EP，在包含多个 VCS 的交换机和单个 VCS 的交换机中，Mailbox CCI 可以选择暴露为一个 USP 中的额外的 PCIe 功能。

7.3 CXL 协议的解码和转发

在一个 VCS 内部，CXL.io 协议的流量必须遵循与 PCIe 中交换机所定义的规则，包括请求、完成、地址解码、转发等步骤。在 CXL 中定义了额外的解码规则来支持连接到交换机上的 eRCD。

7.3.1 CXL.io

当一个 TLP 被一个 PPB 所解码时，基于 PCIe 规范，它决定了路由该 TLP 的目标 PPB。如果没有明确指出，所有 PCIe 规范中定义的规则均适用于 CXL.io 的 TLP 的路由，TLP 必须路由到同一个 VCS 中的 PPB，Fabric 管理器的 PPB 中 TLP 的路由需要遵循如下额外的规则。在交换机内部的 P2P 被限制在同一 VCS 内部的 PPB 之间。

如果交换机上的 PPB 端口被配置成 Fabric 管理器所管理的，那么运行在该 PPB 端口上的 CXL 设备是不支持 RCD 模式的。当连接到一个交换机时，RCD 模式的设备在软件层面被看成一个 RCiEP 设备，本部分定义的机制将使能这个 CXL.io 的功能。在对于端口处的 CXL

扩展的 DVSEC 为连接到 DSP 端口的 eRCD 的请求转发定义了交替式的 MMIO 和总线范围窗口。拥有一个在 DSP 端口上通过自动协商成 RCD 模式运行的设备的 CXL 交换机如图 7-15 所示。

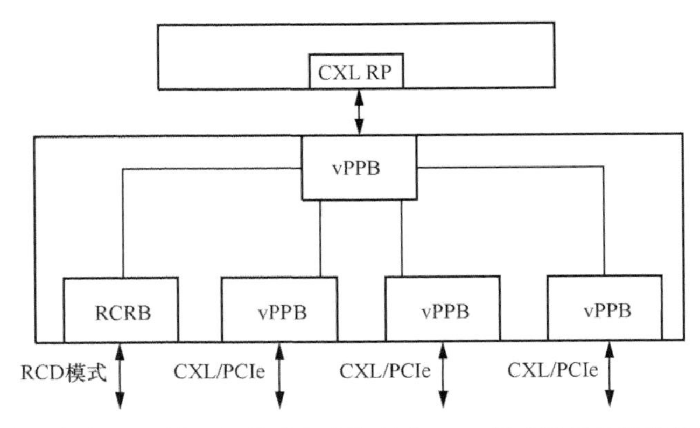

图 7-15 拥有一个在 DSP 端口上通过自动协商成 RCD 模式运行的设备的 CXL 交换机

7.3.2 CXL.cache

如果 CXL 交换机不支持多设备扩展的 CXL.cache 协议增强，那么在 VCS 中只能对一个 CXL SLD 端口进行配置，使其支持 Type 1 和 Type 2 设备。请求和应答在 USP 中被收到并路由到相应的 DSP，或者相反的方向。因此，对于这种交换机，不需要用额外的解码寄存器来解码 CXL.cache 协议。如果 CXL 交换机支持 CXL.cache 协议增强，并且支持多设备扩展，那么在 VCS 中能对不止一个 CXL SLD 端口进行配置，使其支持 Type 1 设备或者 Type 2 设备。注意，Fabric 管理器拥有的 PPB 不支持 CXL.cache。

7.3.3 CXL.mem

HDM 解码 DVSEC 能力包括定义内存地址解码范围的寄存器，CXL.mem 的请求从 Host/RP 出发，通过交换机流向下游的端口。CXL.mem 的响应从设备出发，流向上游的 RP。

USP 收到的所有 CXL.mem 请求都有一个目标为 VCS 中的下游 PPB，VCS 中的地址解码寄存器决定了路由请求的下游 VCS PPB，VCS 中的 PPB 可以是一个 VCS 拥有的 PPB 或者一个 Fabric 管理器拥有的 PPB。

DSP 收到的 CXL.mem 协议的响应只对应唯一的 USP，对于 VCS 拥有的 PPB 来说，响应消息被路由到 VCS 的 USP，在 Fabric 管理器拥有的 PPB 中收到的响应通过额外的解码规则来确定路由的 VCS ID。

Fabric 管理器拥有的 PPB 的 CXL 处理：所有 PPB 均属于 Fabric 管理器，一个 PPB 可以连接到一个端口，该端口可以是闲置的，也可以连接到一个 RCD、CXL SLD 或者 CXL MLD，

SLD 的组件可以绑定到一个主机或者闲置，闲置的 SLD 组件可以被 Fabric 管理器通过 FM API 使用 CXL.io 事务来访问。在一个 MLD 组件中的 LD 可以被绑定到一个主机或者闲置，闲置的 LD 被 Fabric 管理器所拥有，可以在交换机中通过 Fabric 管理器的 API 使用 CXL.io 事务来访问。

对于被 FM API 驱动的所有 CXL.io 事务，对 PPB 和 EP 来说，交换机扮演了一个虚拟的 Root Complex 的角色，它负责枚举与端口相关的功能并且收发 CXL.io 的协议数据。

7.4 Fabric 管理器 API

本节将介绍 Fabric 管理器 API，主要包括 CXL Fabric 管理、Fabric 管理模型、CXL 交换机管理等内容。

7.4.1 CXL Fabric 管理

Fabric 管理器可以静态或者动态地对 CXL 设备进行配置，一个外部的逻辑进程通过使用在其中定义的 FM 命令来查询和配置系统的操作状态，Fabric 管理器被定义为一个逻辑进程，它可以决定什么时候需要重新配置以及初始化命令来执行配置。它可以采用任何的实现形式，包括但不限于运行在主机机器上的软件、运行在 BMC 上的嵌入式软件、运行在另一个 CXL 设备或者 CXL 交换机上的嵌入式固件，或者运行在 CXL 设备内部的一个状态机器。

7.4.2 Fabric 管理模型

Fabric 管理器通过一个 CCI[①] 接口使用 FM API 命令集来配置 CXL 设备。一个 CCI 接口通过一个设备的 Mailbox 寄存器或者一个支持 MCTP 的接口暴露出去。图 7-16 是一个 Fabric 管理模型的示例。

Fabric 管理器发布请求消息，CXL 设备发布响应消息，如果通知获得支持，那么 CXL 组件可能会发布“事件通知”（Event Notification）请求，Fabric 管理器从组件中请求到通知消息，并使用 Set MCTP 事件中断政策命令。

下面将展示 Fabric 管理器和组件的 CCI 之间的连通性的部分示例。

（1）一个通过任意支持 MCTP 直接连接到 CXL 设备的 Fabric 管理器可以直接发布 Fabric 管理器命令到设备上。这包括经过 MCTP 接口（比如 SMBus）的传送。同样，虚拟设备管理器（Virtual Device Manager，VDM）传送在一个标准的 PCIe 树形拓扑，其中响应者被映射到一个 CXL 设备上。

① CCI：Component Command Interface，是一种用于分布式软件组件的标准 API。

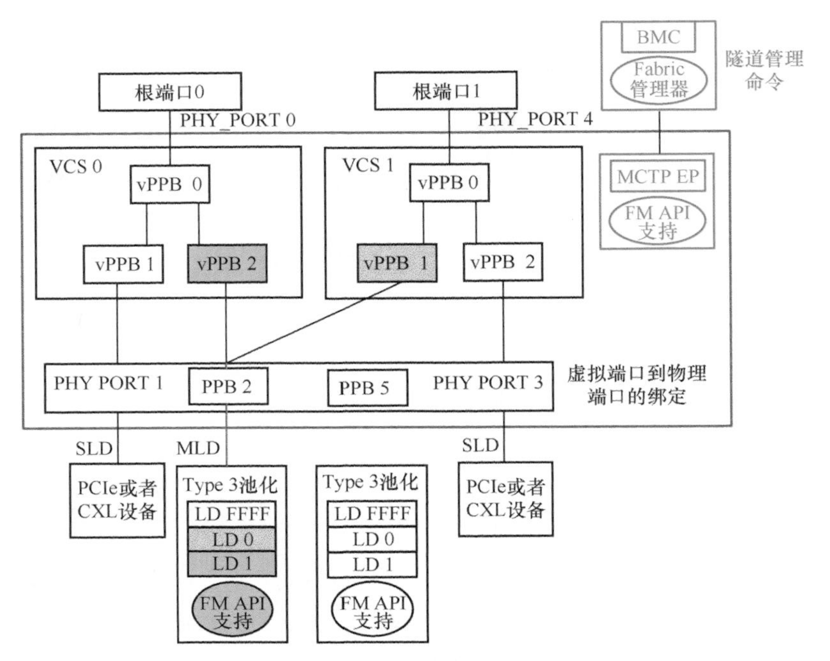

图 7-16　Fabric 管理器模型示例

（2）一个直接连接到 CXL 交换机上的 Fabric 管理器，可以使用交换机让 Fabric 管理器命令像穿越隧道似的到达与交换机关联的 MLD 组件。在这种情况下，Fabric 管理器发布“Tunnel Management Command”命令到交换机来明确设备连接的交换机端口，响应被交换机返回 Fabric 管理器。除了 MCTP 消息传送，FM 命令集为 Fabric 管理器提供了一种能力，使得交换机可以代表 Fabric 管理器来代理配置周期和对 DSP 端口的内存访问。

（3）可以将 Fabric 管理器或者部分 Fabric 管理器功能嵌入 CXL 组件中，在这种嵌入式的 Fabric 管理器固件模块与硬件组件之间的通信接口需要具体的供应商提供实现细节。

7.4.3　CXL 交换机管理

对基础的交换机来说，Fabric 管理器对交换机进行动态配置的功能不是必需的，但如果需要支持 MLD 或者 CXL Fabric 的拓扑结构，那么动态配置就是必需的。图 7-17 展示了如何在 CXL 交换机中通过隧道命令与一个 MLD 进行通信。

这里简要介绍初始配置和动态配置的概念。

（1）初始配置。交换机中的非易失性内存存储了以供应商特定的格式存在的所有必要的配置设定，这些设定在交换机初始运行时是必需的，如下所示。

- 端口配置，包括方向（Upstream 或者 Downstream）、宽度、支持率等。
- 虚拟的 CXL 交换机配置，包括每个 VCS 中 vPPB 的数量，初始端口绑定配置等。
- CCI 访问设定，包括任意供应商定义的管理准入设定。

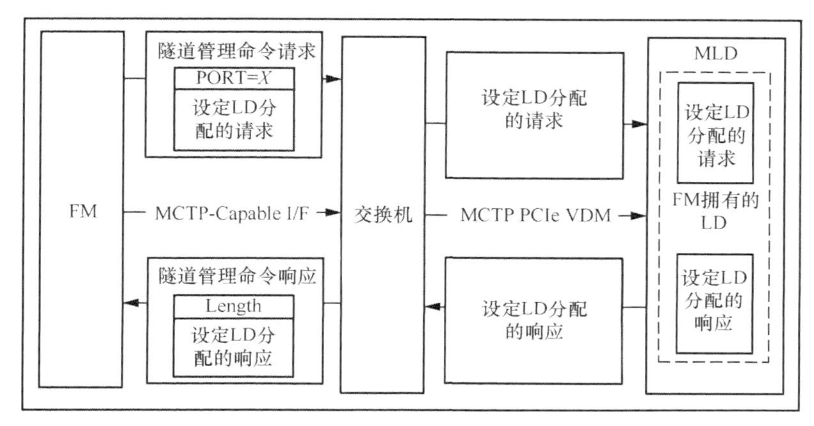

图 7-17　在 CXL 交换机中通过隧道命令与一个 MLD 通信

（2）动态配置。完成初始配置后，交换机上的 CCI 是可操作的，Fabric 管理器可以发送 Management 命令给交换机。Fabric 管理器可以在 CXL 交换机上运行如下的动态管理动作。

- 查询交换机信息并且配置细节。
- 绑定或者解绑端口。
- 接收或者处理来自交换机的事件通知（比如热插拔、突然移除、失效等）。

当交换机端口被连接到一个下游 PCIe 交换机后，该端口则绑定到了 vPPB 上，PCIe 交换机和下游设备的管理将会被 VCS 的主机而不是 Fabric 管理器所处理。

有 MLD 端口的交换机要求 Fabric 管理器可以执行如下的管理活动：MLD 发现、LD 绑定或者解绑、管理命令隧道。

7.4.4　MLD 组件管理

Fabric 管理器可以通过直接连接或者通过 CXL 交换机的用于传输管理命令的 CCI 隧道连接到一个 MLD。Fabric 管理器可以执行的操作包括内存分配和 QoS 远程管理、安全性（比如解绑之后的 LD 擦除）和错误处理。

图 7-18 所示为一个要求使用隧道技术的 MLD 管理示例。

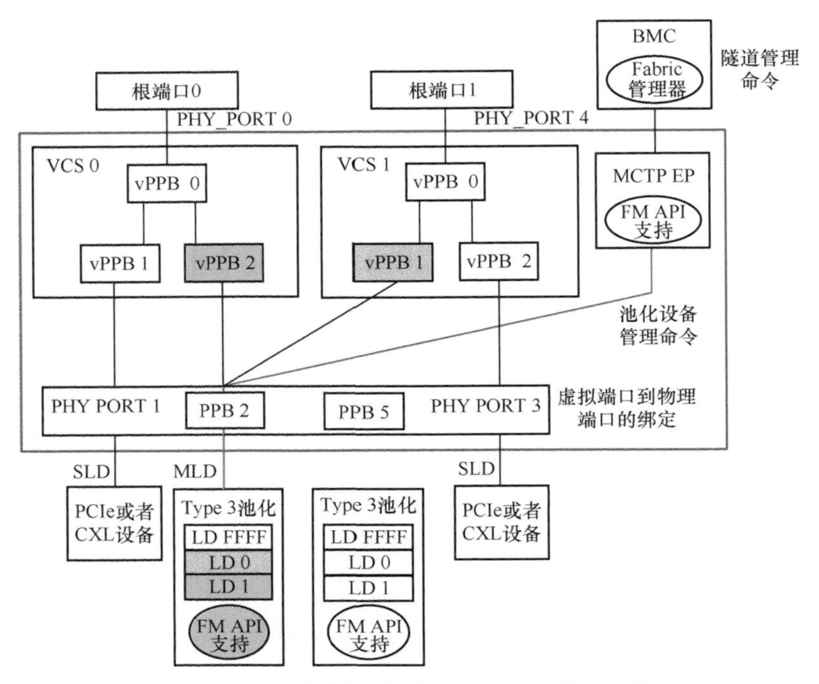

图 7-18 要求使用隧道技术的 MLD 管理示例

7.4.5 系统操作的管理要求

在系统应用场景中，Fabric 管理器在系统管理中担任着非常重要的角色。本节将给出一些示例，并逐项列出 CXL 设备必须支持的 Fabric 管理器命令，以帮助读者进一步明确系统操作的管理。

1. 初始的系统发现

当 CXL 系统初始化时，Fabric 管理器能够开始在所有支持的介质接口上发现直接相连的 CXL 设备，支持 FM API 的设备可以使用明确的传输机制，比如 MCTP（Management Component Transport Protocol）基础规范中定义的发现过程。

一旦发现了组件，Fabric 管理器会在发布其他命令前发布 Identity 命令，以检查组件的类型及其最大支持的命令消息大小，返回的“Retry Required”消息表明该组件并没有准备好接收消息。在收到一个对 Identity 请求成功的响应之后，Fabric 管理器可以发布 Set Response Message Limit 命令基于 Fabric 管理器接收 Buffer 的大小来限制从组件响应消息的大小，Fabric 管理器将不会发布任何带输入参数的命令以至于命令的响应消息超过了 Fabric 管理器的最大支持的消息大小。最后，Fabric 管理器发布 Get Log，以读取 Command Effects Log，进而决定支持哪个命令编码。

2. CXL 交换机发现

在 CXL 交换机经过重启释放之后，它从非易失性内存中加载了它初始的配置，被配置为 DS PPBs 的端口将会从重启释放到链路，在检测到交换机之后，Fabric 管理器将会查询它的配置、能力和连接的设备，物理交换机命令集（Physical Switch Command Set）对所有实现了 FM API 支持的交换机来说都是必需的，虚拟交换机命令集（Virtual Switch Command Set）对所有支持多个主机端口的交换机来说是必须有的。

Fabric 管理器交换机发现的过程示例如下。

（1）Fabric 管理器发布识别交换机设备（Identity Switch Device）命令来检测交换机端口数量、有效的端口 ID、支持的 LD 的数量、有效的 VCS ID。

（2）Fabric 管理器对每个有效的端口发布获取物理端口状态（Get Physical Port State）命令来检测端口配置（US 或者 DS）、链路状态、对应的设备类型，这允许 Fabric 管理器来检测任何的端口链路建立问题，并为绑定操作建立设备清单。如果任意的 MLD 组件被发现了，Fabric 管理器可以开始 MLD 端口管理活动。

（3）如果交换机支持多个主机端口，Fabric 管理器对每个 VCS 发布获取虚拟 CXL 交换机信息（Get Virtual CXL Switch Information）命令来检测系统中所有可用于绑定的 vPPB 端口，并创建一个绑定目标的列表。

3. MLD 和交换机 MLD 端口管理

MLD 必须连接到一个 CXL 交换机上以在 VCS 中共享它们的逻辑设备，如果在系统中发现了 MLD，Fabric 管理器需要对即将进行的绑定操作进行准备。交换机必须支持 MLD 端口命令集（MLD Port Command Set）以使用 MLD，所有的 MLD 组件将会支持 MLD 组件命令集（MLD Component Command Set）。

（1）Fabric 管理器使用隧道管理命令（Tunnel Management Command）发布管理命令给设备的 LD FFFFh 位置。

（2）Fabric 管理器可以执行高级的或者供应商明确的管理活动，比如加密或者认证，使用 Send LD CXL.io Configuration Request 和 Send LD CXL.io Memory Request 命令。

4. 事件通知

事件可以发生在设备和交换机上，其中事件类型和记录包括 FM API 的事件和组件事件，事件记录框架提供了标准的事件记录格式，所有 CXL 组件将会在报告事件给管理实体的时候去使用该格式。管理的实体明确了通知的方法，比如 MSI/MSI-X、EFN VDM、MCTP 事件通知，事件通知消息可以被一个设备或者交换机标记信号，通知总是流向管理实体。事件记录不会随着事件通知消息一起发送，在管理实体知道事件已经发生后，实体可以用组件命令去读取事件记录。

（1）为了促进一个系统的操作，Fabric 管理器要求事件通知，因此它能够及时地执行它的角色。如果设备支持，Fabric 管理器可以通过 Events Command Set 检查和修改当前的事件通知设定。

（2）如果被设备支持，事件日志可以被 Get Event Records 命令读取。为了检测任何的设备经历的错误事件，这些错误事件可能会影响正常的运行。

5. 交换机上的端口和 LD 绑定

一旦所有的设备、VCS 和 vPPB 都被发现，Fabric 管理器可以按照如下步骤开始绑定端口和 LD 到主机。

（1）Fabric 管理器使用命令“Bind vPPB”指定一个物理端口、VCS ID 和 vPPB 索引将物理端口绑定到 vPPB 上。如果物理端口连接到一个 MLD，也必须指定一个 LD-ID。如果主机已经启动，交换机就可以启动一个可管理的热添加设定。

（2）在绑定过程完成时，交换机通过生成一个虚拟的 CXL 交换机事件记录（Virtual CXL Switch Event Record）通知 Fabric 管理器。

6. 交换机上的端口和 LD 解绑

Fabric 管理器可以按照以下步骤从 VCS 中解绑一个设备或者 LD。

（1）Fabric 管理器使用命令“Unbind vPPB”指定一个 VCS ID 和 vPPB 索引来解绑 vPPB 中的物理端口，交换机根据命令选项启动一个“可管理的热移除”或者“突然的热移除”。

（2）在解绑过程完成时，交换机会生成一个虚拟的 CXL 交换机事件记录。

7. 设备的热添加和热移除管理

当一个设备被热添加到一个交换机上的可用端口时，Fabric 管理器会收到一个通知，并按照以下的步骤实施绑定。

（1）当存在检测边带信号被断言且端口连接时，交换机通过生成物理交换机事件记录（Physical Switch Event Record）通知 Fabric 管理器。

（2）Fabric 管理器为已连接的物理端口发出“获取物理端口状态”命令，以发现连接的设备类型。Fabric 管理器现在可以将物理端口绑定到 vPPB。如果是 MLD，则 Fabric 管理器可以继续进行 MLD 端口管理活动；否则，设备已准备好进行绑定。

当一个设备被从一个交换机上的可用端口上热移除时，Fabric 管理器会收到一个通知；当存在检测边带被取消断言且相关端口链路断开时，交换机通过生成物理交换机事件记录来通知 Fabric 管理器。

如果 SLD 或 PCIe 设备热添加到绑定端口，可以通知 Fabric 管理器，但不涉及 Fabric 管理器的操作。如果绑定端口上发生 SLD 或 PCIe 设备的意外或托管热插拔，可以通知 Fabric 管理器，但 FM 不会执行任何操作。

绑定的端口在协商阶段不会广播支持 MLD，所以 MLD 组件将作为 SLD 连接。

Fabric 管理器可以管理 MLD 的热移除，如下所示。

（1）当在 MLD 端口上断言“关注”按钮侧带时，相应的 PPB 和 vPPB CSR 中的“关注”状态位会得到更新，并且交换机通知绑定在该 MLD 端口及其下方的 FM 和 LD 主机。主机将使用分配给受影响 vPPB 的 MSI/MSI-X 中断进行通知，并生成一个虚拟 CXL 交换机事件记录。

（2）根据 PCIe 基本规范中的定义，主机将读取其 vPPB 的 CSR，并准备移除 LD。当主机准备移除 LD 设备时，它将在关联的 vPPB 的 CSR 中设置注意 LED 位。这个交换机通过生成虚拟 CXL 交换机事件来记录这些 CSR 更新。

（3）当所有主机的握手完成时，MLD 做好被移除的准备。FM 使用“发送 PPB CXL.io 配置请求”命令来设置 MLD 端口 PPB 中的“关注”LED 位，以指示可以物理移除该 MLD。主机握手完成的超时值是特定于实现的，目前 FM 不需要强制解绑操作，但是可以使用“模拟突发热插拔”选项来执行解绑 vPPB 命令。

8. 设备的突然移除

设备的突然移除会给整个系统带来消极影响，比如连接到交换机的内存设备突然被移除，会影响访问该设备内存的程序的运行，甚至会影响整个系统的运行。

意外移除的类型有两种：设备的物理移除和意外断开连接。两者之间的主要区别在于引脚的状态，在物理移除之后该引脚将被取消断言，但在意外断开连接之后将保持断言。交换机通过为链路状态和存在检测（如适用）的更改生成虚拟 CXL 交换机事件记录，通知 Fabric 管理器意外删除。

下面为 3 种意外移除的情形。

（1）如果一个设备的意外移除发生在一个未绑定的端口上，那么必须通知 Fabric 管理器。

（2）如果SLD或者PCIe设备的意外移除发生在一个绑定的端口上，那么必须通知Fabric管理器，但是应确保不涉及任何的错误处理操作。

（3）如果MLD组件被意外移除，那么必须通知Fabric管理器。在这种情况下，交换机将自动解除任意现存的LD绑定，Fabric管理器必须进行错误处理和端口管理。具体细节取决于实现方式。

7.4.6 Fabric 管理 API

Fabric管理器通过FM API中定义的命令集来管理CXL系统中的所有设备，对此本书定义了每个设备类型要求的最小数量的命令集。

注意，CXL交换机和MLD要求FM API的支持来促进高级的系统能力。对所有其他的CXL设备类型来说，FM API是可选的。

命令的操作码在表7-1中已经列出，该表也识别出了最小的命令集以及实现所定义的系统能力所需的命令。在每个命令集中，命令被标记为Mandatory（M）、Optional（O）或者Prohibited（P）。如果一个命令集是可支撑的，该集合中所需的命令必须被实现，但只当设备支持该命令集时，比如，Get Virtual CXL Switch Information命令是Virtual CXL Switch命令集中所必需的，但它在交换机中是可选的，这就意味着一个交换机如果不支持Virtual CXL Switch命令集，那么也不需要支持Get Virtual CXL Switch Information命令。

表7-1 Fabric管理器的API命令集（M=Mandatory, O=Optional, P=Prohibited）

命令集名称	交换机Fabric管理器的API要求	MLD的FM API要求
物理交换机	M	P
虚拟交换机	O	P
MLD端口	O	P
MLD组件	P	M

所有命令会被定义为独立（Stand-Alone）操作，各命令之间没有明确的依赖关系，所以可选（Option）的命令可以基于自身独立决定是否实现，实现依据来自想要的系统功能。

当前命令集包括6类，分别是物理交换机命令集、虚拟交换机命令集、MLD端口命令集、MLD组件命令集、多头设备命令集和DCD管理命令集。

1．物理交换机命令集

物理交换机命令集如表7-2所示。该命令集只在CXL交换机中受到支持，并且该交换机得到 FM API 的支持。

表 7-2 物理交换机命令集

命令集名称	目的	Opcode（操作码）	命令可能的返回状态	要求
Identify Switch Device	获取关于 CXL 交换机的能力和配置的信息	5100h	Success, Internal Error, Retry Required	M
Get Physical Port State	获取物理端口状态信息	5101h	Success, Invalid Input, Internal Error, Retry Required	M
Physical Port Control	Fabric 管理器用来管理闲置端口和 MLD 端口，包括重置和控制边带	5102h	Success, Invalid Input, Unsupported, Internal Error, Retry Required	O
Send PPB CXL.io Configuration Request	发送 CXL.io Config 请求给特定物理端口的 PPB，该命令只服务于闲置的端口和 MLD 端口	5103h	Success, Invalid Input, Internal Error, Retry Required	O

2．虚拟交换机命令集

虚拟交换机命令集如表 7-3 所示，只在 CXL 交换机中受到支持，对于包含超过一个 VCS 的交换机来说是必需的。

表 7-3 虚拟交换机命令集

命令集名称	目的	Opcode(操作码）	命令可能的返回状态	要求
Get Virtual CXL Switch Info	获取交换机中 VCS 的数量。由于每个 VCS 中 vPPB 的数量不定，返回的数组的长度也不定	5200h	Success, Invalid Input, Internal Error, Retry Required, Invalid Payload Length	M
Bind vPPB	在特定 vPPB 上执行绑定操作	5201h	Background Command Started, Invalid Input, Unsupported, Internal Error, Retry Required, Busy	O
Unbind vPPB	在特定 vPPB 上执行解除绑定操作	5202h	Background Command Started, Invalid Input, Unsupported, Internal Error, Retry Required, Busy	O
Generate AER[①] Event	在特定的 VCS 的 PPB 上生成一个 AER 事件	5203h	Success, Invalid Input, Unsupported, Internal Error, Retry Required,	O

对于 Bind vPPB 命令，如果绑定目标是一个连接 Type 1、Type 2、Type 3 或者 PCIe 设备的物理端口，或者连接 DSP 的物理端口，CXL 交换机中的特定物理端口将充分被绑定到

① AER：Advanced Error Reporting，即高级错误报告。如果一个事件对于整个 MLD 是不正确的，那么必须报告给所有 LD；如果只针对某个 LD 是不正确的，那么必须将其隔离在该 LD 中。

vPPB 上；如果绑定目标是连接到一个 MLD 上的物理端口，那么对应的 LD-ID 必须被明确。对于 Unbind vPPB 命令，该命令从虚拟的层次 PPB 上解绑了物理端口或者 LD，所有的解绑命令均在后台执行，交换机通过事件记录的方式通知 Fabric 管理器解绑完成。

3．MLD 端口命令集

MLD 端口命令集如表 7-4 所示。所有绑定操作以后台命令去执行，交换机通过事件记录的方式通知 Fabric 管理器绑定完成。

表 7-4 MLD 端口命令集

命令集名称	目的	Opcode（操作码）	命令可能的返回状态	要求	
				交换机	MLD
Tunnel Management Command	将提供的命令通过隧道给特定端口上的 MLD 的 LD FFFFh	5300h	Success, Invalid Input, Unsupported, Internal Error, Retry Required	M	O
Send LD CXL.io Configuration Request	给 LD 发送 CXL.io 配置请求	5301h	Success, Invalid Input, Unsupported, Internal Error, Retry Required	M	P
Send LD CXL.io Memory Request	给 LD 发送 CXL.io 内存请求	5302h	Success, Invalid Input, Unsupported, Internal Error, Retry Required	M	P

当发送给一个 MLD 时，Fabric 管理器所管理的 LD 通过隧道将 Tunnel Management Command 命令传给特定的 LD，如图 7-19 所示。

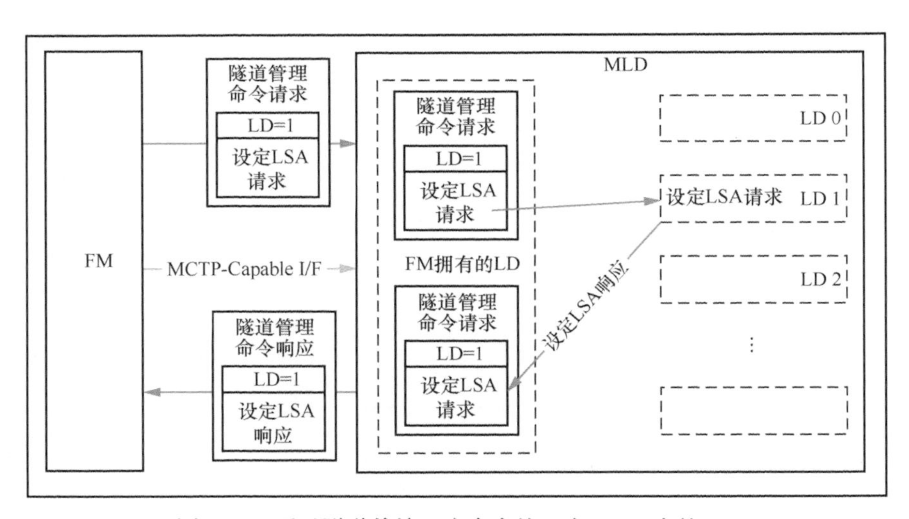

图 7-19 通过隧道传输一个命令给一个 MLD 中的 LD

执行 Management Command 命令后，可以输入 Payload 字段，包括封装在 CCI 消息格式中的“Tunnel Command”，这可能包括可访问的 MLD 中发布给 LD 的命令的附加隧道层仅通过 CXL 交换机的 MLD 端口，如图 7-20 所示。

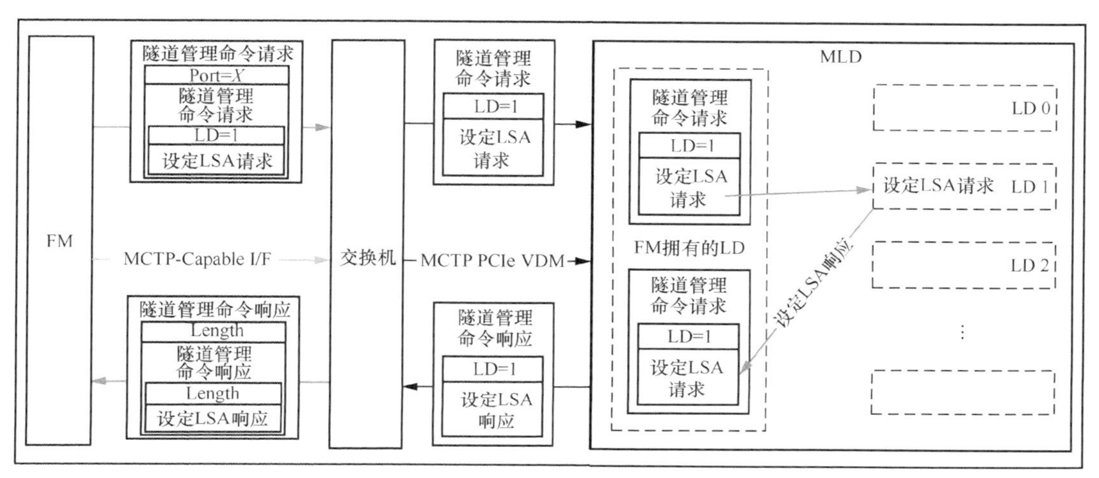

图 7-20 通过 CXL 交换机给 MLD 中的一个 LD 发送隧道命令

基于 Tunneled Fabric 管理器命令的定义，响应大小是变化的，Tunneled 命令的有效目标包含交换机的 MLD 端口，MLD 内有效的 LD 以及多头设备中的 LD Pool CCI，发送给任意其他目标的 Tunneled 命令应该被丢弃，且会返回一个“Invalid Input”消息，Fabric 管理器所管理的 LD（LD=FFFFh）是 MLD 中一个无效的目标。

可以使用“Target Type”字段使得多头设备中的 LD Pool CCI 成为目标，如图 7-21 所示。如果通过隧道给 LD Pool CCI 发消息在收到请求的 CCI 上是不被允许的，该命令则会返回一个“Invalid Input”失败信息。

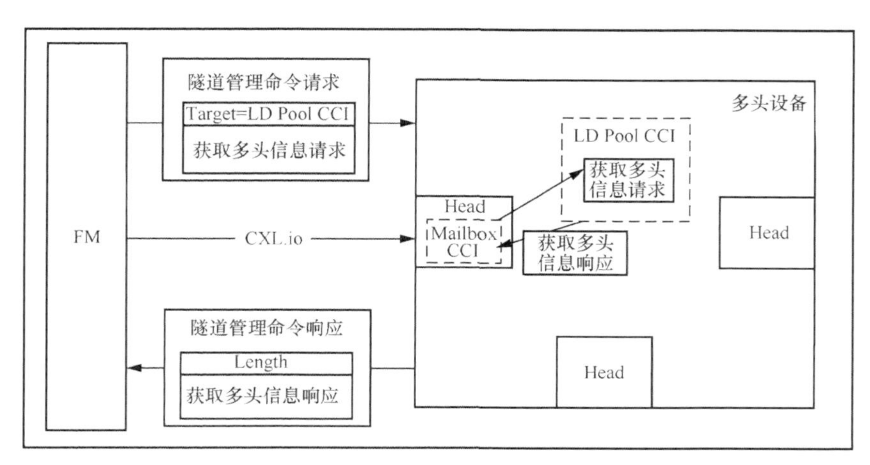

图 7-21 在多头设备中发送隧道命令给 LD Pool CCI

4. MLD 组件命令集

多头设备在接收到包含多于 3 层的隧道封装请求时，应终止处理该请求并返回不支持的代码。“Tunnel Management Command”本身并不会引起任何的 Command Effect，但请求中提供的“Management Command”将会导致 Command Effect。

MLD 组件命令集如表 7-5 所示。

表 7-5　MLD 组件命令集

命令集名称	目的	Opcode（操作码）	命令可能的返回状态	要求
Get LD Info	获取 LD 信息	5400h	Success, Invalid Input, Unsupported, Internal Error, Retry Required	M
Get LD Allocations	获取 LD 分配信息	5401h	Success, Invalid Input, Unsupported, Internal Error, Retry Required, Invalid Payload Length	M
Set LD Allocations	设定 LD 分配	5402h	Success, Invalid Input, Unsupported, Internal Error, Retry Required, Invalid Payload Length	O
Get QoS Control	获取 QoS 质量控制	5403h	Success, Invalid Input, Unsupported, Internal Error, Retry Required	M
Set QoS Control	设定 QoS 质量控制	5404h	Success, Invalid Input, Unsupported, Internal Error, Retry Required, Invalid Payload Length	M
Get QoS Status	获取 QoS 状态	5405h	Success, Invalid Input, Unsupported, Internal Error, Retry Required, Invalid Payload Length	O
Get QoS Allocated BW	获取 QoS 分配带宽	5406h	Success, Invalid Input, Unsupported, Internal Error, Retry Required, Invalid Payload Length	M
Set QoS Allocated BW	设定 QoS 分配带宽	5407h	Success, Invalid Input, Unsupported, Internal Error, Retry Required, Invalid Payload Length	M
Get QoS BW Limit	获取 QoS 带宽限制	5408h	Success, Invalid Input, Unsupported, Internal Error, Retry Required, Invalid Payload Length	M

续表

命令集名称	目的	Opcode（操作码）	命令可能的返回状态	要求
Set QoS BW Limit	设定 QoS 带宽限制	5409h	Success, Invalid Input, Unsupported, Internal Error, Retry Required, Invalid Payload Length	M

DCD 管理命令集包含用于查询和配置动态容量的命令，可以被 Fabric 管理器用来管理 DCD 中的内存分配。

7.5 CXL Fabric 架构

CXL Fabric架构增加了从节点机架级别互连扩展的新功能，能满足机器学习/人工智能、药物发现、农业和生命科学、材料科学，以及气候建模等领域日益增长的计算需求，进而推动近存计算、存内计算等技术的创新。为了实现 CXL 架构内计算、内存资源的高扩展性 CXL Fabric 架构提供了一条鲁棒性较好的路径，以在机架级别的规模构建灵活、可组合的系统，使其能够利用简单的加载/存储内存语义或无序 I/O（UIO）。本节以 CXL Fabric 架构适用的应用场景为切入点，介绍 CXL Fabric 架构为了实现扩展功能所需要的一些交换机之间的配置，包括 G-FAM 内存配置、不同交换机之间的互操作性以及跨越 Fabric 架构的虚拟层次结构。

CXL Fabric 扩展允许使用 12 位的 PBR ID（SPID/DPID）唯一标识 4096 个边缘端口，以构建交换机互连的拓扑结构。将 CXL 扩展为可组合且可扩展的服务器互连系统，主要变化如下所示。

（1）使用基于端口的路由（PBR）和 12 位的 PBR ID，以扩充 CXL 互连拓扑的大小。

（2）支持 G-FAM 设备（G-FAM Device，GFD）。GFD 是能被所有主机和 Peer 设备访问的高度可扩展的内存资源。

（3）主机和设备（Peer Device）的对等通信可通过 UIO 来支持。

图 7-22 所示为一个可路由的 CXL 结构的高层次抽象，其中包括一个或者多个 Fabric 交换机，Fabric 管理器上有 *n* 个交换机边缘端口（Switch Edge Port，SEP），每个边缘端口可以连接到一个 CXL 主机的根端口上或者一个 CXL/PCIe 设备（Dev）。一个 Fabric 管理器通过一个管理的网络连接到 CXL 结构以及所有的边缘节点设备上，该网络可以是一个简单的 2-wire 接口（如 SMBus、I2C、I3C），也可以是一个复杂的 Fabric（如以太网）。Fabric 管理器负责 CXL Fabric 的初始化和建立，分配设备到不同的虚拟层次结构（Virtual Hierarchy），处理跨

域流量的 FM API 的扩展将会被 ECN 取代。

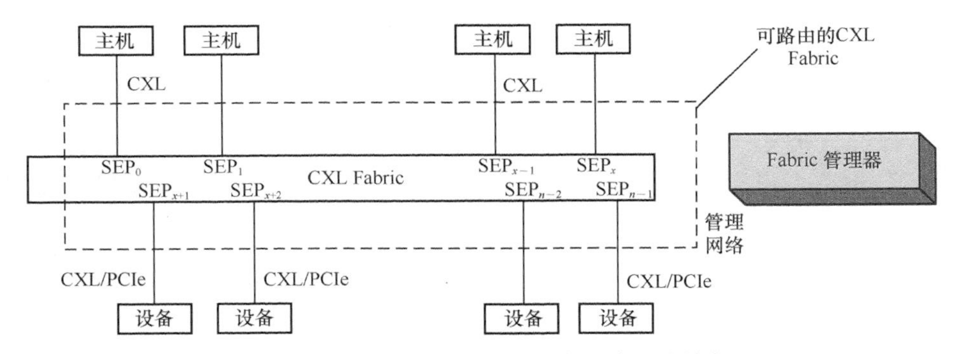

图 7-22 一个可路由的 CXL 结构的高层次抽象

初始情况下，Fabric 管理器绑定一系列的设备到主机的虚拟层次结构，基本上就可以构成一个系统。在系统启动后，Fabric 管理器可以通过使用绑定或者解绑的操作来添加或者移除系统中的设备，这些系统的变化将会被 Fabric 交换机以可管理的热添加和热移除事件呈现给主机，这就允许包含主机和设备的系统的动态重新配置。

CXL Fabric 上的根端口可能在相同的域，也可能在不同的域。如果根端口在不同的域中，那么可以不必维护这些根端口之间的硬件一致性；如果设备（例如 MLD、多头设备和 GFD）支持资源共享，那么必须保证不同域中根端口之间硬件管理的缓存一致性。

7.5.1 CXL Fabric 架构应用示例

本节会先介绍 CXL Fabric 在两种场景中的应用示例，包括机器学习加速器场景、HPC 和大数据分析场景，然后介绍可组合系统。

1. 机器学习加速器场景

在机器学习场景中，通常会使用多个加速器用于模型的训练和推理，它们之间可能会通过一个专用的 CXL 交换架构来进行不同域间的设备的直接通信，相同的架构也可以用于分享加速器间的 GFD。图 7-23 中相同颜色的每个主机和加速器属于一个单独的域，加速器设备可以使用无序 I/O 的事务来访问其他加速器和 GFD 的内存。在这样一个系统中，每个加速器附着在一个主机上，并且期望在使用 CXL 链路时，支持与主机的硬件级别的缓存一致性。跨域的加速器间的通信是通过 I/O 一致性模型进行的，缓存了另一个设备内存（HDM 或者 PDM）的设备要求使用合适的缓存刷新和屏障来维护软件管理的一致性。一个交换机的边缘进入端口期望能够实现一个共有的地址解码的集合，可以被 USP 和 DSP 所使用，该实现可以使得加速器使用一个专用的 CXL Fabric 的特征，不过本书并没有完全定义这些特征，Peer

通信的使用场景将会在 ECN 中涉及。

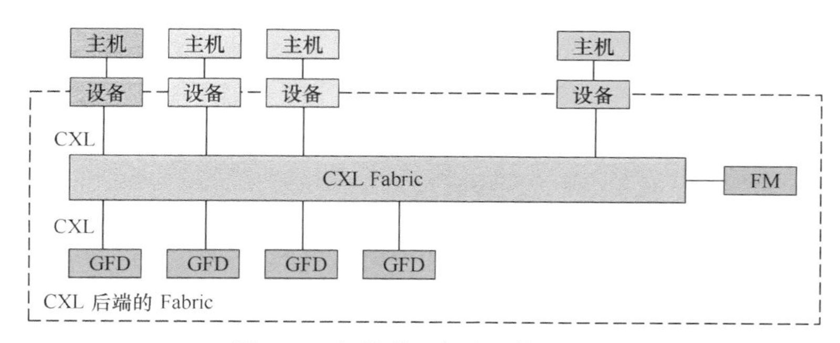

图 7-23 机器学习加速器使用场景

2. HPC 和大数据分析场景

高性能计算和大数据分析是两个可能会受益于一个专用的 CXL 架构的使用场景，用来进行 Host-Host 的对等通信和 G-FAM 共享，CXL.mem 或者 UIO 可以被用于访问 GFD，HPC 和大数据分析场景如图 7-24 所示。一些 G-FAM 的实现可以使能跨域的硬件缓存一致性，软件的缓存一致性可能仍然被用于共享内存的实现。

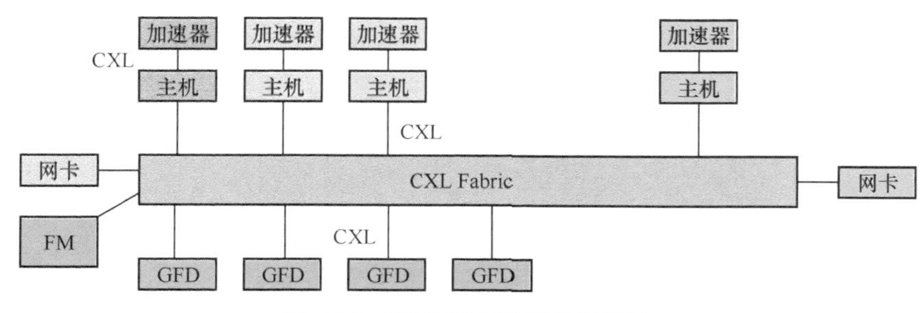

图 7-24 HPC 和大数据分析场景

NIC 可以用来直接从网络存储移动数据到 G-FAM 设备，使用 UIO 流量级别，CXL.mem 和 UIO 使用 Fabric 地址解码来路由到一个目标 GFD，该 GFD 是很多域的成员。

3. 可组合系统

支持多级交换机和 PBR（基于端口的路由）结构扩展可以为构建软件可组合系统提供额外的能力。CXL 3.0 及更高版本支持多级交换，可用于构建更复杂的网络拓扑结构。这种多级交换架构不仅让系统能够支持更多的设备连接，还提高了系统的可扩展性和灵活性。与传统的层次化路由（HBR）相比，基于端口的路由（PBR）技术支持更广泛的拓扑结构，例如树形结构、网状结构、环形结构、星形结构、蝶形结构和多维拓扑结构。PBR 通过端口进行路由，而不是依赖于层次结构，这使得大型内存结构的路由更加灵活和高效。具体表现在以下 3 个方面。

（1）资源池化与共享：多级交换机和 PBR 结构扩展使得系统能更高效地实现资源池化和共享。例如，CXL 3.0 支持全局池化内存，允许多个主机访问共享内存。这种能力对于构建大规模、可动态配置的软件可组合系统至关重要。

（2）互连能力得到强化：通过 PBR 技术，系统可以实现主机到主机的通信以及全局集成内存。这使得多个计算节点能够直接访问共享内存，而且提高了数据传输效率，进一步增强了软件可组合系统的灵活性，让性能得到优化。

（3）软件定义的资源管理：Fabric Manager API 用于管理 PBR 交换器，这种管理框架允许软件动态配置和优化硬件资源，可让系统能够根据不同的工作负载需求进行灵活调整，进而更好地支持软件可组合系统的构建。

图 7-25 所示为可组合系统的拓扑结构示例，其中包含叶子交换机（Leaf Switch）和核心交换机（Spine Switch）架构。

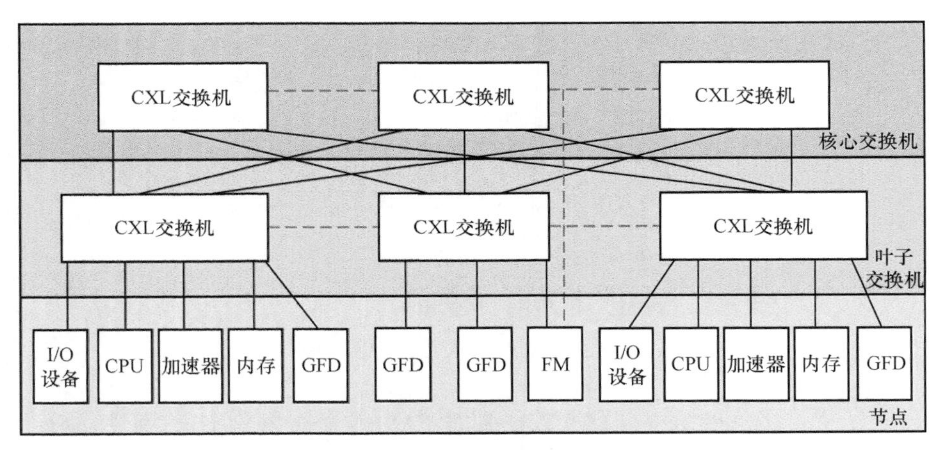

图 7-25 可组合系统的拓扑结构示例

在该架构中，所有资源附着在叶子交换机上，每个域可以扩展多个交换机，所有设备必须被绑定到一个主机或者 Fabric 管理器，跨域的流量只能使用 CXL.mem 和 UIO 事务。

从叶子交换机内部的资源构建系统允许低延时的实现，在该实现中，核心交换机只能用于跨域和 G-FAM 的访问。

7.5.2　全局架构附加内存

LD-FAM 表示以 LD 形式暴露给主机的 FAM 内存，而全局架构附加内存（Global-Fabric-Attached Memory，G-FAM）使用 PBR 链路连接到主机，它提供了高度可扩展的、可以被一个 CXL Fabric 内的所有主机和 Peer 设备所访问的内存资源。G-FAM 的范围可以被分配到一个单独的专有的主机或者被多个主机所共享，当被共享时，多个主机的缓存一致性可以被软件或者硬件所管理，对 G-FAM 范围的访问权限通过 PBR Edge 进入端口和目标 GFD 强制执行。

GFD 的 HDM 空间可以被来自多个域的主机使用 CXL.mem 来访问，也可以被来自多个域的 Peer 设备使用 CXL.io 的 UIO 事务访问。GFD 配置空间和 MMIO 空间只能够被 Fabric 管理器使用 CXL.io 所访问，由于 GFD 并没有出现在主机客户端的配置空间或者 MMIO 空间中，GFD 的主机客户端管理将会在 ECN 中被覆盖。

与 MLD 不同，GFD 对于每个主机接口都有一个独立的物理地址空间（DPA）。一个 GFD 对所有主机和 Peer 设备来说都只有一个共同的 DPA 空间，GFD 通过使用存储在 GFD 解码表中的 per-SPID 翻译信息，将每个进来的请求中的 HPA 翻译成 DPA。为了创建共享内存，两个或者多个 HPA 范围（每个都来自不同的主机）被映射到相同的 DPA 范围。若 GFD 需要发布一个 BISnp，则 GFD 使用相同的 GFD 解码信息将 DPA 翻译成一个目标主机的 HPA。

GFD 上所有内存容量的管理遵循动态容量（DC）机制，一个 GFD 允许每个请求源（主机或者 Peer 设备，在请求的 SPID 中会说明）访问最多 8 个 per-Source 非重叠的解码器，此处每个 SPID 的解码器的最大数量是依赖于具体实现的。每个解码器将 HPA 空间翻译成共同的 DPA 空间，有一个标志会表明缓存一致性是否通过软件或者硬件来维护，以及关于多 GFD 交织的信息（如果有的话）。对于每个主机，Fabric 管理器可以定义 DPA 空间中的 DC 区域，并且传达该信息给主机（传达方式将在以后定义），可以预期主机将会对所有域中的 SPID 的 GFD 解码器进行编程，从而将每个需要被主机或者相关的加速器之一访问的 DC 区域中整体的 DPA 范围进行映射。

G-FAM 内存范围能以 2 的 *n* 次方（从 2 到 256）的 GFD 进行交织，即 256 B、512 B、1 KB、2 KB、4 KB、8 KB 或者 16 KB 的交织粒度。GFD 可以位于 CXL Fabric 中的任何地方，可用于贡献内存到一个交织集中。

1．主机物理地址视图

访问 G-FAM 的主机会在主机内部的 HPA 空间中为 Fabric 地址空间分配一段连续的地址范围，如图 7-26 所示。Fabric 地址范围是在 FabricBase 和 FabricLimit 寄存器中被定义的，所有落在 Fabric 地址范围的主机请求会被路由到一个选定的 CXL 端口，为 G-FAM 使用多个 CXL 端口的主机可以寻址跨端口的交织请求，或者为每个端口分配一个 Fabric 地址空间。

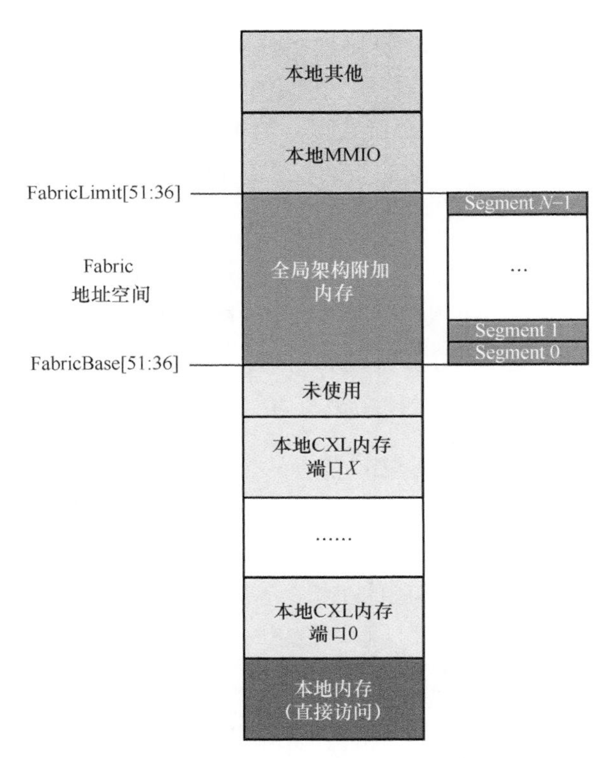

图 7-26　主机物理地址视图示例

G-FAM 请求从一个主机流向一个 PBR Edge USP，在 USP 中，Fabric 地址范围被分配到与 N 相同大小的段（Segment），每个段可以是任意 2 的 n 次方大小，从 64 GB 到 8 TB，并且必须自然地对齐。一个交换机可实现的段的数量依赖于具体实现，软件负责配置段的大小，使得段的数量乘以段的大小能够充分地扩充到 Fabric 地址空间中。FabricBase 和 FabricLimit 寄存器可以被编程到任意多个段的大小。

每个段有一个对应的 GFD 或者 GFD 的交织集，HPA 落在段内的任意位置的请求会被路由到明确的 GFD，或者交织集内的一个 GFD。段只被用来路由请求，可能会比 GFD 中可访问的比例要大，当这种情况发生时，GFD 的可访问的比例从段中的地址偏移为 0 开始。任意在 GFD 中可访问比例的段内的请求将不能在 GFD 中正向解码。

在跨根端口中交织的主机完全独立于 GFD 交织，用于根端口交织和 GFD 交织的地址比特可以被充分重叠、部分重叠或者不重叠。当主机使用根端口交织时，在相应的 PBR Edge

USP 中的 FabricBase 和 FabricLimit、段的大小必须配置相同。

2．G-FAM 容量管理

G-FAM 只依赖动态容量（Dynamic Capacity，DC）机制来管理容量。GFD 没有“传统”的静态容量，G-FAM 的动态容量（DC）与 LD-FAM 的动态容量之间有很多共同的地方，如下所示。

（1）对 DC 区域、扩展、块都有相同的概念。

（2）对每个主机接口都支持最多 8 个 DC 区域。

（3）一致性设备属性表（CDAT）中与 DC 相关的参数都是相同的。

（4）邮箱（Mailbox）命令都是高度相似的，然而 Mailbox 访问方法有很大的区别。对 LD-FAM 来说，每个主机的 LD 的 Mailbox 可以通过 LD 结构访问。对 G-FAM 来说，每个主机的 GFD 的 Mailbox 将会在 ECN 中被定义。

与 LD-FAM 相比，每个 GFD 有一个单独的 DPA 空间，而不是每个主机一个独立的 DPA 空间。G-FAM DPA 空间被设备介质划分（Device Media Partition，DMP）来组织管理，如图 7-27 所示，左侧表示 G-FAM 地址段在主机物理地址空间视图中的位置，右侧部分表示 GFD 的物理地址空间在主机 0 上的映射关系。GFD 上的部分地址通过 HDM 解码器（Decoder）被映射到主机 0 上的 4 个区域，分别对应主机 0 上的 4 个 DC 区域 A、B、C、D；GFD 上的其他地址包括共享部分、H0 独占、H1 独占、H2 独占、H3 独占。整个 GFD 上的地址空间被划分成 4 个 DMP，其中 1 个 DMP 的属性为持久内存（PM），3 个 DMP 的属性为易失性内存（DRAM）。DMP 是拥有特定属性的 DPA 范围，一个基本的 DMP 属性是介质类型（比如 DRAM 或者 PM），一个可以被 Fabric 管理器配置的 DMP 属性是 DC 块大小，DMP 会暴露所有被分配给主机使用的 GFD 内存。

DMP 遵循的规则如下。

（1）每个 GFD 包含 1 ～ 4 个 DMP，每个 DMP 的大小由 Fabric 管理器配置。

（2）每个 DC 区域包含一个分配给一个主机的 DMP 的部分或者全部，每个 DC 区域通过使用 GFD 解码表可以被映射到一个 SPID 的 HPA 空间。

（3）每个 DC 区域继承相关的 DMP 属性，比如设备存储介质类型。

表 7-6 列出了 LD-FAM 和 G-FAM 的主要区别。

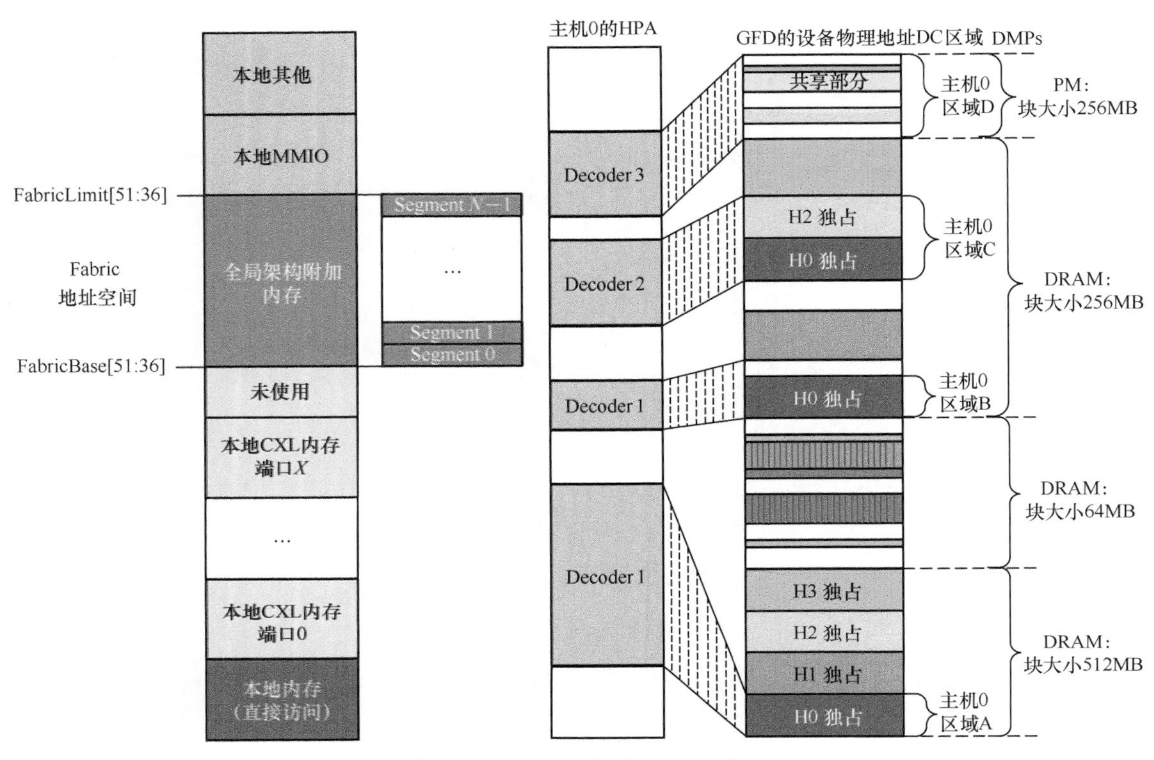

图 7-27 HPA 映射到 DMP 示例

表 7-6 LD-FAM 和 G-FAM 的区别

特征或者属性	LD-FAM	G-FAM
可支持主机的数量	最多 16	架构上支持 1000； 实际上支持 100
DMP 的支持	否	是
Fabric 管理器上的 DMP 配置的 FM API 支持	—	计划中
用于 HDM 地址的路由和解码	主机的 HDM 解码器端的交织 RP 路由（Interleave RP Routing）；USP HDM 解码器端的交织 VH 路由（Interleave VH Routing）； 每个 LD 中的 1 ～ 10 HDM 解码器	—
交织路数	1/2/4/8/16，3/6/12	2 的 n 次方（2 ～ 256）
DC 块大小	2 的 n 次方，可由 Region* 支持的块大小	64 MB 及以上（2 的 n 次方）

其他区别主要体现在 MLD 和 GFD 如何处理请求。MLD 会采用如下 3 种类型的解码器按照顺序处理收到的请求。

（1）per-LD HDM 解码器将 HPA 空间翻译成一个 per-LD DPA 空间，移除交织比特。

（2）per-LD 解码器决定 DPA 落在哪片 per-LD DC 区域，然后决定区域中可被寻址的 DC 块是否能被 LD 访问。

（3）per-LD 依赖于实现的解码器将 DPA 翻译成介质地址。

GFD 则采用如下 2 种类型的解码器来依次处理进来的请求。

（1）per-SPID GFD 解码器将 HPA 空间翻译成一个共同的 DPA 空间，移除交织比特，这个 DPA 可以被直接用来介质地址编址或者通过一个简单的映射。

（2）一个通用的解码器决定了 DPA 位于哪个 DMP，然后决定了 DMP 中可被寻址的地址块能否被 SPID 所访问。

3. G-FAM 请求路由、交织和地址翻译

G-FAM 请求路由、交织和地址翻译的过程如图 7-28 所示。GFD 请求可能从一个主机到达 PBR 的 Edge USP，或者从一个 Peer Device 到达一个 PBR 的 Edge DSP，这被称为 PBR 的 Edge 请求端口。

PBR 的 Edge 请求端口应该通过使用 Fabric Address Segment Table（FAST）和 Interleave DPID Table（IDT）来解码请求的 HPA 以决定目标 GFD 的 DPID，FAST 对每个 Segment 包含一个条目，FAST 深度必须是 2 的 *n* 次方，但其大小具体依赖于实现方式。Segment 的大小通过 FSegSz[2:0] 寄存器来明确（见表 7-7）。

对 FAST 中内容条目的访问由请求地址的 *X*:*Y* 决定，其中 *Y* 等于 log2 乘以段大小（单位：字节），*X* 等于 *Y*+log2 乘以以条目为单位的 FAST 深度。被用于编址 FAST 所需的最大的 Fabric 地址空间和 HPA 比特在表 7-7 中给出了定义。表 7-7 还给出了段大小以及部分 FAST 深度的示例。

对于一个有 52 位 HPA 地址的主机，其所能字节编址的地址空间大小为 2^{52}，所包含的内存空间为 4PB，可使用的 Fabric 的最大地址空间应为 4PB 减去 Fabric 地址空间中用于本地内存和 MMIO 上面与下面一个段的空间大小（见图 7-27）。

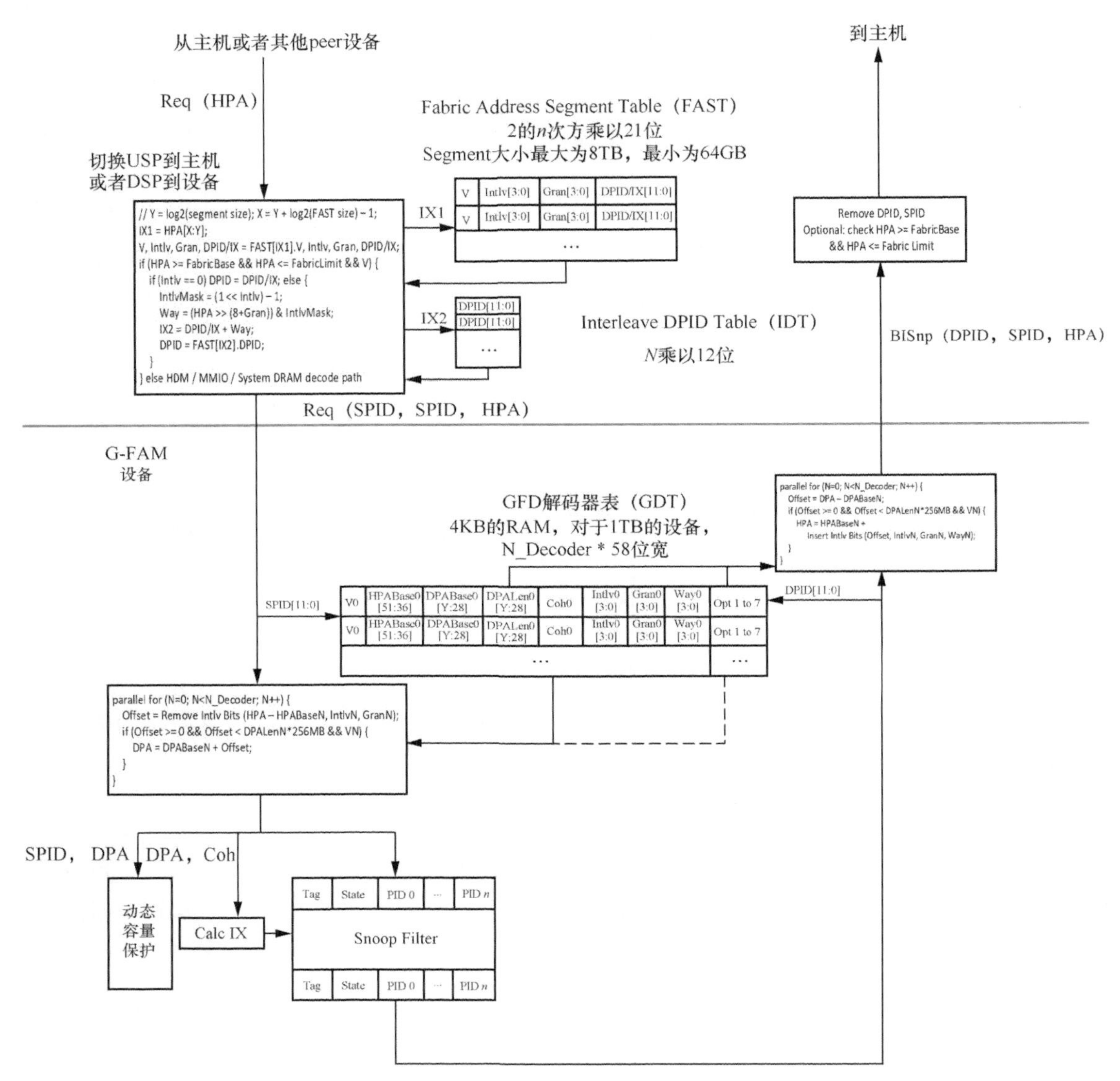

图 7-28　G-FAM 请求路由、交织和地址翻译过程示例

表 7-7　Segment 大小

FSegSz[2:0]	Fabric 段大小	FAST 深度			
		256	1 K	4 K	16 K
000b	64 GB	16 TB HPA[43:36]	64 TB HPA[45:36]	256 TB HPA[47:36]	1 PB HPA[49:36]
001b	128 GB	32 TB HPA[44:37]	128 TB HPA[46:37]	512 TB HPA[48:37]	2 PB HPA[50:37]

续表

FSegSz[2:0]	Fabric 段大小	FAST 深度			
		256	1 K	4 K	16 K
010b	256 GB	64 TB HPA[46:39]	256 TB HPA[48:39]	1 PB HPA[50:39]	4 PB-512 GB HPA[51:38]
011b	512 GB	128 TB HPA[46:39]	512 TB HPA[48:39]	2 PB HPA[50:39]	
100b	1 TB	256 TB HPA[47:40]	1 PB HPA[49:40]	4 PB-2 TB HPA[51:40]	
101b	2 TB	512 TB HPA[48:41]	2 PB HPA[50:41]		
110b	4 TB	1 PB HPA[49:42]	4 PB-8 TB HPA[51:42]		
111b	8 TB	2 PB HPA[50:43]			

每个 FAST 条目包含一个有效位（V）、交织路数（Intlv）、交织粒度（Gran）和一个 DPID 或者 IDT 索引（DPID/IX）。Intlv 和 Gran 字段的编码分别参见表 7-8 和表 7-9。如果 HPA 在 FabricBase 和 FabricLimit 之间并且 FAST 条目有效位被设定，那么会出现一次 FAST 命中，FAST 被用来决定 DPID，否则目标设备被其他在架构中的设备所决定。

表 7-8 Intlv 字段的编码

Intlv[3:0]	GFD 交织路数
0h	不支持交织
1h	2 路交织
2h	4 路交织
3h	8 路交织
4h	16 路交织
5h	32 路交织
6h	64 路交织
7h	128 路交织
8h	256 路交织
9h ～ Fh	保留字段

表7-9 Gran字段的编码

Gran[3:0]	GFD交织粒度
0h	256 B
1h	512 B
2h	1 KB
3h	2 KB
4h	4 KB
5h	8 KB
6h	16 KB
7h ～ Fh	保留字段

注意，FabricBase和FabricLimit可用于限制所使用FAST的数量。如对于一个有52位HPA地址空间的主机，如果FAST被不加限制地使用HPA[51:40]进行访问，那么它会消耗掉整个HPA地址空间。在这种情况下，FabricBase和FabricLimit必须被设定去限制Fabric地址空间到想要的HPA地址范围，那么在FAST中必须减少其中所使用的条目。

FabricBase和FabricLimit也可用于允许FAST在HPA启动，此处HPA不是FAST深度的倍数。例如，对于具有52位HPA空间的主机，如果以1 PB的HPA启动时需要2 PB的结构地址空间，那么在4 K入口的有512 GB段的FAST在FabricBase设置为1 PB、FabricLimit设置为3 PB的情况下，可以使用HPA[50:39]去访问。HPA 1 PB到2 PB-1将对应于FAST条目2048到4095，而HPA 2 PB到3 PB-1将环绕并对应于FAST条目0到2047。在设置FabricBase、FabricLimit和段大小时，请确保不会将多个HPA地址段映射到同一段。

在FAST命中时，如果FAST Intlv字段为0h，则不使用GFD交织该段，并且DPID/IX字段包含GFD的DPID。如果Intlv字段非零，则使用Gran和Intlv从HPA中选择交织方式字段，然后添加到DPID/IX字段以生成IDT的索引。IDT定义PBR边缘请求端口可访问的每个交织集的DPID集。对于N路交织集，DPID的集合由N确定IDT中的连续条目，其中DPID/IX指向的第一个条目可能是IDT中的任何位置。IDT深度取决于具体实现。

在确定GFD的DPID之后，包含PBR边缘请求端口的SPID并且未修改的HPA被发送到目标GFD，GFD应使用SPID访问GDT以选择与请求者关联的解码器。注意，主机及其关联的CXL设备将分别具有唯一的SPID，因此每个SPID将在GDT中使用不同的条目。GDT每个SPID提供多达8个解码器，GDT条目中的每个解码器包含以下内容。

（1）有效位（V）。

（2）HPA 基址（HPABase）。

（3）DPA 基址（DPABase）。

（4）DPA 长度（DPALen）。

（5）支持硬件缓存一致性的 Flag（Coh）。

（6）交织路数（Intlv）。

（7）交织粒度（Gran）。

（8）交织集内这个 GFD 的交织路数（Way）。

随后，GFD 应并行地将请求 HPA 与所有解码器加以比较，以确定该请求是否达到任何解码器的 HPA 范围。为了实现这一点，对每个解码器来说，通过首先从 HPA 中减去 HPABase 以及除交织比特来计算 DPA 偏移，要移除的交织比特的 LSB 是由交织粒度，要去除的比特数由交织路数确定。如果 0 ≤偏移量 <DPALen，且有效位被设定，则请求在该解码器内命中；如果只有一个解码器命中，则 DPA 为通过将 DPABase 添加到偏移量来计算；如果零个或多个解码器命中，则返回访问错误。

在请求 HPA 被转换为 DPA 之后，SPID 和 DPA 被用于执行动态容量访问检查，并访问 GFD 窥探过滤器。窥探过滤器的设计不在本书讨论的范围内。

当窥探过滤器需要向与主机关联的 DPID 发出反向失效消息时，通过反向执行 HPA 到 DPA，将 DPA 转换为主机的 HPA。主机的 DPID 用于访问 GDT 以选择主机的解码器，然后 GFD 应将 DPA 与所有选定的解码器并行进行比较，以确定反向无效是否命中任何解码器的 DPA 范围。

首先计算 DPA 偏移量，即 DPA–DPABase，然后测试实现的偏移量是否大于等于 0 且小于 DPALen，以及解码器是否有效。如果只有一个解码器命中，则通过将交织比特插入偏移中来计算 HPA，然后将其添加到 HPABase 中。当插入交织比特时，LSB 由交织粒度决定，比特数由交织方式决定，比特的值通过交织集合内的方式来确定。如果为零或多个解码器命中，则会发生内部窥探过滤器错误，该错误按照未来规范更新中的定义进行处理。

计算 HPA 后，将带有 GFD 的 SPID 和 HPA 的 BISnp 发布给 PBR Edge USP，由窥探过滤器 DPID 去选择，然后 PBR Edge USP 可以检查 HPA 是否位于主机的结构地址空间内。然后 DPID 和 SPID 被删除，以 HBR 格式的 Flit 将 BISnp 发布给主机。

7.5.3 HBR 和 PBR 交换机之间的互操作性

CXL 支持两种类型的交换机：HBR 交换机和 PBR 交换机。HBR 是在 CXL 2.0 规范文档中引入并在后续的 CXL ECN 和规范中增强的 CXL 交换机的简称。

目前支持各种各样的 HBR/PBR 交换机组合，其基本的规则如下。

（1）主机 RP 必须连接到一个 HBR 或者 PBR USP。

（2）设备必须连接到一个 HBR 或者 PBR DSP。

（3）PBR USP 可以只连接到一个主机 RP，将其连接到一个 HBR DSP 是不被支持的。

（4）HBR USP 可以连接到一个主机 RP、一个 PBR DSP 或者一个 HBR DSP。

（5）GFD 可以只连接到一个 PBR DSP。

图 7-29 所示为所支持的部分交换机配置示例。

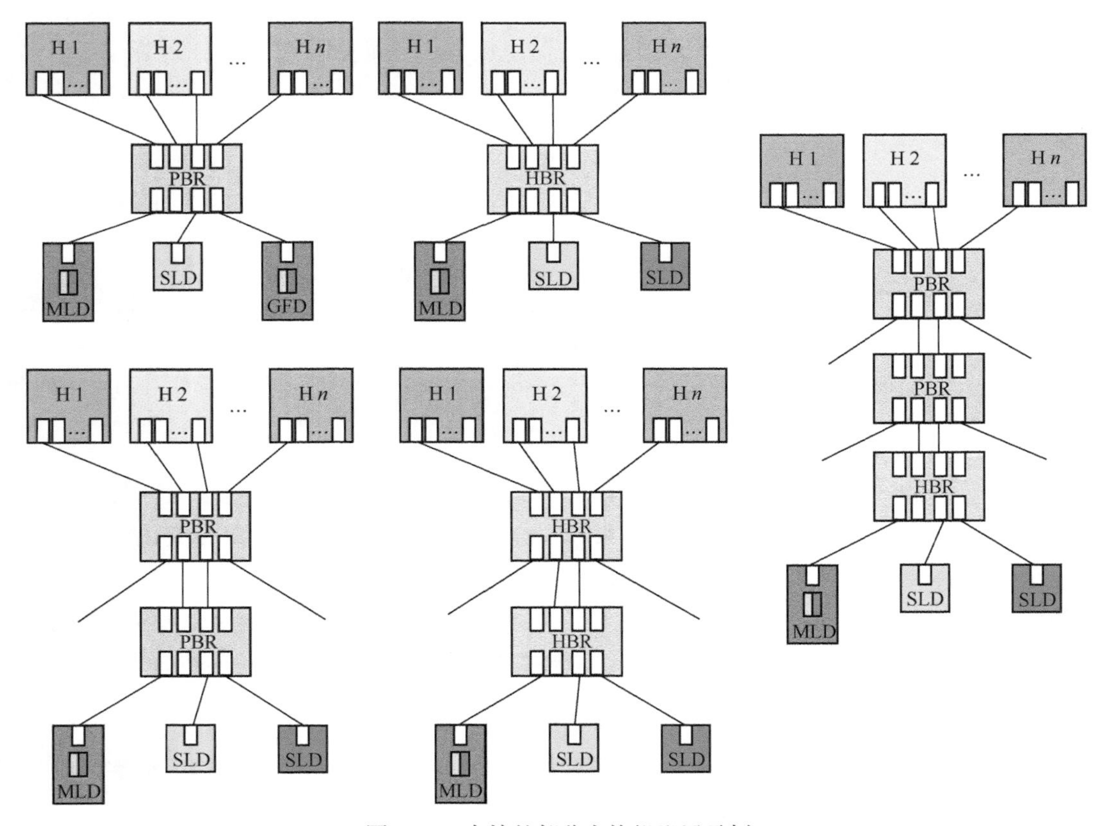

图 7-29　支持的部分交换机配置示例

PBR 交换机的配置并不限于树形拓扑结构，下面给出一个 Mesh 拓扑结构的示例。Mesh 拓扑结构具有连接相对大量组件的强大功能，但对于交换机遍历的数量仍有所限制。假设合理的 PBR 路由表通过 Fabric 管理器配置，那么连接到同一交换机的所有组件都可以通过一个单独的交换机遍历到达另一个组件，并且所有连接到不同的交换机的组件可以通过两个交换机遍历互达。

带环的拓扑结构如图 7-30 所示。环形依赖有可能造成死锁。环形依赖可以通过仔细地对 Fabric 管理器中的 PBR 路由表编程来避免。关于如何避免非树形拓扑的环形依赖，则不在本书的讨论范围之内。

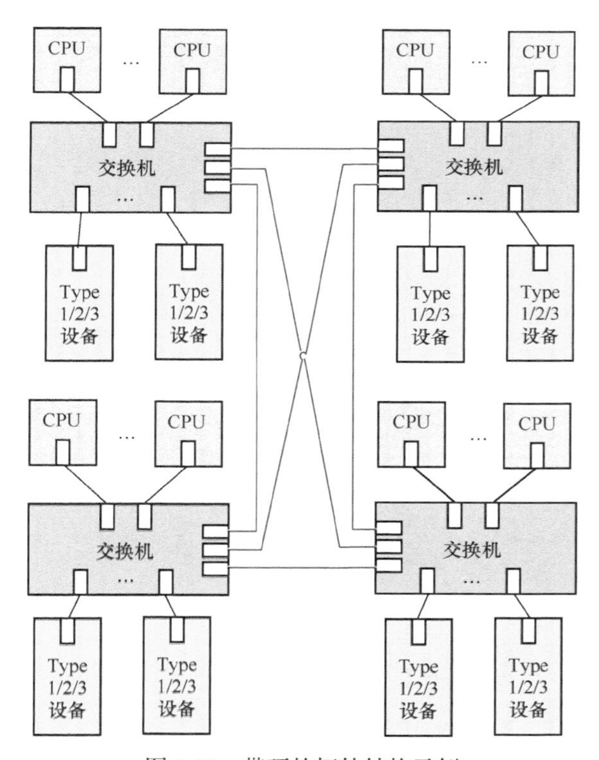

图 7-30 带环的拓扑结构示例

PBR 交换机将从 HBR 主机、设备和交换机收到的消息转换为 PBR 的消息格式，以用于在 Fabric 中的路由。另外，从 Fabric 收到的目标为 HBR 主机、设备、交换机的消息被转换为使用 non-PBR ID 空间（CacheID、BISnpID、LD-ID）的消息。下面将介绍各种消息类型的转换流程。

Fabric 管理器分配一个 PBR ID 给多个 PBR 交换机端口，请求消息中的 DPID 由多种方式决定，包括 HDM 解码器、vPPB 绑定、查询表或者来自 non-PBR ID 空间中的 CAM。一个响应消息的 DPID 经常是相关请求消息中的 SPID 值，但有时由请求消息中提到的一种方式决定。

带有 HBR 格式的消息中，MLD 支持在 CXL.mem 协议中用一个 4 位 LD-ID 字段来选择或者路由 MLD 消息，在 CXL.cache 协议中支持一个 4 位 CacheID 字段用于在根端口下最多 16 个 Type 1 和 Type 2 类型的设备，PBR 格式的消息使用 12 位的 PBR ID 来支持大的结构，这部分描述 CXL PBR 交换机用于路由来自非 Fabric 感知的主机和设备的消息所必需的支持。该设备支持 4 位的 LD-ID 和 4 位的 CacheID 字段，同样覆盖了基于 BI-ID 的路由。

考虑到支持 PBR/HBR 交换机拓扑结构的广泛性，对应不同情况的端口连通性的多种路由技巧是相当复杂的。接下来简要介绍 HBR 和 PBR 交换机的路由机制以及不同协议消息之间的转换。

1. CXL.io 协议

HBR 交换机采用标准 PCIe 文档中定义的机制将大多数的 CXL.io 的 TLP 在它的端口之间路由，MLD 上的 DSP 使用 LD-ID 前缀来识别下游 TLP 的目标 LD 或者上游 TLP 的源 LD。

直接指向 HDM 范围的 UIO 请求使用的支持 UIO 的增强型 HDM 解码器进行路由，这包括来自主机的目标在设备 HDM 的 UIO 请求，也包括“Direct P2P”的场景，即从一个设备到另一个带 HDM 的设备的 UIO 请求。UIO 的到 HDM 的“Direct P2P”请求流量在路径的不同部分会经过上游（upstream）、P2P 和下游（downstream）。

PBR 交换机通过在每个 TLP 上加上一个 CXL PBR TLP Header（PTH），将 PCIe 格式的 TLP 或者 CXL.io 的 HBR 格式的 TLP 转换为 PBR 格式的 PBR 包。该 PTH 中包含一个 SPID 和 DPID，PBR 格式向 HBR 格式或者 PCIe 格式的转换包括从 TLP 中去掉 CXL PTH。

2. CXL.cache 协议

CXL.cache 消息有一个 4 位的 CacheID 字段，支持在一个 RP 下最多 16 个高速缓存的设备。表 7-10 总结了 HBR 交换机对于每种 CXL.cache 消息类型的路由细节。

表 7-10 CXL.cache 消息类型的 HBR 交换路由细节

消息类型	交换机路由
D2H Request	对于目的地在绑定主机上的 D2H 请求消息的 HBR 交换路由，在交换机内部，D2H 请求从 DSP 端口被路由至相应的 USP 端口，因此其依赖于每个交换层次上 DSP 端口的 vPPB 绑定情况。CacheID 会被与设备相连的 DSP 端口添加到请求消息中，以支持 H2D 响应消息的路由
H2D Response or Data Header	对于到 DSP 的 H2D 响应消息或者数据头的 HBR 交换路由，每个交换机级的 USP 从 Cache ID 路由表中查询到 PCIe 定义的 PortID

续表

消息类型	交换机路由
H2D Request	对于到 DSP 的 H2D 请求消息的 HBR 交换路由，每个交换机级的 USP 从 Cache ID Route Table 中查询到 PCIe 定义的 PortID
D2H Response or Data Header	对于到上游绑定主机的 D2H 响应消息或者数据头的 HBR 交换路由，到 USP 的 D2H 响应或者数据头依赖于绑定在每个交换机级别的 DSP 的 vPPB

3. CXL.mem 协议

CXL.mem 消息有 1 个 4 位的 LD-ID 字段，该字段被 Type 3 的 MLD 用于确定目标 LD。表 7-11 总结了 HBR 交换机中关于 CXL.mem 消息类型的路由细节。

表 7-11 CXL.mem 消息类型的路由细节

消息类型	交换路由
M2S Request	对于到下游的设备 M2S 请求消息的 HBR 交换路由，USP 侧的 HDM 解码器决定了每个交换机级别的 DSP 中 PCIe 定义的 PortID。对于 MLD 之上的 DSP，每个 LD 都有一个 vPPB，提供插入请求消息中的 LD-ID
S2M Response	对于到上游 USP 的 S2M 响应消息的 HBR 交换路由，DSP 依赖于它绑定在每个交换机级的 vPPB。对于一个在 MLD 之上的 DSP，每个 ID 都有一个 vPPB，响应消息中的 LD-ID 可识别相关的 vPPB
S2M BISnp	对于到上游 USP 的 S2M BISnp 消息的 HBR 交换路由，DSP 依赖于它绑定在每个交换机级的 vPPB。对于一个 MLD 之上的 DSP，每个 ID 都有一个 vPPB，响应消息中的 BI-ID 携带了可识别相关 vPPB 的 LD-ID，DSP 然后查询与 vPPB 相关的 BusNum 并将其放在 BI-ID 中，以便后续在路由相关的 BIRsp 回 DSP 时使用
M2S BIRsp	对于到下游设备上面的 DSP 的 M2S BIRsp 消息的 HBR 交换路由，每个交换机级的 USP 依赖于携带了目标 DSP 的 BusNum 的 BI-ID，然后 HBR 使用 BusNum 进行路由

4. 交换机之间的链路

交换机之间的链路（Inter-Switch Link，ISL）携带 PBR 格式的 Flit，并且支持所有的消息类型和相关的子通道，如图 7-31 所示。

“PBR 链路”是通过物理层 TS“PBR Flit 位”协商为 PBR Flit 格式的链路。

（1）通过合适的解码机制，边缘交换机将在 CXL.io TLP 上插入 PTH，或者 PTH 直接由原生支持 PBR 链路的设备（例如 GFD）生成。

（2）如果出口端口连接到 PBR 链路，则会按原样转发 PTH 到 CXL.io TLP。

（3）如果 CXL.io TLP 流出到边缘非 PBR 链路，则 PTH 被丢弃。

（4）在使能条件下，当 PTH 遍历 PBR 链路时，PTH 将包含在链路 IDE 完整性保护中。

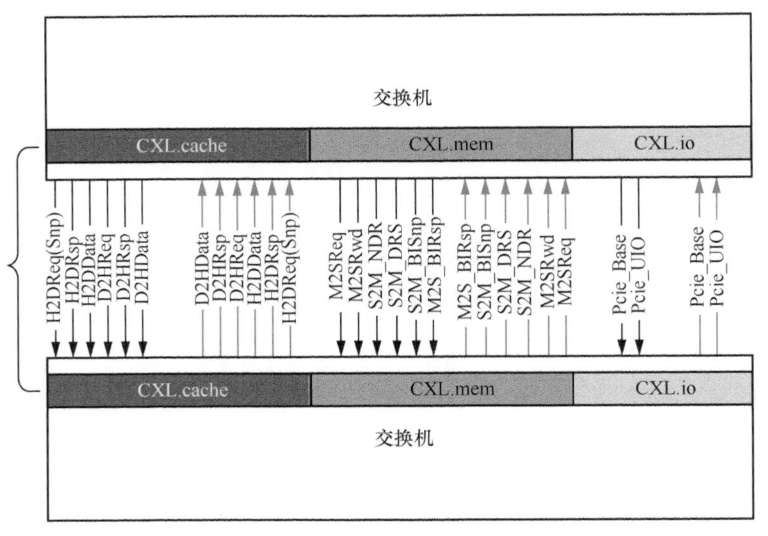

图 7-31 ISL 消息类子通道

7.5.4 跨越 Fabric 的虚拟层次

连接到 CXL Fabric 的主机不需要特定于 Fabric 的特殊发现机制。Fabric 的复杂性是抽象的，并向主机提供符合 PCIe 基本规范的简单交换拓扑结构，物理拓扑结构和逻辑视图如图 7-32 所示。全部的中间结构交换机在主机视图中被遮挡，最多提供两级交换机的视图。

（1）主机边缘交换机：主机发现单一的边缘连接的交换机代表，任意在物理上连接到这个交换机并且绑定到主机的 VH 上的 EP 被看成直接连接到 VCS 中的 PPB 上。

（2）下游边缘交换机：根据需要，Fabric 管理器可以建立主机边缘 VCS 和远程交换机之间的绑定连接。当建立这样的绑定连接时，远程交换机表现为连接到主机边缘 vPPB 中的 VCS。此时无论是否存在多少个中间交换机，主机都会发现 VCS 之间的连接。连接状态由主机边缘交换机负责虚拟化，主要用于表征路由两个交换机之间的路由路径。如果任何中间 ISL 出现故障，则主机边缘交换机将在相应的 vPPB 上虚拟化一个意外的链路中断。

相对于每个主机的 VH，Fabric 交换机可以作为“主机边缘交换机”或“下游边缘交换机”运行。Fabric 交换机还可以同时为不同的 VH 支持主机边缘端口和下游边缘端口，其内部的 ISL 能够同时承载多个 VH 的双向流量，下游边缘端口支持 PCIe 设备、SLD、MLD、GFD、PCIe 交换机和 CXL 交换机。

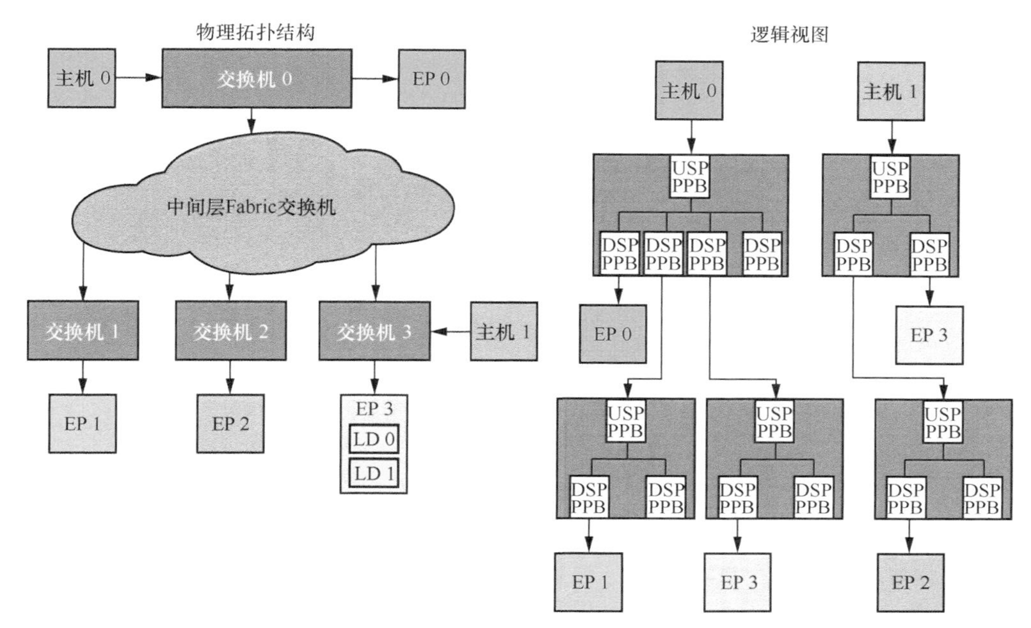

图 7-32 物理拓扑结构和逻辑视图

7.6 小结

本节主要介绍了 CXL 交换技术的相关内容，主要包括 CXL 交换机分类、交换机的配置和组成、CXL 的 3 个子协议的解码和转发、Fabric 管理器 API 和 CXL Fabric 架构。CXL 交换机主要包括单 VCS 交换机和多 VCS 交换机，它们分别有着不同的扩展能力；CXL 交换机的配置和组成决定了 CXL 交换机的初始化配置过程以及端口设备的绑定与解绑的行为；在 PCIe 的基础上，CXL 交换机额外定义了对 CXL 的 3 个子协议的解码和转发规则；Fabric 管理器通过定义的 API 来动态或静态地管理或配置 CXL 设备；CXL Fabric 的架构定义了更灵活、广泛的 CXL 设备互连拓扑结构，比如 PCIe 不支持的网状拓扑结构，为机器学习、HPC 和大数据分析场景的应用提供了基础。

CXL 交换技术通过不同类型的交换机、灵活的配置和组成，以及对 CXL 的 3 个子协议的解码和转发，实现了高效的设备间通信。通过 CXL 交换技术，系统能够实现灵活的拓扑结构和高效的资源共享，显著提升扩展性、性能和资源利用率。它在数据中心、高性能计算、人工智能和云计算等领域具有广泛应用前景。尽管面临标准化、硬件实现和安全性等挑战，但随着技术的不断成熟，CXL 交换技术将在未来发挥越来越重要的作用。

第 8 章 CXL 设备的复位、管理和初始化

本章主要介绍 CXL 系统的复位流程，并对比 CXL 和 PCIe 行为的区别，涉及缓存的管理以及对易失性 HDM 的影响，涵盖 CXL 设备在启动和操作过程中的关键步骤。了解 CXL 的复位、初始化、配置和可管理性有助于深入理解 CXL 的运行机制，包括如何进行设备初始化和配置、如何进行复位操作以及如何在运行过程中进行有效管理和监控。这些内容对开发者、系统管理员和其他涉及 CXL 应用的人员来说，是必要的基础知识。

8.1 CXL 系统复位概述

熟悉 CXL 系统的复位过程，对于理解 CXL 的整体运作方式非常重要。通过了解 CXL 在引导过程中如何初始化设备、建立通信和配置环境，以及在重置时如何重新设置设备状态和恢复通信，可以更深入地理解 CXL 的启动流程和设备管理机制。

8.1.1 CXL 设备复位类型

CXL 设备的复位类型主要有以下 3 种：其一，热复位，通过链路触发，可以通过 LTSSM 或断开连接来实现；其二，暖复位，通过外部信号触发，例如 PERST# 复位信号或类似的特定规格机制；其三，冷复位，需要拆卸主电源并使用 PERST# 复位信号或类似的特定规格机制触发。

以上 3 种复位类型均为传统（Conventional）型复位，而功能（Function）级复位和 CXL 复位则为非传统型复位类型。另外在 CXL 设备中，Flex 总线物理层链路状态会涵盖冷复位、热复位、意外复位以及与 PCIe 物理层链路状态的 Sx 条目匹配。其中，Sx 状态代表系统休眠状态，在高级配置和电源管理接口（Advanced Configuration and Power Interface，ACPI）规范中有详细介绍，例如 S1、S2、S3 等。这些状态代表不同级别的系统休眠模式，其中 S1 代表最浅的休眠模式，S3 则代表最深的休眠模式。

8.1.2 对 CXL 与 PCIe 复位行为差异

通常情况下，PCIe 设备无法确定哪个系统级流触发了传统型复位。为了确保系统中特定的操作流程或事件可以顺利进行，需要协调系统级复位[①]和 Sx-entry 流的一致性域关闭。因此，CXL 流将遵循以下规则。

（1）警告（Warning）消息：在启动系统级复位和 Sx-entry 转换之前，应向所有 CXL 设备发送警告消息，以确保协调一致性域的关闭。

（2）CXL PM（Power Management）消息：CXL PM 消息用于主机和设备之间的通信。即使设备上没有特定操作，设备也应正确响应这些消息。为避免死锁，主机应实现超时机制，并在超时后继续操作，就好像收到了响应一样。

（3）复位触发器（Reset Trigger）处理：设备应正确处理复位触发器，即使它们没有收到警告消息。并非所有设备在复位之前都会收到警告消息。例如，上游端口的设备上设置 Secondary Bus Reset 可能会导致设备热复位，而此时并没有警告消息。此外，由于错误条件，PM VDM 警告消息可能会丢失。

在 CXL 和 PCIe 之间存在着一些差异，因此在实际操作中需要注意一些细节以确保系统的正常运行和通信。表 8-1 总结了针对 CXL 和 PCIe 的跨系统复位和 Sx 流的事件排序和信令方法的差异。其中，警告是指对即将发生的事件的提前通知。具有一致性缓存或内存的设备需要完成未完成的事务，根据需要刷新内部缓存，然后根据需要将内存置于安全状态，例如自刷新。设备需要完成所有内部操作，然后确认回应给处理器。信令则是指使用电线和 / 或链路层消息实际启动状态转换。

表 8-1 CXL 和 PCIe 行为对比

情形	PCIe	CXL
系统复位	警告：无 信令：LTSSM 热复位	警告：PM2IP（复位警告，系统复位） 信令：LTSSM 热复位
意外的系统复位	警告：无 信令：LTSSM 检测到进入或 PERST#	警告：无 信令：LTSSM 检测到进入或 PERST#
系统进入睡眠	警告：PME_Turn_Off/Ack 信令：PERST#（主电源将关闭）	警告：PM2IP（复位警告，Sx）PME_Turn_Off/Ack 信令：PERST#（主电源将关闭）
系统断电	警告：无	警告：PM2IP（GPF 第 1 阶段和第 2 阶段）

① 这里的系统级复位指在通常情况下高于 CXL、PCIe 层级的高层操作，会将设备或系统恢复到其原始状态或默认设置，清除所有用户数据、配置和设置。

8.2 CXL 系统复位进入流程

在由操作系统指导的复位流程中，CXL 设备在触发平台复位流程之前已经处于非活动状态，并且它们的上下文已刷新到系统内存或 CXL 连接的存储器中。为了防止在一个或多个下游组件不响应确认时出现死锁，主机必须实现超时机制，超时后主机将继续运行。图 8-1 展示了下游端口到上游端口的复位进入流程。

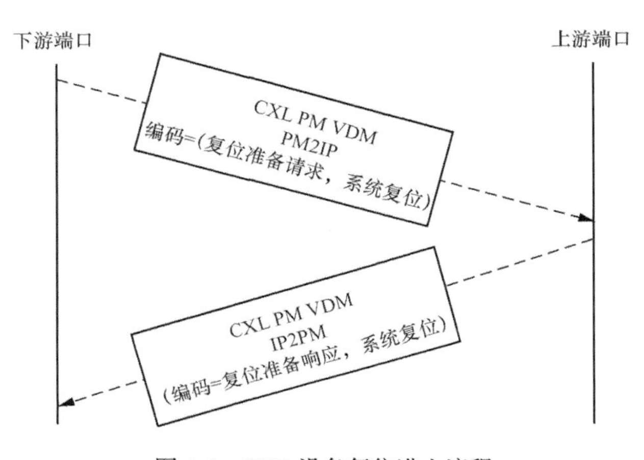

图 8-1 CXL 设备复位进入流程

在由平台触发（例如由于 Fatal Error 错误）的重置流程中，当设备接收到 ResetPrep 消息时，CXL 设备可能不处于非活动状态。在系统复位流程期间，主机应向下游的 CXL 组件发出 CXL PM VDM 消息，包含以下信息：

```
PM Logical Opcode[7:0]=RESETPREP
Parameter[15:0]=REQUEST
ResetType= System Reset
PrepType = General Prep
```

CXL 设备刷新相关的上下文到主机，清理为主机提供服务的数据，然后将任何与 CXL 设备连接的内存置于安全状态，例如自刷新。CXL 设备应采取额外步骤，以使 CXL 主机进入 LTSSM 热复位状态。在所有复位准备工作完成后，CXL 设备将发出具有以下信息的 CXL PM VDM 消息：

```
PM Logical Opcode[7:0]=RESETPREP
Parameter[15:0]=RESPONSE
ResetType = Warm Reset
PrepType = General Prep
```

复位握手完成后，CXL 设备可能会断开 PERST# 信号。在 PERST# 信号断开时，CXL 设备应清除设备内部的任何黏性内容，除非它们处于 AuxPower 状态。CXL 设备对黏性寄存器状态的处理与 PCIe 基本规范一致。

8.3 CXL 设备睡眠状态进入流程

操作系统始终是 Sx 进入流程的编排者，所以在触发 Sx 进入流程之前，CXL 设备应处于非活动状态，并且它们的上下文应已刷新到 CPU 连接的内存或 CXL 连接的存储器中。CXL.mem-capable 适配器可能需要辅助电源在 S3 状态下保留内存上下文。对于 CXL Sx 进入流程，PERST# 应始终保持激活状态。图 8-2 展示了 CXL 设备睡眠状态的进入流程。

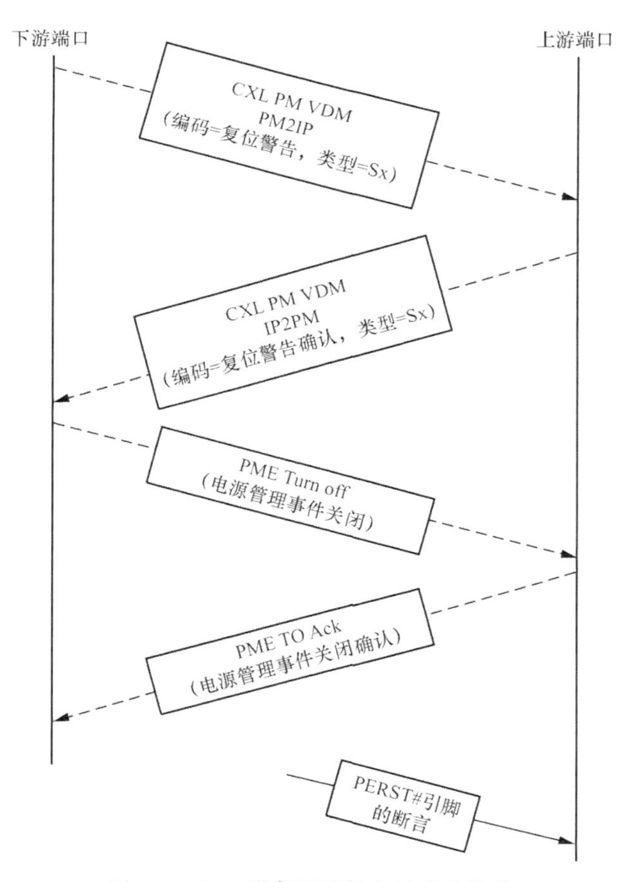

图 8-2 CXL 设备睡眠状态的进入流程

可以看到，CXL 设备睡眠状态进入流程在 Sx 进入流程期间，主机应向下游组件发出具有以下信息的 CXL PM VDM 消息：

```
PM Logical Opcode[7:0]=RESETPREP
Parameter[15:0]=REQUEST
ResetType = System transition from S0 to Sx (S1, S3, S4, or S5)
PrepType = General Prep
```

CXL 设备将相关上下文刷新到主机，清理为主机服务的数据，然后将 CXL 设备连接的内存置于安全状态，如自刷新。CXL 设备采取 CXL 主机启动 L23 流所需的步骤。在所有 Sx 准备完成后，CXL 设备将发出具有以下信息的 CXL PM VDM 消息：

```
PM Logical Opcode[7:0]=RESETPREP
Parameter[15:0]=RESPONSE
ResetType = System transition from S0 to Sx (based on the target sleep state)
PrepType = General Prep
```

在此握手完成后，可以随时断言到 CXL 设备的 PERST#。对于 PERST# 断言，CXL 设备将清除设备内部的任何黏性内容，除非它们处于 AuxPower 状态。CXL 设备对黏性寄存器状态的处理与 PCIe 基本规范相一致。

8.4 功能级复位

PCIe 的功能级复位（FLR）机制使软件能够以功能级别的粒度使端点硬件进入静止状态并复位。CXL 设备向主机软件公开一个或多个 PCIe 功能，这些功能可以公开 FLR 功能，并且现有的 PCIe 兼容软件可以向这些功能发出 FLR。PCIe 基本规范提供了关于 FLR 对 PCIe 功能级别状态和控制寄存器影响的具体准则。为了与现有的 PCIe 软件兼容，如果这些功能支持 FLR，CXL PCIe 功能应遵循这些准则。例如，通过 FLR 必须清除与加密信息相关联的软件可读状态。

FLR 不会影响 CXL.cache 和 CXL.mem 协议。任何与 CXL.cache 和 CXL.mem 相关的控制寄存器，包括 CXL DVSEC 结构和 CXL 设备保存的状态，都不会受到 FLR 的影响。承载 HDM 的内存控制器不会被 FLR 重置。在 FLR 之后，根据 PCle 基础规范，与相应功能相关的所有地址转换都会被无效化。由于 CXL 功能使用地址转换缓存中保存的系统物理地址访问缓存，因此在 FLR 之后，功能无法访问任何缓存行，直到软件显式重新启用 ATS。在 FLR 流程中，设备无须回写其缓存。为避免对其他功能的表现产生不利影响，当缓存由多个功能共享时，设备不再写回其缓存内容，从而保持高速缓存的一致性。

在某些情况下，系统软件可能会使用 FLR 来尝试错误恢复。在 CXL 设备的上下文中，CXL.cache 逻辑和 CXL.mem 逻辑中的错误无法被 FLR 恢复，而 FLR 可以成功地从 CXL.io 域错误中恢复。在 eRCD 以外的 CXL 设备中，参与 CXL.cache 或 CXL.mem 的所有功能都必须支持 FLR 或 CXL 复位。

8.5 缓存管理

不支持 CXL 的操作系统或 PCIe 驱动程序无法感知 CXL.cache 功能，但设备驱动程序应该了解这种功能并能管理 CXL.cache。软件不应该假定设备缓存中映射到 HDM 的缓存行会被 CPU 缓存刷新指令清除，这种行为可能因主机而异。

系统软件在 CXL.cache-capable 设备不复位系统或整个设备的情况下，不会包含有效的缓存行。由于设备在 FLR 时不需要清除缓存内容，因此定义了独立的控制和状态位。这种功能对支持 CXL.cache 的 eRCD 是比较推荐的，对其他所有支持 CXL.cache 的设备则是强制的。该功能通过 DVSEC CXL Capability 寄存器中的 Cache Writeback and Invalidate Capable 标志来进行公布。

软件应采取以下步骤确保设备不包含任何有效的数据。

（1）设置禁用缓存（Disable Caching=1）位于 DVSEC CXL Control2 寄存器中。

（2）设置初始化缓存写回和无效（Initiate Cache Write Back and Invalidation =1）。此步骤可以与前一步合并为单个配置空间寄存器写操作，写入 DVSEC CXL Control2 寄存器。

（3）设置等待高速缓存无效（Cache Invalid=1）。位于 DVSEC CXL Status2 寄存器中。软件可以利用在 DVSEC CXL Capability2 寄存器中报告的缓存大小来计算一个合适的超时数值。

软件需要设置 Disable Caching=0 以重新启用缓存。当 Disable Caching 位从 1 变为 0 时，如果先前设置为 1，设备将把 Cache Invalid 位从 1 变为 0。

8.6 CXL 复位

CXL.cache 资源和 CXL.mem 资源（如控制器、缓冲区和缓存）很可能会在设备级别共享。CXL 复位是一种机制，用于重置所有支持 CXL.cache 协议和 / 或 CXL.mem 协议的非虚拟功能中的所有 CXL.cache 状态和 CXL.mem 状态，以及 CXL.io。CXL.io 的重置范围与 FLR 相同。CXL 复位不会影响非 CXL 功能或物理链路。非 CXL 功能映射 DVSEC 能力用于向系统软件通告哪些非虚拟功能被视为非 CXL（它们既不参与 CXL.cache，也不参与 CXL.mem）。

所有参与 CXL.cache 或 CXL.mem 的 SLD 中的功能都需要支持 FLR 或 CXL 复位。另外，MLD 需要支持 CXL 复位。

CXL 复位的能力、控制和状态字段暴露在 CXL 设备的设备 0、功能 0 的配置空间中，但这些字段会影响参与 CXL.cache 或 CXL.mem 的设备中的所有物理和虚拟功能。

系统软件负责使受影响的所有功能进入静止状态，因为设备中的 CXL.cache 状态和 CXL.mem 状态被重置，并使任何相关的 HDM 范围下线。一旦 CXL 复位完成，设备上的所有 CXL 功能在使用前必须重新初始化。

CXL 复位可以由系统软件或 Fabric 管理器发出。为了在发出 CXL 复位前使受影响的非虚拟功能进入静止状态，系统软件应对每个 CXL 非虚拟功能执行以下操作。

（1）处理完 HDM 范围下线后，确保受影响的 CXL 功能没有未处理或新的 CXL.mem 事务。这意味着需要确保在下线过程中处理任何可能出现的未处理事务，以确保系统的稳定性和一致性。

（2）配置这些功能停止发出新的 CXL.io 请求，此过程与 FLR 的相同。

Fabric 管理器可能出于各种情况来发出 CXL 复位请求。在 Fabric 管理器使用 CXL 复位时，设备中可能存在未处理的命令，这些命令应该被丢弃。设备的 CXL.io 重置应遵循 PCIe 基础规范中 FLR 的定义。只有由非虚拟功能在 FLR 期间可进行清除或随机化的 PCIe 映射内存。在设备级别的 CXL 复位流程中，CXL.cache 状态和 CXL.mem 状态的复位具有以下行为。

（1）所有未处理或新的 CXL.mem 读取将被默默丢弃。之前接收的对持久 HDM 范围的写入将被保留。对于易失性 HDM 范围的写入可能会被丢弃。

（2）设备缓存（Type 1 设备和 Type 2 设备）应由设备写回并无效化。在发出 CXL Reset 之前，软件不需要对设备缓存进行写回和无效化。

（3）除了上述缓存刷新操作，不得发出新的 CXL.cache 请求。其仍会继续服务 Snoop 请求。

（4）易失性 HDM 范围的内容可能会保留，也可能不保留，并且设备可以选择在 CXL 复位期间清除或随机化这些范围。如果该能力得到支持并且在 CXL 复位期间请求 DVSEC CXL Capability Register 和 DVSEC Control2 Register 中的 CXL Reset Mem Clr Capable 位和 CXL Reset Mem Clr Enable 位），持久 HDM 范围的内容将由设备保留。

（5）任何 CXL Reset 期间的错误将按照通常方式记录在错误状态寄存器中。未能完成 CXL 复位将导致 DVSEC CXL Status2 寄存器中的 CXL Reset Error 位会被设置。系统软件可以选择重试 CXL，施加其他类型的设备重置，或者在 CXL 复位失败时重新启动系统。

（6）除非另有规定，所有非持久性寄存器在 CXL 复位时应初始化为其默认值。DVSEC

Config Lock 寄存器中的 CONFIG_LOCK 位和由 CONFIG_LOCK 锁定的任何寄存器字段不受 CXL 复位的影响。所有黏性寄存器，如错误状态寄存器，应在 CXL 复位过程中保留。如果设备处于病毒状态，则在 CXL 复位后该状态将继续保留。

如果设备无法在指定的超时期限内完成 CXL 复位，则系统软件应视为失败，并可以选择采取类似于设置 CXL Reset Error 位时的操作。

对于池化的 Type 3 设备（MLD），必须确保只有向发出 CXL 复位的主机分配的 LD 受到影响。这包括在设备上清除或随机化易失性 HDM 范围。其他逻辑设备必须继续正常操作。

8.6.1 对易失性 HDM 的影响

由于在 CXL 复位后易失性 HDM 范围的所有权可能会发生变化，因此重要的是确保在 CXL 复位之前存在的易失性内存内容不会泄漏（此条件不适用于以其他方式确保安全性的持久内存内容，这里不讨论这些内容）。有两种情况需要考虑。

第一种情况是设备仍然绑定到同一主机，系统软件将易失性 HDM 范围重新分配给不同的软件实体。系统软件通常负责确保在分配之前重新初始化内存范围。设备可能实现可选功能，以清除或随机化所有受影响的易失性 HDM 范围。这可以使用可选的安全擦除功能来执行。作为 CXL 复位的一部分，设备可能具备清除或随机化易失性 HDM 内容的能力。如果有此功能可用，系统软件可以利用它。然而，由于这是一个可选功能，系统软件不应该依赖于它。

第二种情况是设备被迁移到涉及 Fabric 管理器的另一主机。Fabric 管理器必须使用 Secure Erase 操作或利用 CXL 复位（如果存在 CXL Reset Mem Clr 能力），在将设备重新分配给不同主机之前清除或随机化任何易失性 HDM 范围。

设备中清除和随机化易失性 HDM 范围的能力由 DVSEC CXL Capability 寄存器中的 CXL Reset Mem Clr Capable 位报告。如果存在此能力，可以通过设置 DVSEC CXL Control2 寄存器中的 CXL Reset Mem Clr Enable 位来选择性地使用。

8.6.2 软件行为

在执行 CXL 复位时，系统软件或 Fabric 管理器应按照以下步骤进行操作。

（1）查阅 DVSEC CXL Capability 寄存器中的 CXL RESET Capable 位，以验证设备是否支持 CXL 复位。

（2）为 CXL 复位准备系统。

（3）查阅 DVSEC CXL Capability 寄存器，以确定设备是否支持 CXL Reset Mem Clr 功能位。

（4）如果设备支持 CXL Reset Mem Clr 功能，则根据需要，在 DVSEC Control 2 寄存器中设置 CXL Reset Mem Clr Enable 位。

（5）查看 DVSEC CXL Capability 寄存器中的 CXL Reset Timeout 字段，以确定完成的超时时间。

（6）在 DVSEC CXL Control 2 寄存器中设置 Initiate CXL Reset=1。

（7）在超时期间等待 DVSEC CXL Status 2 寄存器中出现 CXL Reset Complete=1 或 CXL Reset Error=1。

系统软件在重新初始化和启动设备时应遵循以下步骤。

（1）根据需要设置设备，以启用受 CXL 复位影响的功能。

（2）可选择性地检查设备在 CXL 复位期间是否执行了内存的清除或随机化。如果是，则在重新分配之前跳过基于软件的初始化；如果没有，则执行基于软件的初始化。

8.6.3　CXL 复位和请求重试

设备必须成功完成触发 CXL 复位的配置写操作。在发起 CXL 复位后的 100 ms 内访问设备的配置空间的设备行为是未定义的。在发起 CXL 复位后的 100 ms 后，CXL 功能可以对所有配置空间访问返回 RRS，除了对 CXL Status 2 寄存器的访问。在发起 CXL 复位后的 100 ms 后，软件不应访问除 CXL Status 2 寄存器以外的任何设备寄存器。

8.7　全局持久性刷新

全局持久性刷新（Global Persistent Flush，GPF）是与持久性存储器相关的硬件机制，用于将缓存和内存缓冲区刷新到持久性域（Persistent Domain）。持久性域被定义为保证在包含数据的设备重新启动时保留数据内容的位置。GPF 操作具有全局性质，因为所有属于缓存一致性域的 CXL 代理都参与 GPF 流程。CXL 缓存一致性域包括一个或多个主机，所有属于这些主机的 CXL 根端口，以及与这些根端口相关联的虚拟层次结构。

GPF 可能会在即将发生的意外关闭（如突然断电）时触发，主机可能启动 GPF 以确保任何在传输中的数据在断电之前被写回持久介质。GPF 也可能涉及或不涉及断电的其他异步或同步事件触发。

8.7.1 主机和交换机职责

GPF 流程包括两个阶段，即 GPF 阶段 1 和 GPF 阶段 2。在 GPF 阶段 1，设备应停止注入新的流量并将其缓存写回。在 GPF 阶段 2，持久性设备应将其本地写缓冲区刷新到持久性域。这种两阶段方法确保设备在刷新其本地内存缓冲区时不会接收任何新流量。主机应在两个阶段之间强制执行一个屏障。主机应确保在进入 GPF 阶段 2 之前停止注入新的 CXL.cache 事务，并写回其本地缓存。

在某些配置中，可能会跳过在 GPF 阶段 1 的缓存写回步骤。实施这种操作模式的各种可能原因超出了本书的讨论范围。一个可能的原因是主机没有足够的能量在断电之前写回所有缓存。在使用这种模式时，系统设计人员可能会在本规范范围之外使用其他方法来确保意图保持的数据不会丢失。主机应在 GPF 阶段 1 请求中设置 Payload[1] 标志，以指示设备应在 GPF 阶段 1 写回其缓存。主机使用一个特定于主机的机制来确定 Payload[1] 的正确设置。

在每个阶段，主机应向连接到其每个根端口的每个支持 GPF 的设备或交换机发送 CXL GPF PM VDM 请求，然后等待响应。CXL 根端口和 CXL 下游交换机端口应实现超时以防止单个设备阻塞 GPF 的前进进度。这些超时由系统软件配置。主机或交换机可以假设在层次结构中的相同级别上配置的下游端口上的 GPF 超时是相同的。如果交换机检测到超时，应在响应中设置 Payload[8] 以指示错误情况。这使得 CXL 根端口可以在其派生的虚拟层次结构中的任何地方检测到 GPF 阶段 1 错误。如果一致性域中任何根端口检测到错误，主机应在 GPF 阶段 2 设置 Payload[8] 标志，从而通知每个 CXL 设备在 GPF 阶段 1 出现错误。持久性设备可以以特定于设备的方式记录此指示并将此信息提供给系统软件。如果主机明确知道 GPF 事件将被断电事件随后发生，它应在 GPF 阶段 1 请求消息中设置 Payload[0]。如果主机无法保证 GPF 事件将被断电事件紧随其后发生，则在 GPF 阶段 1 请求消息中不应设置 Payload[0]。

CXL 设备和交换机必须能够在不依赖于任何其他 PM 消息的情况下接收和处理 GPF 消息。GPF 消息不使用信用，且不期望对 GPF 请求作出 CREDIT_RTN 消息的响应。主机可以在 GPF 阶段 2 完成后随时重置设备。

如果主机检测或处理 GPF 事件与重置事件重叠，主机可处理任一事件并忽略另一事件；如果主机检测或处理 GPF 事件与 Sx 事件重叠，主机可处理任一事件并忽略另一事件；如果主机在进入较低功耗状态时检测到 GPF 事件，主机必须及时处理 GPF 事件。

8.7.2 设备职责

如果设备支持 GPF，则应在其 AGENT_INFO 响应的 CAPABILITY_VECTOR 字段中设置位 1。设备对所有 GPF 请求消息做出响应，无论设备是否需要采取任何操作。主机可以将在软件配置的超时窗口内缺少响应解释为错误。例如，Type 3 设备在 GPF 阶段 1 可能会执行任何特定操作，也可能不执行任何特定操作，除了生成一个 GPF 阶段 1 响应消息。

收到 GPF 阶段 1 请求消息后，CXL 设备应按指定顺序执行以下步骤。

（1）停止注入新的 CXL.cache 事务，除了步骤 3 中描述的缓存写回操作。

（2）如果支持 CXL.cache 且 Payload[1]=1，则禁用缓存。这将确保该设备不再缓存任何一致性内存，从而不缓存通过 CXL 接口接收到的任何写入。

（3）如果支持 CXL.cache 且 Payload[1]=1，则写回设备缓存中的所有已修改行，其中内存目的地可以是本地或远程。

- 为最小化 GPF 延迟，设备应忽略未被修改的行。
- 为最小化 GPF 延迟，设备不应写回它所知道映射到易失性内存的行。
- 设备必须使用设备内部机制，将映射到其本地持久 HDM 的所有已修改行写回。
- 设备必须写回所有未映射到其本地 HDM 且可能是持久类型的所有已修改行。每个这样的脏行（Dirty Line）必须分两步写回目的地 HDM：第一步向主机发出 DirtyEvict 请求；第二步向主机发出 CLFlush 请求。

（4）通过发送 GPF 阶段 1 响应消息表示设备已准备好进入 GPF 阶段 2。如果 GPF 阶段 1 处理失败，则在响应中设置 Payload[8] 标志。

如果请求消息中设置了 Payload[0] 标志表示断电事件即将发生，设备可以采取额外的步骤来减少系统的功耗。例如，只要读取响应不影响持久内存内容，设备可以选择在启动写回操作之前不等待先前发出的读取的响应。

在接收 GPF 阶段 2 请求消息之前，设备必须对其通过 CXL 接口接收到的任何访问做出响应并完成。这是为了确保其他请求者能够继续通过 GPF 流程向前推进。

收到 GPF 阶段 2 请求后，CXL 设备应按指定顺序执行以下步骤。

（1）如果它是一个持久性内存设备且设置了 Payload[8] 标志，则增加 Dirty Shutdown Count。

（2）如果适用，将内部内存缓冲区刷新到本地内存。

（3）发送 GPF 阶段 2 响应消息，以确认请求。

（4）进入可能的最低功耗状态。

由于此交换可能发生在即将发生断电事件的情况下，因此非常重要的是在任一阶段的任何刷新活动都以快速的方式执行，并尽可能快地发送每个阶段的确认。

设备可能具有备用电源（例如具有大型内存缓冲区的设备可能包括带电电容或电池），并且可能一旦切换到备用电源就可以立即确认 GPF 阶段 2 请求。这样的设备应确保 PERST# 断言不会干扰本地刷新流程，并且即使本地刷新正在进行，也应正确处理随后的上电序列。

设备在收到 GPF 阶段 1 请求后不被视为完全运作。在此状态下，设备应正确处理传统复位请求，并在成功完成这些复位请求后恢复到运行状态。

如果设备的 GPF 事件检测或处理与重置事件重叠，则设备可以处理任一事件并忽略另一事件；如果设备的 GPF 事件检测或处理与 Sx 事件重叠，则设备可以处理任一事件并忽略另一事件；如果设备在进入较低功耗状态时接收到 GPF 请求，则设备应及时处理 GPF 请求。

池化设备由分配给不同虚拟层次的多个 LD 组成，因此，由于 GPF 事件可能会或可能不会在这些层次之间协调，每个 LD 必须能够独立处理针对单个 LD 的 GPF 消息，而不影响 MLD 内的任何其他 LD。只有在设备的所有 LD 均表示准备进入较低功耗状态之后，MLD 才能进入较低功耗状态。此外，MD 必须能够处理多个 GPF 事件（来自针对唯一 LD 的不同 VCS 的多个 GPF 事件）。

如果设备在收到 GPF 阶段 2 请求消息之前没有收到先前的 GPF 阶段 1 请求消息，则应对该 GPF 阶段 2 请求消息做出响应。

8.7.3 能量预算

通常，需要评估系统在电源故障情况下是否有足够的能量来处理 GPF。系统软件可以利用各种 CXL DVSEC 寄存器中可用的信息以及其对系统其余部分的了解来做出这一决定。这些信息还可以用于计算 CXL 层次结构中不同点的适当的 GPF 超时值，参考下面的实施注意事项。这些超时值通过 CXL 端口的 GPF DVSEC 配置。

系统软件可能会在电源故障的 GPF 过程中确定总能量需求。总会存在一种非零可能性，即电源故障的 GPF 可能无法成功完成（例如在异常热情况下或致命错误的情况下）。系统设计者的目标是确保失败的概率足够低，并满足系统设计目标。

以下是用于计算超时和能量需求的高级算法。

（1）对每个 CXL 设备进行迭代，并根据“所需时间”列中定义的内容计算 T1 和 T2。

（2）计算 T1MAX 和 T2MAX。

- T1MAX = 对于所有设备计算的 T1 值的最大值 + 传播延迟、主机端处理延迟以及任何其他主机 / 系统特定的延迟。
- T2MAX = 对于层次结构中所有设备计算的 T2 值的最大值 + 传播延迟、主机端处理延迟以及任何其他主机 / 系统特定的延迟。这可能与 RC 处的 GPF 阶段 2 超时相同。

（3）为每个设备计算 E1 和 E2，参见表 8-2 中的“所需能量”列。

（4）对所有 CXL 设备（E1+E2）进行求和。在此过程中，注意在此窗口期间主机和非 CXL 设备的能量需求。

表 8-2 GPF 能量计算案例

步骤	所需时间	所需能量
停止流量生成	忽略不计	忽略不计
禁用缓存	忽略不计	忽略不计
写回持久内存	T1 = 缓存大小 × 映射到持久性内存的缓存行的百分比 / 最坏情况下的持久性内存带宽	E1 = T1MAX × 设备功率
刷新缓冲区到内存	T2	E2 = T2 × GPF 阶段 2 功率

8.8 热插拔

CXL 根端口和 CXL 下游交换机端口可以支持热插拔和受控热拔除。所有 CXL 端口应设计为在意外热拔除时避免电气损坏。所有 CXL 交换机和 CXL 设备，都应具有热插拔的能力，但需遵循机型限制。在受控热拔除流程中，软件会通知有关热拔除请求。这为 CXL-aware 系统软件提供了在断电之前写回设备缓存行和脱机设备内存的机会。在热插拔流程中，CXL-aware 系统软件会发现适配器的 CXL.cache 和 CXL.mem 功能，并对其进行初始化，以便随时准备使用。

CXL 利用了 PCIe 热插拔模型和 PCIe 基本规范以及适用的形式因子规范中定义的热插拔元素。CXL 隔离是一种机制，用于处理对 CXL 适配器的意外热拔除。如果一个持有缓存中修改行的 CXL 适配器在事先没有任何通知的情况下被移除，并且未启用 CXL.cache 隔离，那么对这些地址的后续访问可能会超时，而这可能对主机操作造成致命影响。

如果一个具有 HDM 的 CXL 适配器在没有任何事先通知的情况下被移除，并且未启用

CXL.mem隔离，对HDM位置的后续访问可能会导致超时，这可能对主机操作造成致命影响。

CXL 下游端口，应将 hot-plug surprise bit（意外热移除位）硬连接到槽位能力寄存器，并设为 0。软件可以利用下游端口的“下游端口封闭”功能来优雅处理 PCIe 适配器的意外热拔除，或者对由 CXL 适配器的意外热拔除或链路断开引起的错误进行封闭。

通过 ReadTable DOE 支持对一致性设备属性表（CDAT）是 eRCD 可选的，但对所有其他 CXL 设备和 CXL 交换机是强制的。软件可以使用这个接口来了解设备或交换机的性能和其他属性。主机桥和上游交换机端口实现了 HDM 解码器功能结构。软件可以根据适当的交织方案对其进行编程，以考虑 HDM 容量。软件可以选择保持解码器处于解锁状态，以获取最大的灵活性，并采取其他保护措施（例如页表）来限制对寄存器的访问。所有未使用的解码器根据定义是解锁的，软件可以声明这些来解码额外的 HDM 容量，以便在热插拔流程中使用。

支持 CXL.cache 的设备（除了 eRCD），都应实现缓存写回和失效功能。软件可以利用这一功能，以确保在断电之前 CXL.cache-capable 设备没有任何修改的缓存行。

软件应确保在根端口不支持 CXL.cache 的情况下，不要在给定的根端口以下启用 CXL.cache 设备。根端口的功能通过 DVSEC Flex 总线端口能力寄存器暴露出来。所有支持 CXL.cache 的设备应通过 DVSEC CXL Capability2 寄存器公开其缓存大小。在热插拔 CXL.cache-capable 设备期间，软件可以与主机的有效嗅探过滤器能力进行交叉检查。软件可以配置 DVSEC CXL 控制寄存器中的 Cache SF Coverage 字段，以指示设备应使用多少嗅探过滤器容量（0 是合法值）。在极端情况下，软件可以禁用 CXL.cache 设备，以避免嗅探过滤器过度订阅。

在热插入期间，系统软件可能会重新评估 GPF 能量预算，并在必要时采取纠正措施。eRCD 的热插入可能导致不可预测的行为，如果设备暴露在软件中。为了确保运行时热插入的 eRCD 不会被标准的 PCIe 软件发现，定义了以下机制。

（1）对于连接到热插槽的根端口，建议系统固件在系统 PCIe 枚举完成后、在操作系统交接之前设置“禁用 CXL1p1 Training”位。这将确保如果热插入了 eRCD，CXL 根端口将在连接训练时失败。在这些情况下可能会生成热插拔事件，并且可能会调用热插拔处理程序。热插拔处理程序可以将此条件视为热插拔失败，通知用户，然后关闭插槽。

（2）下游交换机端口本身可能会被热插入，不能依赖于系统固件设置禁用 CXL1p1 Training 位。交换机在连接到 eRCD 时不应报告连接状态和不应报告适配器存在的情况。系统固件或 CXL-aware 软件仍可以查询 DVSEC Flex 总线 Port 状态，并发现端口连接到一个 eRCD。

8.9 软件枚举

本节简述两种 CXL 设备枚举流程。尽管 CXL 设备的发现遵循 PCIe 模型，但有一些重要的区别，如下所示。

（1）RCD 枚举：RCD 模式施加了一些限制，并导致更简单的枚举流程。每个 RCD 被暴露给主机软件作为一个或多个 PCIe 根复合集成端点，通过设置 PCI Express Capabilities Register 中的 Device/Port Type = RCiEP 来指示。每个 RCD 创建一个新的 PCIe 枚举层次结构，该结构兼容于一个由 ACPI 定义的 PCIe 主机桥接器（PNP ID PNP0A08）。

（2）CXL VH 枚举：CXL 根端口是 CXL VH 的根。一个 CXL VH 可能包括零个或多个 CXL 交换机、零个或多个 PCIe 交换机、零个或多个 PCIe 设备，以及一个或多个不处于 RCD 模式下的 CXL 设备。另外，CXL VH 代表一个软件视图，可能与物理拓扑不同。

8.10 小结

本章详细阐述了 CXL 复位、初始化、配置和管理方面的内容，介绍了 CXL 设备的启动和复位流程，包括热复位、温复位和冷复位等操作，并对比了 CXL 与 PCIe 在这些流程中的不同行为；讨论了 CXL 设备在系统级重置和睡眠状态（Sx 状态）下的特定处理规则，以及功能级复位（FLR）和 CXL 复位机制；还介绍了缓存管理、全局持久刷新（GPF）操作、热插拔支持、软件枚举流程等。这些内容确保了 CXL 设备能够在各种系统环境中可靠地集成和操作，同时提供了必要的灵活性和控制以适应不同的使用场景和系统需求。

Part 03

第三篇　CXL 工程实践

要充分发挥 CXL 的作用，不仅需要物理的连接，还需要软件的配合。CXL 相关的工程实践可分为系统软件和基于 FPGA 的应用开发，这正是接下来两章将要介绍的内容。

第 9 章　CXL 相关系统软件

作为一种新型的高速互连技术，CXL 要正常工作，不仅需要物理设备的连接，还需要软件的配合。

本章以“BIOS + Linux 操作系统”运行环境为例，围绕 CXL 系统的软件架构（见图 9-1），介绍和 CXL 相关的系统软件以及 CXL 内存资源工具等。与 CXL 相关的软件可分为系统软件和应用软件两种。

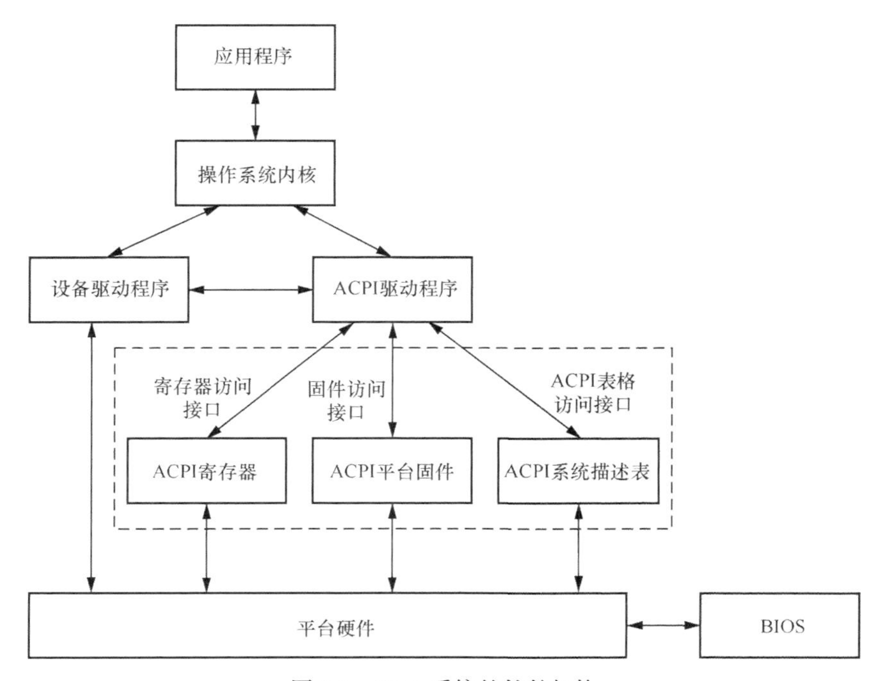

图 9-1　CXL 系统的软件架构

其中，BIOS 是 x86 系统上在启动操作系统前的引导程序。为什么选择 BIOS 而不考虑 U-boot 等拥有类似功能的程序呢？这是因为 CXL 所依赖的 ACPI 表格等目前只有 BIOS 支持，现在也只有 x86 系统能真正全面地支持 CXL。

在操作系统中，和 CXL 设备（比如 CXL RC 和 CXL 扩展内存设备）有关的程序主要是驱动程序。

9.1 BIOS

在计算机中，BIOS（基本输入输出系统，也称为系统 BIOS、ROM BIOS、BIOS ROM 或 PC BIOS）是为操作系统和应用程序提供运行时服务，并在（通电启动后）引导过程中执行硬件初始化的固件。BIOS 预装在主板上，并存在于一些支持统一可扩展固件接口（UEFI）的系统中，以保持与不支持 UEFI 的操作系统的兼容性。

BIOS 可以初始化和测试系统硬件组件（开机自检），并从大容量存储设备加载操作系统内核到内存，然后启动操作系统。在 DOS 时代，BIOS 为键盘、显示器、存储器和其他输入输出（I/O）设备提供 BIOS 中断调用，这种机制标准化了应用程序和操作系统的接口。比较新的操作系统在启动后不再使用 BIOS 中断调用。

大多数 BIOS 实现都是主板厂商专门设计的，通过与各种设备（尤其是系统芯片组）交互，与特定的计算机或主板一起工作。最初，BIOS 固件存储在主板上的 ROM 芯片中，写入后不可修改。在后来的计算机系统中，BIOS 内容存储在闪存中，因此可以在不从主板上移除芯片的情况下进行重写。这允许最终用户轻松更新 BIOS 固件，以便添加新功能或修复错误，但也为计算机感染 BIOS 病毒创造了可能性。此外，BIOS 升级失败可能会损坏主板。最后一个正式支持在使用传统 BIOS 固件的主机上运行的 Windows 版本是 Windows 10，因为 Windows 11 符合 UEFI 的系统要求。UEFI 是传统 BIOS 的继任者，旨在解决其技术限制。为方便起见，本书不区分 BIOS 和 UEFI，而是将它们作为引导程序类型，统称 BIOS。

BIOS 在系统启动过程中负责的和 CXL 有关的事务有以下几项，具体流程如图 9-2 所示。

（1）链路训练（选择 PCIe 模式或 CXL 模式）。

（2）配置 CXL 端口（用于访问设备的配置空间）。

（3）通过 CXL 相关寄存器发现和枚举 CXL 设备（获取其串号和 DVSEC 等），获取 CXL 内存设备（Type 2 和 Type 3）的存储容量和交织（Interleave）信息。

（4）为设备的内存映射寄存器分配地址（配置 UP 和 DP 中的 MEMBAR0）。

（5）在主机端和设备端配置 CXL.cache（如果支持）。

（6）为 CXL 内存设备（Type 2 和 Type 3）分配物理地址（如果系统固件还没有配置物理地址范围），并配置相关 HDM 解码器。

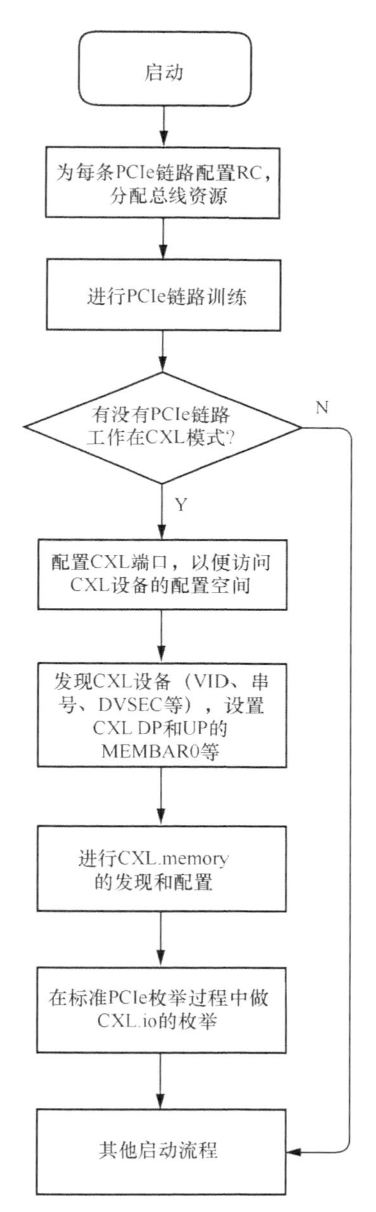

图 9-2　BIOS 在系统启动过程中和 CXL 有关的事务流程

BIOS 还会在 ACPI 的系统资源相关性表（System Resource Affinity Table，SRAT）和异构内存属性表（Heterogeneous Memory Attribute Table，HMAT）中报告 CXL 内存设备的属性。表中

包含的结构和它们之间的关系如图 9-3 所示。如需进一步了解具体信息，请查看 ACPI 规范。

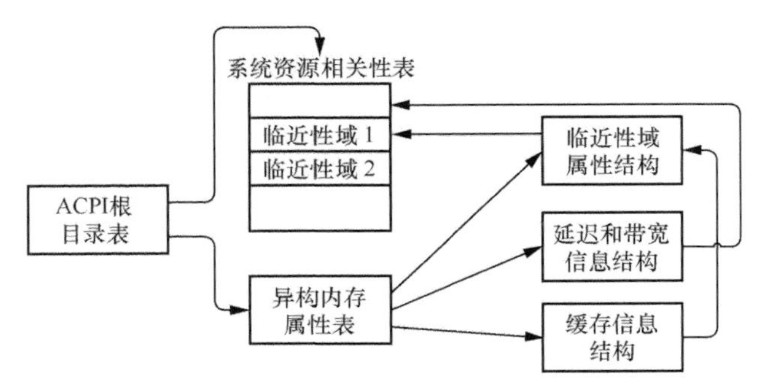

图 9-3　ACPI 表中和 CXL 有关的子表

9.2　ACPI

ACPI 可以看作 BIOS、硬件和操作系统之间的接口。CXL 早期发现表（CXL Early Discovery Table，CEDT）是 CXL 在 ACPI 规范中新加入的表，是联系 CXL 硬件、BIOS 和操作系统的桥梁。

9.2.1　ACPI 简介

在个人计算机发展的早期阶段，高级电源管理（Advanced Power Management，APM）规范将电源管理几乎完全交给 BIOS，导致操作系统在电源管理和硬件配置上受到很大制约。1997 年，英特尔、微软和东芝公司共同提出和制定了 ACPI 1.0。ACPI 就是配置硬件和管理电源的规范。2000 年 8 月，康柏和凤凰科技也加入规范的讨论中，推出 ACPI 2.0。2004 年 9 月惠普取代康柏，推出 ACPI 3.0。2009 年 6 月 16 日，ACPI 4.0 发布。2011 年 11 月 23 日，ACPI 5.0 发布。由于 ACPI 技术为多个操作系统和处理器架构所采用，该规范的管理模式需要与时俱进。2013 年 10 月，ACPI 的推广者们一致同意将 ACPI 的所有权归至 UEFI 论坛。自此以后，新的 ACPI 规范由 UEFI 论坛制定。

ACPI 可以实现的功能如下所示。

（1）系统电源管理（System Power Management）。此功能不仅定义了使计算机整体进入和退出系统睡眠状态的机制，也为设备提供了唤醒计算机的通用机制。

（2）设备电源管理（Device Power Management）。此功能描述了主板设备的电源状态以及控制其他设备电源的方法，使操作系统能够根据应用程序的运行情况将设备置于低功耗状态。

（3）处理器电源管理（Processor Power Management）。当操作系统空闲但未休眠时，可以使用此功能将处理器置于低功耗状态。

（4）设备和处理器性能管理（Device and Processor Performance Management）。当系统处于活动状态时，操作系统的电源管理模块可以把设备和处理器设置到此功能定义的各种不同状态，以实现性能、节能以及其他各种目的之间的平衡。

（5）配置 / 即插即用（Configuration/Plug and Play）。此功能指定用于枚举和配置主板设备的信息。当诸如连接和断链之类的事件发生时，操作系统可以知道哪些设备受到影响。

（6）系统事件（System Event）。一种通用的事件管理机制，可用于诸如电源管理事件、设备插入和移除等。

（7）电池管理（Battery Management）。操作系统可以使用此功能选择改变电池的行为，例如调整电池电量低时发出警告的临界点。

（8）温度管理[①]（Thermal Management）。此功能提供了一个简单、可扩展的模型，使得设备制造商可以自行定义设备的热区域、温度指示器以及冷却热区域的方法。

（9）嵌入式控制器（Embedded Controller）。此功能定义了操作系统总线和系统中嵌入式控制器之间的标准软硬件通信接口。

（10）SMBus 控制器（SMBus Controller）。此功能定义了操作系统总线驱动程序和 SMBus 控制器之间的标准软硬件通信接口。

ACPI 在系统执行时存在 ACPI 系统描述表、ACPI 寄存器和 ACPI 平台固件 3 种运行时组件，它们的作用分别如下。

（1）ACPI 系统描述表（ACPI System Description Table）：用来描述硬件接口，确定可以构建的内容。例如，一些控制方法被嵌入固定的寄存器块中，而寄存器块的地址由表来指定。表中的大多数描述允许以任意方式构建硬件，并且可以描述使硬件发挥作用所需的任意操作序列。ACPI 表包含“定义块”（Definition Block），可以使用伪代码类型的语言，其解释由操作系统执行。也就是说，系统中会存在一个解释器，该解释器执行存储在包含“定义块”的 ACPI 表中的以伪代码语言编码的“程序”。伪代码语言被称为 ACPI 机器语言（AML），是一种紧凑的、标记化的抽象类型机器语言。

（2）ACPI 寄存器（ACPI Register）：硬件接口中有固定数值的部分，由 ACPI 系统描述表描述（至少地址是如此）。

（3）ACPI 平台固件（ACPI Platform Firmware）：指固件（可理解为 BIOS 的一部分）中

① 直译为“热管理”，但这一功能主要是用于监测设备的温度，用“温度管理”更贴切。——作者注

与 ACPI 规范兼容的部分，用来实现睡眠、唤醒和重新启动操作的代码。ACPI 系统描述表也是由 ACPI 平台固件提供的。

在以上 3 种组件中，ACPI 系统描述表是整个实现的核心，它实际上由多个表组成，例如一些控制寄存器的定义通常实现在固定的模块或者表中，被称为固定 ACPI 描述表（Fixed ACPI Description Table，FADT）。

CXL 作为一种新型的硬件，也需要将自己的描述添加到 ACPI 系统描述表中，比如 CEDT。接下来，将使用 IASL① 读取某个系统中的 CEDT，看看它具体包含哪些内容。

9.2.2 ACPI 表访问工具 IASL

ACPI 表中的信息是需要用专门的软件工具读取的，比如 IASL。本书以 Ubuntu 系统为例，描述 ISAL 的使用方法。一般情况下，在 Ubuntu 系统中，使用“apt install”下载的 IASL 版本太老旧，无法解析 CXL 数据结构，所以需要到网上下载最新的版本。本书下载的文件是 acpica-unix-20230628.tar，解压后进入目录，编译后即可执行。具体步骤如下。

（1）下载并解压。命令如下：

```
$ tar xzf acpica-unix-20230628.tar.gz
```

（2）安装依赖。命令如下：

```
$ sudo apt install make gcc bison flex
```

（3）编译所有的工具。命令如下：

```
$ cd acpica-unix-20230628
$ make
```

（4）单独编译各种工具（以下为举例，每个命令编译一种工具）。命令如下：

```
$ make iasl
$ make acpixtract
$ make acpiexec
$ make acpihelp
$ make acpisrc
$ make acpibin
```

（5）安装到系统中（存储在 /usr/bin 目录下）。命令如下：

```
$ make install
```

① IASL 是访问 ACPI 表的工具。

所有 APIC 表都位于操作系统的 /sys/firmware/acpi/tables 目录中，建议将之复制到个人目录后再解析。以解析 CEDT 为例，命令如下：

```
sudo ~/CXL/acpica-unix-20230628/generate/unix/bin/iasl -d CEDT
```

此命令会在 CEDT 相同目录下生成文件 CEDT.dsl，直接运行 vi 或 cat 命令访问此文件即可阅读。操作系统驱动程序利用 CEDT 来检索指向所有 CXL 主机桥寄存器块（CXL Host Bridge Structure，CHBS）的指针和每个 CXL 主机桥的一组固定内存窗口（CXL Fixed Memory Window Structure，CFMWS）。下面展示的是一个 CEDT.dsl 的内容示例，其中列出了 CHBS 和 CFMWS 的具体内容：

```
[000h 0000 004h]          Signature : “CEDT”    [CXL Early Discovery Table]
[004h 0004 004h]          Table Length : 0000006C
[008h 0008 001h]          Revision : 01
[009h 0009 001h]          Checksum : 61
[00Ah 0010 006h]          Oem ID : “BOCHS “
[010h 0016 008h]          Oem Table ID : “BXPC    “
[018h 0024 004h]          Oem Revision : 00000001
[01Ch 0028 004h]          Asl Compiler ID : “BXPC”
[020h 0032 004h]          Asl Compiler Revision : 00000001


[024h 0036 001h]          Subtable Type : 00 [CXL Host Bridge Structure]
[025h 0037 001h]          Reserved : 00
[026h 0038 002h]          Length : 0020
[028h 0040 004h]          Associated host bridge : 0000000C
[02Ch 0044 004h]          Specification version : 00000001
[030h 0048 004h]          Reserved : 00000000
[034h 0052 008h]          Register base : 0000001280000000
[03Ch 0060 008h]          Register length : 0000000000010000

[044h 0068 001h]          Subtable Type : 01 [CXL Fixed Memory Window Structure]
[045h 0069 001h]          Reserved : 00
[046h 0070 002h]          Length : 0028
[048h 0072 004h]          Reserved : 00000000
[04Ch 0076 008h]          Window base address : 0000001290000000
[054h 0084 008h]          Window size : 0000000100000000
[05Ch 0092 001h]          Interleave Members (2^n) : 00
[05Dh 0093 001h]          Interleave Arithmetic : 00
[05Eh 0094 002h]          Reserved : 0000
[060h 0096 004h]          Granularity : 00000000
[064h 0100 002h]          Restrictions : 000F
[066h 0102 002h]          QtgId : 0000
[068h 0104 004h]          First Target : 0000000C
```

```
Raw Table Data: Length 108 (0x6C)

    0000: 43 45 44 54 6C 00 00 00 01 61 42 4F 43 48 53 20  // CEDTl....aBOCHS
    0010: 42 58 50 43 20 20 20 20 01 00 00 00 42 58 50 43  // BXPC    ....BXPC
    0020: 01 00 00 00 00 00 20 00 0C 00 00 00 01 00 00 00  // ...... .........
    0030: 00 00 00 00 00 00 00 80 12 00 00 00 00 00 01 00  // ................
    0040: 00 00 00 00 01 00 28 00 00 00 00 00 00 00 00 90  // ......(.........
    0050: 12 00 00 00 00 00 00 00 01 00 00 00 00 00 00 00  // ................
    0060: 00 00 00 00 0F 00 00 00 0C 00 00 00              // ............
```

另外，CFMWS 中有两行（粗体部分）分别描述了系统为 CXL 扩展内存设备预留的物理地址和地址空间长度。

9.3 Linux 与 CXL 驱动程序

在操作系统正常运行后，用户可以接触到的 CXL 软件包括应用程序、动态链接库和操作系统中的驱动程序。本节将分析 Linux 操作系统中的 CXL 驱动程序。

Linux 内核代码中和 CXL 设备管理有关的驱动程序位于 driver/cxl 目录，一共包括以下 5 个子驱动程序。

（1）cxl/acpi：ACPI 访问驱动程序。用来访问 ACPI0017 和 ACPI0016，目的是读取 CFMWS、CHBS 等信息，建立管理 RC、Switch 以及它们的上行端口、下行端口的数据结构。

（2）cxl/pci：PCI 设备驱动程序。检测到 PCI 设备后，读取设备信息，在系统中创建 cxl_memdev、cxl_nvdimm 等 CXL 设备相关的数据结构和设备文件。

（3）cxl/mem：CXL 内存扩展设备的驱动程序。在 CXL 软件架构中为内存扩展设备创建并添加端点类型的数据结构。

（4）cxl/port：端口驱动程序。通过 PCI 扫描并管理 RC 下面的所有子代端口，向应用程序呈现完整的 PCIe 拓扑结构。

（5）cxl/core：CXL 核心功能，包括 regs、mbox、memdev、pmem、port、hdm、pci 等子模块，用来为其他模块提供各种操作接口。

内核代码中和 CXL 内存访问有关的驱动程序位于 driver/dax 目录，用于协助应用程序绕过文件系统直接访问 CXL 持久性内存，以及将 CXL 设备添加为系统内存（System RAM）。

本节涉及的具体 sysfs 文件系统拓扑来自笔者某次运行的携带单扩展内存设备且无 Switch 的 QEMU 虚拟环境。

9.3.1 cxl/acpi

cxl/acpi 是一个平台型设备驱动程序，主要做如下几项工作。

（1）为 CXL RC 添加一个端口（对应的数据结构为 struct cxl_port），叫作根端口。它在 sysfs 文件系统中对应的文件为“/sys/devices/platform/ACPI0017:00/root0”。

（2）在 RC 的下一层为每个下行端口添加一个 dport（数据结构为 struct cxl_dport）。这个 dport 首先作为一个设备添加到 sysfs 文件系统中，对应文件“/sys/devices/pci0000:0c”，然后此文件又作为一个软链接添加到上一层的端口所在目录，在此对应文件“/sys/devices/platform/ACPI0017:00/root0/dport12”。

（3）解析 CEDT 中的 CFMWS，即固定内存窗口结构，获得固件或 BIOS 为 CXL 扩展内存分配的物理地址、地址空间长度、交织路数等，然后在系统中添加和配置一个解码器（数据结构为 struct cxl_decoder）。它在 sysfs 文件系统中对应的文件为“/sys/devices/platform/ACPI0017:00/root0/decoder0.0”。

（4）将根端口作为一个上行端口添加到系统中，对应文件“/sys/devices/platform/ACPI0017:00/root0/uport”，此文件其实是个软链接，链接目标为“/sys/devices/platform/ACPI0017:00”。

（5）为持久性内存添加 NVDIMM 桥（数据结构为 struct cxl_nvdimm_bridge），对应的文件为“/sys/devices/platform/ACPI0017:00/root0/nvdimm-bridge0”。

完成以上工作后，我们就可以在 sysfs 文件系统中创建图 9-4 所示的拓扑结构。

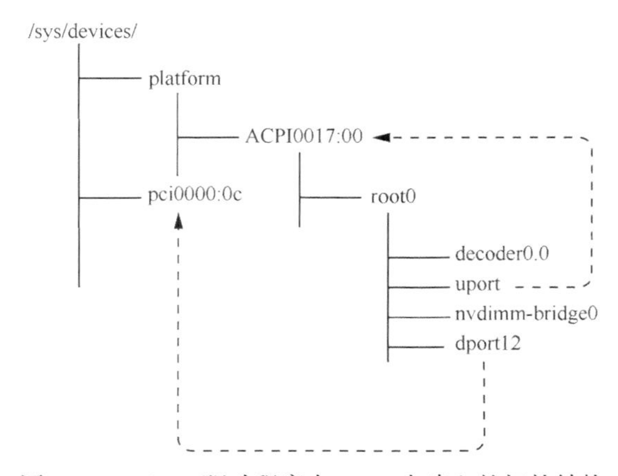

图 9-4 cxl/acpi 驱动程序在 sysfs 中建立的拓扑结构

图 9-5 展示了驱动程序的主要执行流程，读者可以对照前文介绍的驱动程序的主要工作，在阅读代码时参考。

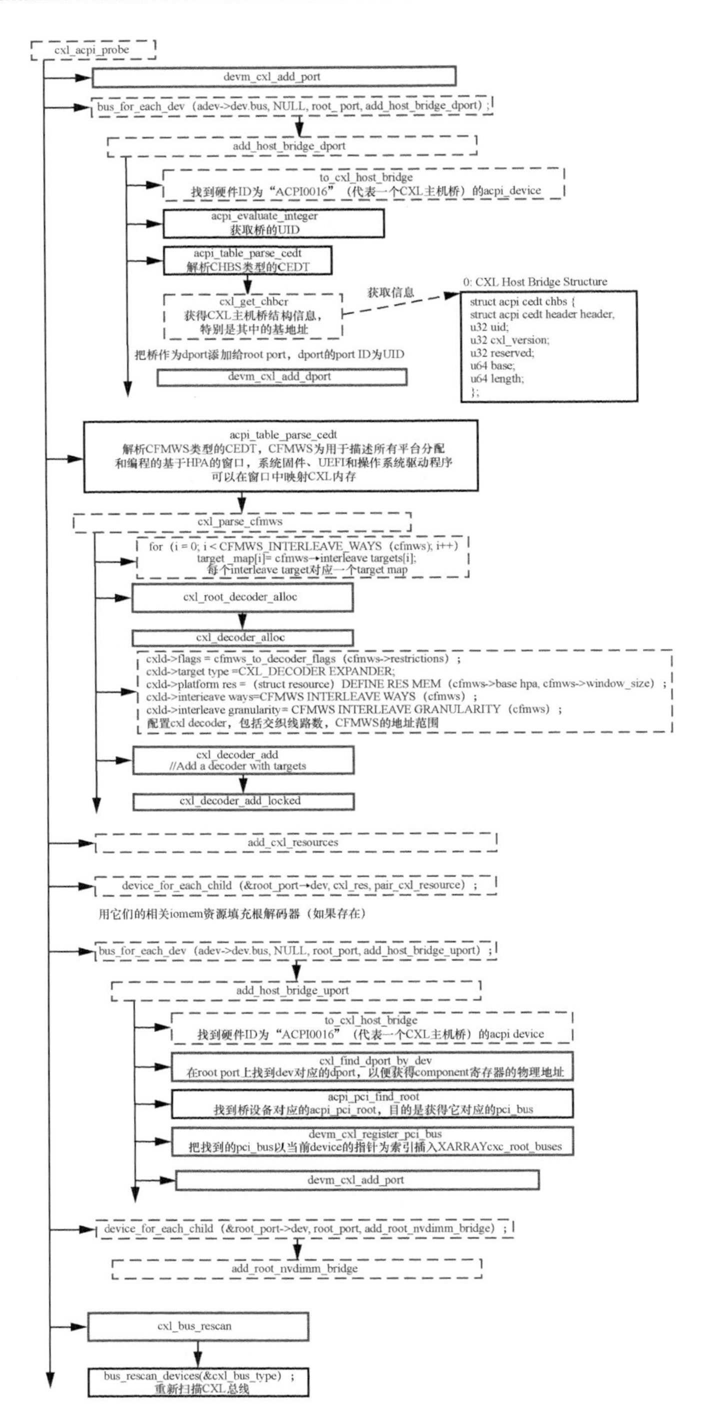

图 9-5 cxl/acpi 驱动程序的执行流程

9.3.2 cxl/pci

cxl/pci 是作为 PCI 设备驱动程序出现的，但其专注于（也可以说是绑定到）CXL 内存设备。该驱动程序主要用于完成创建 memX 设备并在 CXL 总线上注册、枚举设备的寄存器接口并对其做内存映射、使用 cxl/core 驱动程序提供的接口注册 NVDIMM 桥设备等任务。

cxl/pci 驱动程序主要做如下工作。

（1）找到并解析 CXL DVSEC（PCIe 扩展能力结构，属于 PCI 配置空间），依次读取每个寄存器块的地址、对应的基地址空间（BAR）和寄存器类型（组件寄存器或 CXL 设备寄存器）。

（2）对每个寄存器块（按照所属的 BAR）做地址映射。在映射的过程中，对于组件寄存器，需要读取 HDM 解码器对应寄存器所在的 Offset 和 Size。对于设备寄存器，需要读取设备状态、Mailbox、内存设备容量等寄存器所在的 Offset 和 Size。

（3）从设备获得其支持的 Mailbox 命令。

（4）发送 Mailbox 命令（命令字为 CXL_MBOX_OP_IDENTIFY）给设备，获得设备返回的总内存容量、易失性内存容量、持久性内存容量、分区对齐字节数、LSA 大小、固件版本等信息。

（5）添加一个 CXL 内存设备（数据结构为 struct cxl_memdev）到 CXL 总线，由此触发 cxl/mem 驱动程序的 probe() 函数执行。

（6）添加一个名为 mem0 的字符型设备，设备文件为“/dev/cxl/mem0”，此文件在 sysfs 中位于“/sys/devices/pci0000:0c/0000:0c:00.0/0000:0d:00.0/mem0”。

（7）如果存在持久性内存区域，添加一个 NVDIMM 类型的设备（数据结构为 struct cxl_nvdimm）到 CXL 总线。

在完成上述工作后，操作系统中会出现图 9-6 所示的拓扑结构。

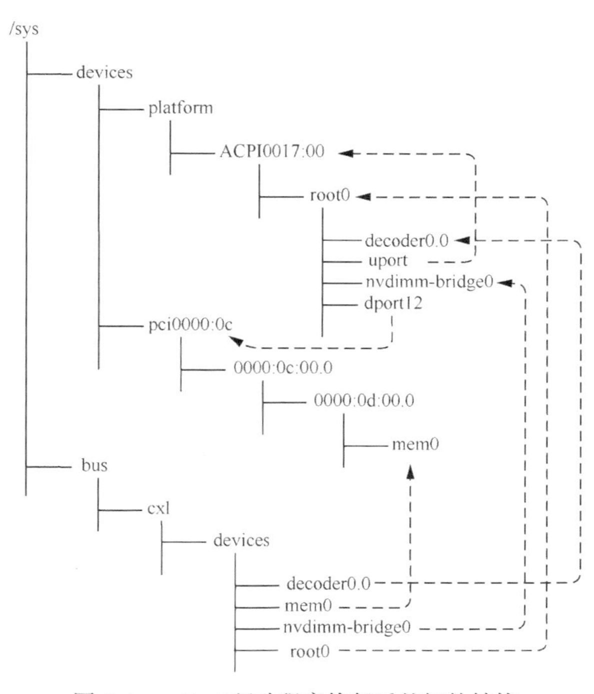

图 9-6 cxl/pci 驱动程序执行后的拓扑结构

此驱动程序的主要执行流程如图 9-7 所示。读者可以对照前文介绍的驱动程序的主要工作，在阅读代码时参考。

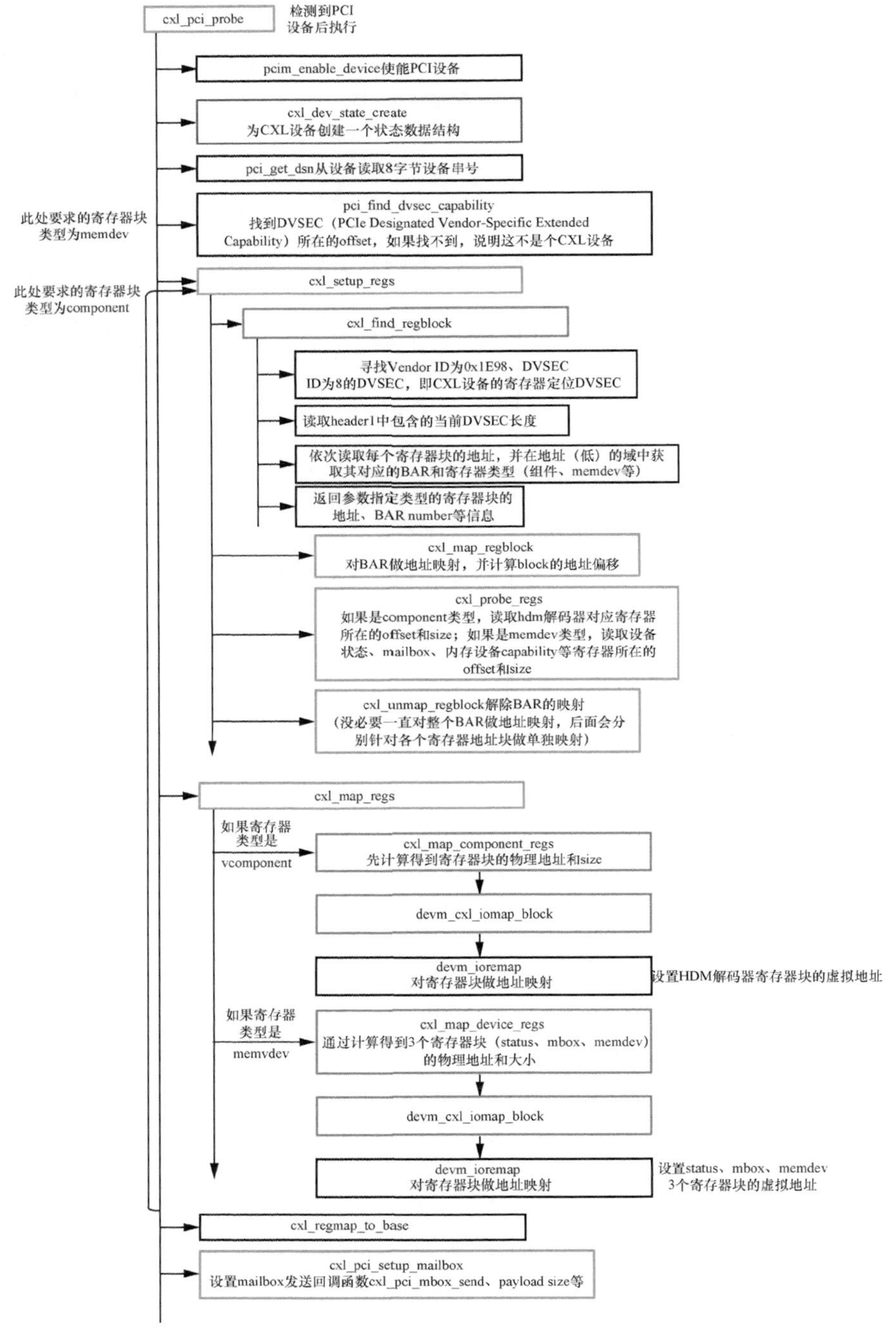

图 9-7 cxl/pci 驱动程序的执行流程

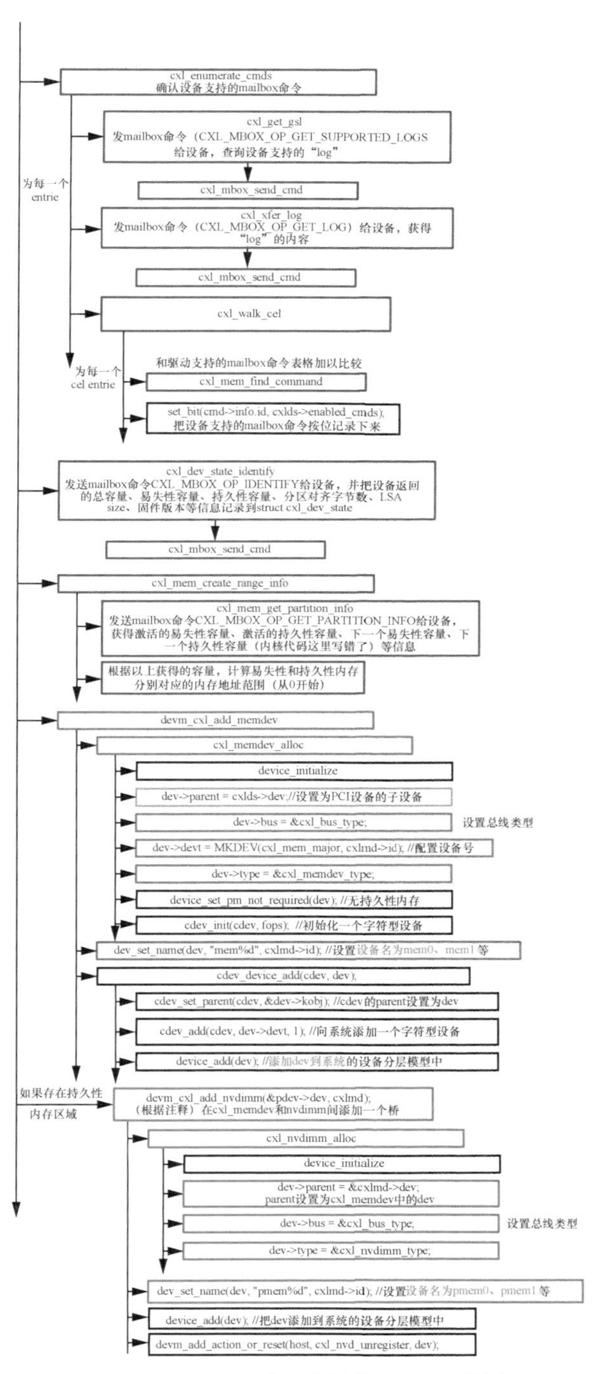

图 9-7　cxl/pci 驱动程序的执行流程（续）

9.3.3 cxl/mem

CXL 内存端点设备和交换机是符合 CXL.mem 协议的具有 CXL 功能的设备。该协议建立在 CXL.io 协议的基础上，允许通过标准 PCI 机制枚举和配置组件。

cxl/mem 驱动程序负责枚举符合 cxl.mem 协议的设备。在检测到具有相关 CXL 功能的终端后，驱动程序将向上层查找它所连接的特定于平台的端口，并确定路径中是否存在处于（设备和 RC）中间的交换机。如果有交换机，接下来的操作是枚举这些交换机（在 cxl/core 中实现）。最后，cxl/mem 驱动程序将绑定的设备添加为 CXL 端点端口（Endpoint-Port），以便在更高级别的操作中使用。

在 cxl/pci 驱动程序向 CXL 总线上添加一个内存设备（数据结构为 struct cxl_memdev）后，此驱动程序的 probe() 函数便会执行。

在 probe() 函数中，程序主要做如下工作。

（1）向上扫描并添加此设备祖先（直到根端口）下面的所有端口，只对有交换机的硬件拓扑有效。

（2）创建终端（数据结构和端口一样，为 struct cxl_port），添加到 sysfs 文件系统，一个例子是“/sys/devices/platform/ACPI0017:00/root0/port1/endpoint2”。并在其目录中创建一个名为 uport 的软链接，指向其上行端口所属的设备，比如“/sys/devices/pci0000:0c/0000:0c:00.0/0000:0d:00.0/mem0”。

在上述工作完成后，操作系统中会出现图 9-8 所示的拓扑结构。

驱动程序的主要执行流程如图 9-9 所示。读者可以对照前文介绍的驱动程序的主要工作，在阅读代码时参考。

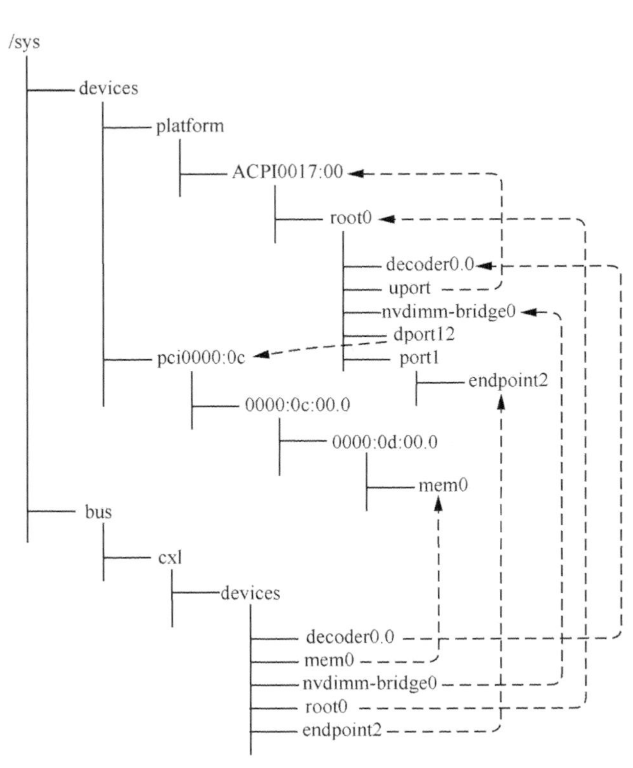

图 9-8 cxl/mem 驱动程序执行后的拓扑结构

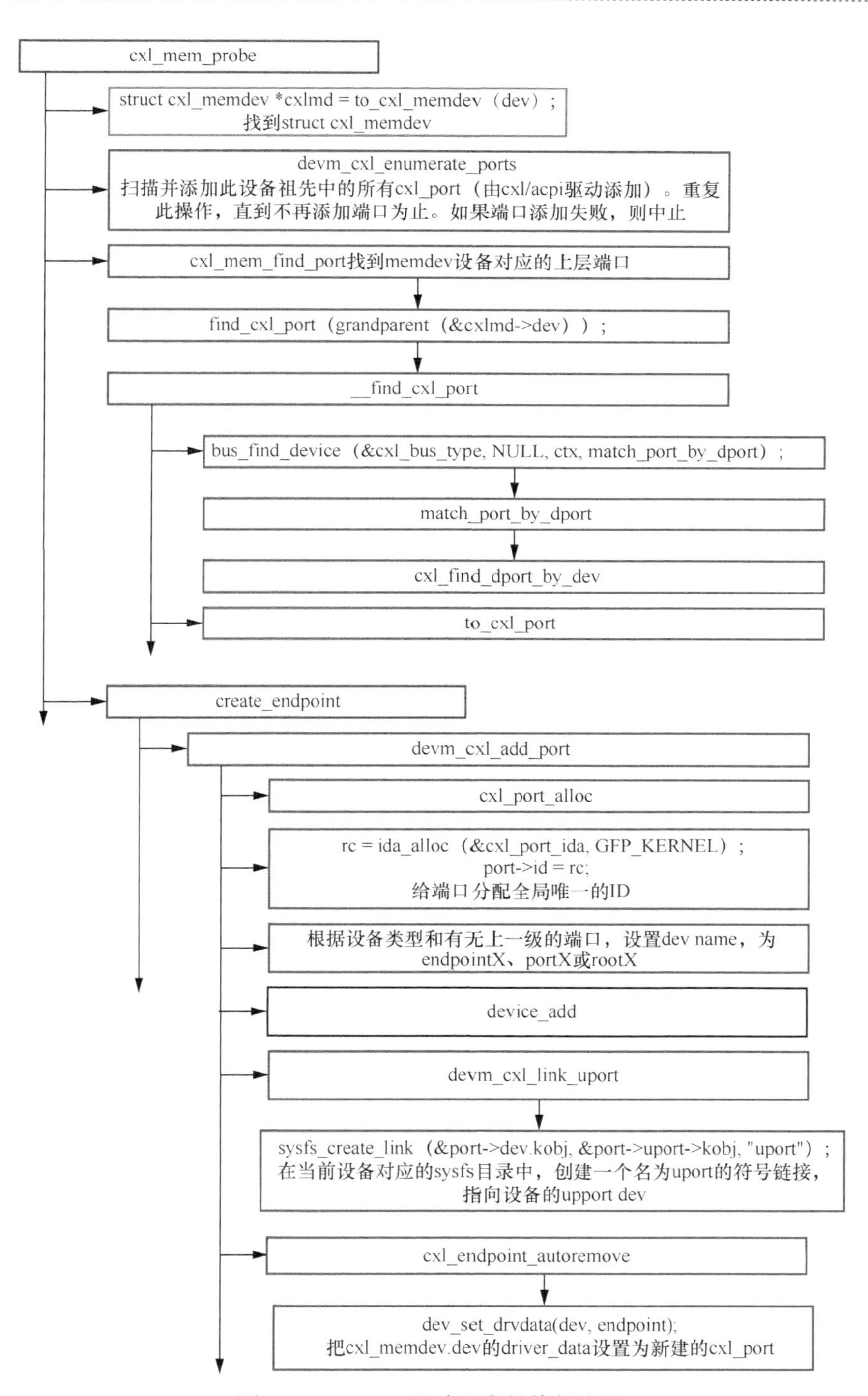

图 9-9 cxl/mem 驱动程序的执行流程

9.3.4 cxl/port

cxl/port 驱动程序提供的主要服务是向其他驱动程序提供 API 以使用 HDM 解码器，并向用户空间（通过绑定状态）指示整个 PCIe 拓扑中和 CXL.mem 协议有关的连接。

程序通过 PCI 扫描枚举下行端口，并通过注册端口的程序（一般为调用此驱动程序提供的 API 的其他驱动程序）传入的 component_reg_phys（组件寄存器的地址）值扫描 HDM 解码器。CXL 根端口（由平台固件描述）的所有子代端口都在此驱动程序上下文中管理。

当其他驱动程序（比如 cxl/acpi 或 cxl/mem）添加一个端口（数据结构为 struct cxl_port）到 CXL 总线上时，会触发执行此驱动程序的 probe() 函数，函数会做如下工作。

如果当前端口的上行端口不是内存扩展设备，则扫描其所在的 PCI 总线，为总线上 PCI 设备类型为根端口或下行端口的 PCI 设备添加 dport（数据结构为 struct cxl_dport），将其加到当前端口的 dport 列表中，随后在 sysfs 文件系统的 port 目录中创建一个名为 dportX 的软链接（如“/sys/devices/platform/ACPI0017:00/root0/dport12”）指向新添加的 dport 对应的 PCI 设备（如“/sys/devices/pci0000:0c”）。

向 sysfs 文件系统中添加一个名为“decoderX.Y”的设备。其中 X 为端口 ID，Y 为解码器 ID。如“/sys/devices/platform/ACPI0017:00/root0/decoder0.0”。

（1）为当前端口映射 HDM 解码器相关的组件寄存器，并读取解码器的能力信息，包括目标内存的数量、交织路数等。

（2）如果当前端口的 uport 是内存扩展设备，从其 DVSEC 中读取地址范围，然后从根端口开始一层层地激活所有在此地址范围之内的 HDM 解码器。

此驱动程序的主要执行流程如图 9-10 所示。

9.3.5 cxl/core

该驱动程序提供 CXL 驱动程序的核心功能，包括如下几个子模块，每个模块对应一个 .c 文件。

（1）regs：访问设备的 PCI 配置空间中和 CXL 功能（如 HDM 解码器、Mailbox 等）有关的寄存器。

（2）mbox：协助其他模块与设备进行 Mailbox 通信。

（3）memdev：在系统设备树中添加 Type 3 内存扩展设备，创建 dev/cxl/memX 设备文件，协助应用程序获取 CXL 设备信息。

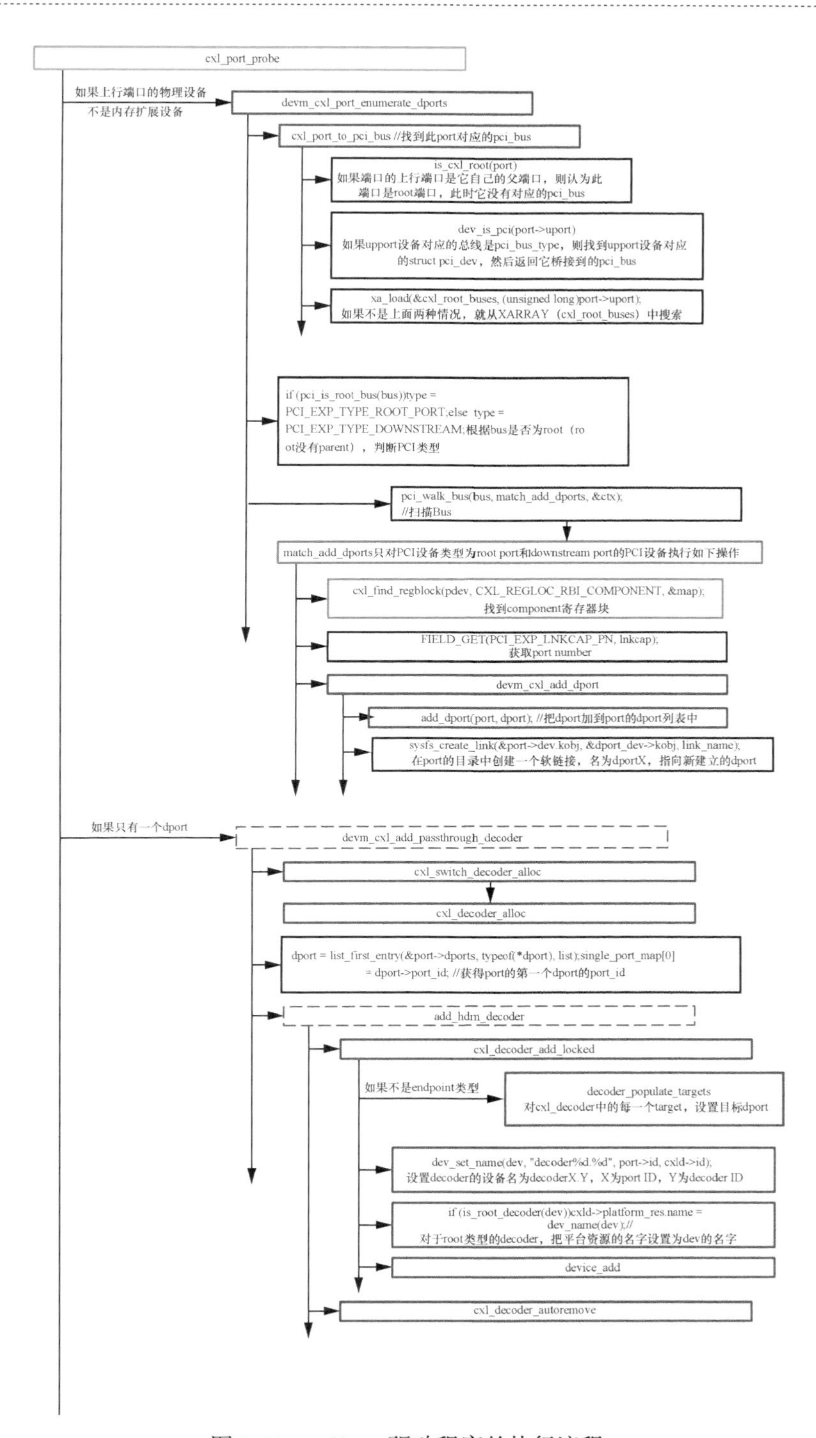

图 9-10　cxl/port 驱动程序的执行流程

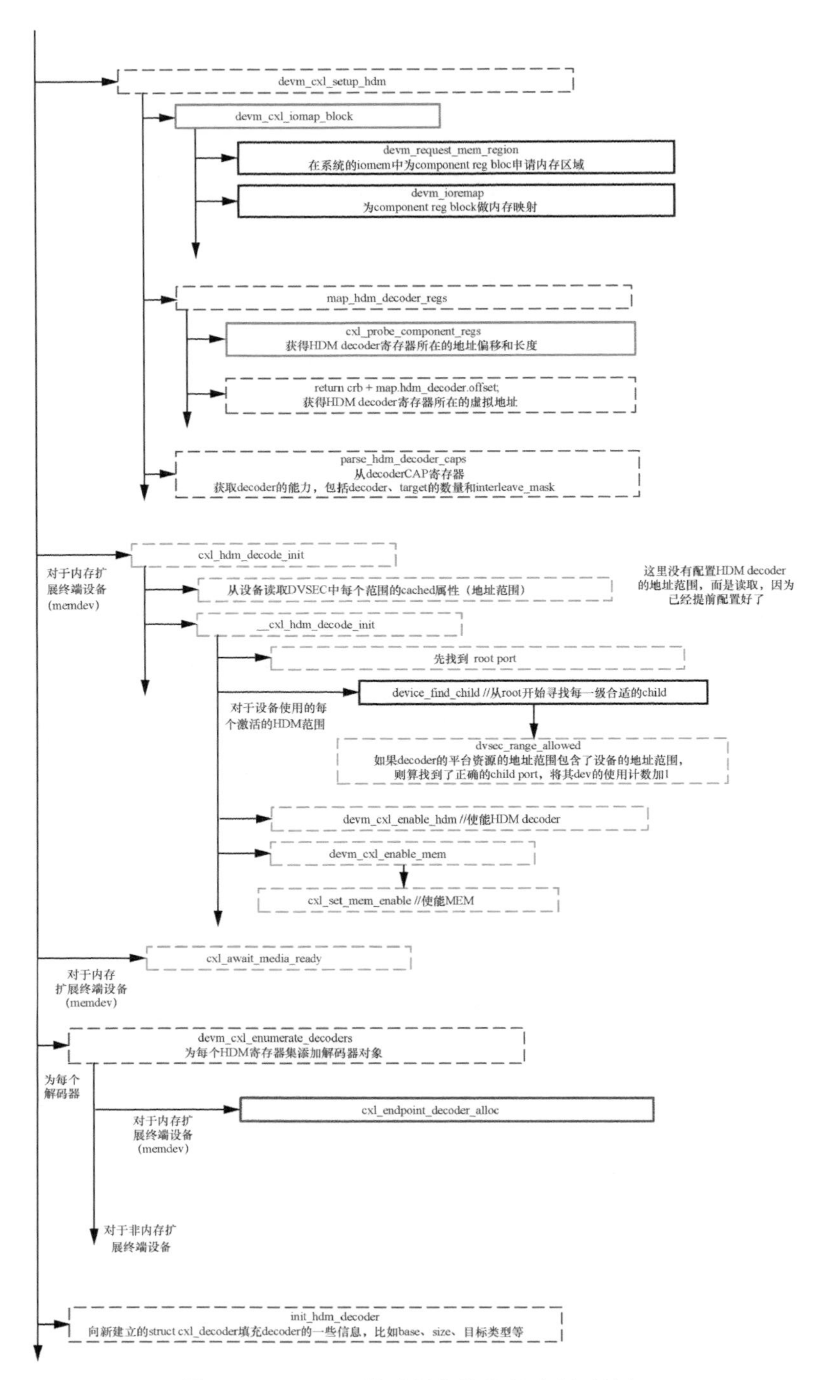

图 9-10 cxl/port 驱动程序的执行流程（续）

（4）pmem：在系统设备树中添加 NVDIMM 类型的设备。

（5）port：向系统注册 CXL 总线类型，向其他模块提供端口（包括下行端口和解码器）枚举和添加等功能的 API。

（6）hdm：为解码器创建管理数据结构，添加设备文件，获取能力属性（目标数量、交织路数等）。

（7）pci：访问设备的 PCI 配置寄存器，获取每个地址范围的缓存属性，打开 HDM 解码器功能。

此驱动程序大部分代码都是在为其他驱动程序提供各种 API，这些 API 的功能已在本节前面的部分提到过，此处不赘述。此驱动程序自身只有图 9-11 所示的执行流程，主要内容是为 CXL 的字符设备申请主设备号，并注册 CXL 总线类型。

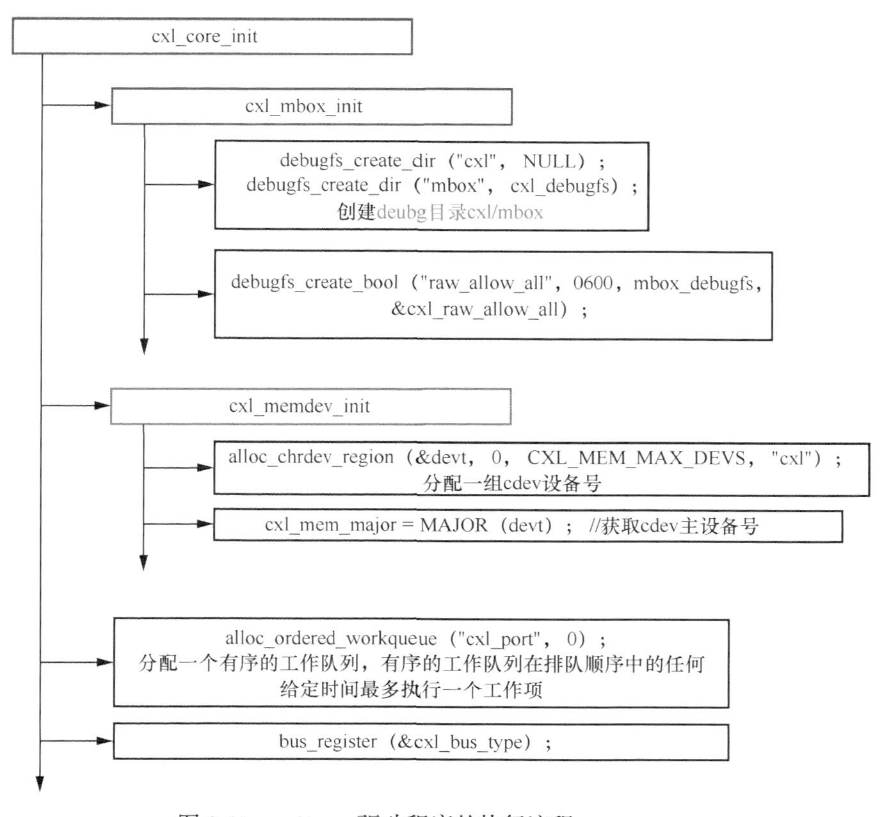

图 9-11　cxl/core 驱动程序的执行流程

9.4 CXL 内存资源工具

在操作系统支持 CXL 设备的基础上，工程师们开发了一些 CXL 内存相关的应用程序给用户使用。本节将介绍常用的用来管理和测试 CXL 内存的软件工具——CXL 内存资源工具包（CXL Memory Resource Kit，CMRK）。这是一套用于 CXL 内存的文档、管理工具和基准测试程序的工具。

为了获取 CMRK 工具，首先运行如下命令从 Github 下载 CMRK：

```
git clone /home/cxl-reskit/cxl-reskit.git
```

然后安装依赖：

```
sudo apt install daxctl numactl
```

之后进入 cxl-reskit 目录，运行 ./bootstrap.sh 进一步下载外部资源。

执行 cxl-reskit 目录中的 cxlstat 应用程序，可以获知系统中和 CXL 内存相关的一些信息，例如内核是否包含对 CXL 的支持、系统中是否存在 CXL 内存设备、CXL 内存当前是如何配置的等。

9.4.1 内存性能测试工具

CMRK 的介绍文档中提到了 4 种 CXL 性能测试工具（每种工具对应一个应用程序）。其实这些工具也可以用来测试普通（非 CXL）内存。下面列举的测试命令并没有专门针对 CXL 内存测试。如果要测试 CXL 内存，需要在命令前加上“numactl --membind=X”（X 为 NUMA 节点编号）指定 CXL 内存所绑定的 NUMA 节点。

1. mlc

决定应用程序性能的一个重要因素是应用程序从处理器的各层缓存和内存获取数据所需的时间。在启用 NUMA 的多 NUMA 节点系统中，本地内存延迟和跨 NUMA 节点的内存延迟有显著的区别。除了延迟，带宽在决定性能方面也起着重要作用。因此，测量这些延迟和带宽对于为被测系统建立基线和进行性能分析非常重要。

mlc 是一种用于测量内存延迟和带宽，以及它们如何随着系统负载的增加而变化的工具。它还为更细粒度的测量提供了几个选项，某些选项可以用来测量从一组特定处理器核到缓存或内存的带宽和延迟。

你可以使用 CMRK 中自带的 mlc（位于目录 cxl-reskit/benchmarks/mlc/Linux 中），也可以到 Intel 官网下载。

解压后到 Linux/mlc 目录直接找到 mlc 程序执行即可，无须编译（这也意味着无法获取其源码）。

注意，不同版本的 mlc 的测试结果有些差异。

运行下面两个命令，即可针对每个 NUMA 节点测试内存的延时和带宽：

```
./mlc --latency_matrix
./mlc --bandwidth_matrix
```

某次在 QEMU 环境上的测试结果如下所示。命令的输出中有测试用的 buffer 大小、各 NUMA 节点彼此之间的延迟和带宽等信息。

```
$ ./mlc --latency_matrix
Intel(R) Memory Latency Checker - v3.10
Command line parameters: --latency_matrix

Using buffer size of 200.000MiB
Measuring idle latencies for random access (in ns)...
                    Numa node
Numa node            0       1       2
      0          98.2    92.8    92.3
      1          98.0    91.6    90.3

$ ./mlc --bandwidth_matrix
Intel(R) Memory Latency Checker - v3.10
Command line parameters: --bandwidth_matrix

Using buffer size of 100.000MiB/thread for reads and an additional 100.000MiB/thread for writes
Measuring Memory Bandwidths between nodes within system
Bandwidths are in MB/sec (1 MB/sec = 1,000,000 Bytes/sec)
Using all the threads from each core if Hyper-threading is enabled
Using Read-only traffic type
                    Numa node
Numa node            0       1        2
      0       55280.6 57416.2 283482.2
      1       53696.4 51527.3 229785.7
```

2. multichase

multichase 位于 cxl-reskit/benchmarks/multichase 目录，其中包含下面几个主要的测试工具。

- multichase：指针追逐测试基准。基本原理是遍历一个由指针连在一起的数据结构，即一个链表。可以指定访问范围和每一次的地址跨度。

- multiload：用于测量运行延迟、内存带宽和带负载延迟的多追逐测试工具集。
- pingpong：测量多个 CPU 核之间交换一个缓存行的延迟。
- fairness：在 N 个线程竞相递增一个原子变量的情况下测量公平性。

进入 cxl-reskit/benchmarks/multichase 目录，运行命令"make all"，即可编译上述所有的可执行程序。

下面举几个例子，描述如何使用上述测试工具。

（1）指针在跨度大小为 64 字节的 4 MB 数组中追逐。代码如下：

```
$ ./multichase -m 4m -s 64
14.861
```

（2）指针在 1 GB 的数组中追逐 10 s（-n 20 表示采样次数）。代码如下：

```
$ ./multichase -m 1g -n 20
107.4
```

（3）multiload 可以使用"-l"参数运行内存带宽测试。下面的命令中的参数依次表示运行 5 个样本（每个样本约 2.5 s）、使用 16 个线程、每个线程使用 512 MB 缓冲区、调用 memcpy() 函数。

```
$ ./multiload -n 5 -t 16 -m 512M -l memcpy-libc
$ ./multiload -n 5 -t 16 -m 512M -l memcpy-libc
10/07 16:39:34 ||Samples , Byte/thd       , ChaseThds      , ChaseNS        , ChaseMibs      ,
ChDeviate        , LoadThds         , LdMaxMibs        , LdAvgMibs        , LdDeviate        ,
ChaseArg         , MemLdArg
10/07 16:39:34 ||5         , 536870912      , 0                , 0.000          , 0              ,
0.000         , 16               , 56612            , 48017            ,0.391          , --------   ,
memcpy-libc
```

（4）multiload 可以在具有多个内存带宽负载线程的逻辑核 cpu0 上运行 1 个指针追逐线程，此时必须使用"-c chaseload"参数。"-l"参数必须与一个内存加载参数一起使用。下面的命令在 16 个线程（1 个追逐，15 个 stream-sum 带宽负载）上运行 5 次采样（每个约 2.5 s），每个线程使用 512 MB 缓冲区。追逐线程使用步幅为 16。

```
$ ./multiload -s 16 -n 5 -t 16 -m 512M -c chaseload -l stream-sum
10/07 16:42:07 ||Samples , Byte/thd       , ChaseThds      , ChaseNS        , ChaseMibs      ,
ChDeviate        , LoadThds         , LdMaxMibs        , LdAvgMibs        , LdDeviate        ,
ChaseArg         , MemLdArg
```

```
10/07 16:42:07 ||5          , 536870912      , 1          , 64.236       , 119          ,
0.802          , 15          , 77672          , 75183       , 0.104        , chaseload    ,
stream-sum
```

（5）测量多个 CPU 核之间交换一个缓存行的延迟。

```
$ ./pingpong -u
$ ./pingpong -u
10/07 16:51:39 ||avg latency to communicate a modified line from one core to another
10/07 16:51:39 ||times are in ns
10/07 16:51:39 ||
10/07 16:51:39 ||       1       2       3       4       5       6       7       8       9
10      11      12      13      14      15
10/07 16:51:57 || 0:    69.1    166.8   156.4    94.0    74.0   166.7    90.0   164.6   166.7
30.5    171.3    40.5    94.0    66.5    70.3
10/07 16:52:15 || 1:           176.2   156.3    68.7    70.3   160.4    67.6   176.2   173.7
86.3    164.6    69.1   147.2    96.2    71.1
10/07 16:52:31 || 2:                    69.9   142.1   164.6    66.9   154.4    73.2    70.3
178.6    67.6   171.3   178.7   160.4   140.5
10/07 16:52:46 || 3:                            94.7    66.9    68.3    67.6   178.7    66.5
93.3    67.6    71.5    57.6    65.8    68.7
10/07 16:53:00 || 4:                                    90.6    67.6    70.7   160.4    77.2
74.0    66.2    68.7    66.9    68.0    68.0
10/07 16:53:12 || 5:                                            97.0    71.1   166.8    47.0
94.1    89.4    71.9    85.7    92.7    71.5
10/07 16:53:24 || 6:                                                    69.1   166.8    68.0
86.9    65.8    70.3    53.7    67.6    71.9
10/07 16:53:34 || 7:                                                           171.3   148.9
68.0    69.1    96.2    71.9    70.7    67.6
10/07 16:53:42 || 8:                                                                    67.6
171.3   171.3    72.3    94.0    66.9    70.7
10/07 16:53:50 || 9:  169.0   143.8   164.6   173.7   166.8   166.8
10/07 16:53:56 ||10:   72.3    72.3    67.6    91.3    70.7
10/07 16:54:01 ||11:   68.0    71.5    71.1    67.3
10/07 16:54:05 ||12:   72.3    70.3    68.7
10/07 16:54:07 ||13:   96.2    71.1
10/07 16:54:09 ||14:   73.1
```

（6）在多个线程竞相递增一个原子变量的情况下测量公平性。

```
$ ./fairness
$ ./fairness
10/07 16:56:00 ||results are avg latency per locked increment in ns, one column per thread
10/07 16:56:00 ||cpu:      0        1        2        3        4        5        6        7        8
9        10       11       12       13       14       15
10/07 16:56:00 ||unrelaxed:
10/07 16:56:01 ||      409.4    272.6    136.5    435.2    413.3    664.2    131.5    410.1    412.3
```

```
132.9   402.9   417.6   668.4   524.1   155.3   128.4 : avg  357.2  sdev  181.2  min  128.4
max  668.4
10/07 16:56:02 ||     382.6   180.4   183.2   391.2   386.7   398.5   178.6   390.9   390.4
177.6   378.3   397.3   215.8   492.5   179.4   179.1 : avg  306.4  sdev  113.9  min  177.6
max  492.5
10/07 16:56:02 ||     377.5   187.6   189.3   381.4   383.3   391.1   184.6   386.2   383.4
184.7   370.8   391.1   185.3   483.7   187.0   186.2 : avg  303.3  sdev  109.4  min  184.6
max  483.7
10/07 16:56:03 ||     376.7   188.3   189.3   381.3   379.9   391.1   185.1   386.3   383.2
185.0   372.2   390.9   185.7   485.4   186.4   185.4 : avg  303.3  sdev  109.4  min  185.0
max  485.4
10/07 16:56:03 ||     365.4   192.8   194.9   371.8   370.1   380.9   190.1   380.4   373.2
191.2   346.9   378.9   191.2   475.5   190.9   190.4 : avg  299.0  sdev  101.4  min  190.1
max  475.5
10/07 16:56:03 ||relaxed:
10/07 16:56:04 ||     365.1   238.6   239.5   358.8   359.7   350.6   242.8   354.8   359.9
241.1   244.4   353.3   241.7   442.4   240.5   236.2 : avg  304.3  sdev   69.1  min  236.2
max  442.4
10/07 16:56:05 ||     364.2   237.3   239.5   359.2   358.1   350.7   242.3   353.8   358.9
239.5   244.0   352.4   240.8   441.8   239.2   236.1 : avg  303.6  sdev   69.1  min  236.1
max  441.8
10/07 16:56:05 ||     365.9   237.7   238.9   361.2   359.8   351.6   242.0   357.5   361.4
240.2   244.1   354.4   240.5   445.5   240.6   235.8 : avg  304.8  sdev   70.3  min  235.8
max  445.5
10/07 16:56:06 ||     370.3   235.2   237.3   363.1   359.7   353.5   240.9   359.2   362.2
239.5   243.4   355.8   239.1   443.0   237.8   235.4 : avg  304.7  sdev   71.3  min  235.2
max  443.0
10/07 16:56:06 ||     370.5   235.9   237.4   365.8   363.0   357.4   240.6   361.1   363.6
239.9   243.8   357.0   240.3   445.3   239.2   236.1 : avg  306.1  sdev   72.0  min  235.9
max  445.3
```

3. stream

stream 是衡量持续内存带宽的事实上的行业基准工具。

进入 cxl-reskit/benchmarks/STREAM 目录，编译后直接运行 ./stream，即有如下测试结果。

```
$ ./stream
10/07 15:52:32 ||a: 0x7fa039e00000
10/07 15:52:32 ||b: 0x7fa03ea4c000
10/07 15:52:32 ||c: 0x7fa043698000
10/07 15:52:32 ||-------------------------------------------------------------
10/07 15:52:32 ||STREAM version $Revision: 5.10 $
10/07 15:52:32 ||-------------------------------------------------------------
10/07 15:52:32 ||This system uses 8 bytes per array element.
10/07 15:52:32 ||-------------------------------------------------------------
10/07 15:52:32 ||Array size = 10000000 (elements), Offset = 0 (elements)
```

```
10/07 15:52:32 ||Memory per array = 76.3 MiB (= 0.1 GiB).
10/07 15:52:32 ||Total memory required = 228.9 MiB (= 0.2 GiB).
10/07 15:52:32 ||Each kernel will be executed 10 times.
10/07 15:52:32 || The *best* time for each kernel (excluding the first iteration)
10/07 15:52:32 || will be used to compute the reported bandwidth.
10/07 15:52:32 ||-------------------------------------------------------------
10/07 15:52:32 ||Number of Threads requested = 16
10/07 15:52:32 ||Number of Threads counted = 16
10/07 15:52:32 ||-------------------------------------------------------------
10/07 15:52:32 ||Your clock granularity/precision appears to be 1 microseconds.
10/07 15:52:32 ||Each test below will take on the order of 2714 microseconds.
10/07 15:52:32 ||   (= 2714 clock ticks)
10/07 15:52:32 ||Increase the size of the arrays if this shows that
10/07 15:52:32 ||you are not getting at least 20 clock ticks per test.
10/07 15:52:32 ||-------------------------------------------------------------
10/07 15:52:32 ||WARNING -- The above is only a rough guideline.
10/07 15:52:32 ||For best results, please be sure you know the
10/07 15:52:32 ||precision of your system timer.
10/07 15:52:32 ||-------------------------------------------------------------
10/07 15:52:33 ||Function    Best Rate MB/s  Avg time     Min time     Max time
10/07 15:52:33 ||Copy:           39585.2     0.004100     0.004042     0.004167
10/07 15:52:33 ||Scale:          39023.6     0.004151     0.004100     0.004183
10/07 15:52:33 ||Add:            42097.4     0.005792     0.005701     0.005933
10/07 15:52:33 ||Triad:          43352.0     0.006007     0.005536     0.008844
```

上述测试包含 Copy、Scale、Add、Triad 等操作，并给出了每种操作的带宽、时长等测试结果。

4．stressapptest

stressapptest 是一种内存接口测试工具。它试图最大化从处理器和 I/O 到内存的随机流量，目的是创建一个现实的高负载情况，以便测试计算机中现有的硬件设备。该工具现在可以在 Apache 2.0 许可证下使用。

编译时，需要进入 cxl-reskit/benchmarks/stressapptest 目录，先后运行下面两条命令进行编译。

```
./configure
make
```

编译出的可执行程序位于 cxl-reskit/benchmarks/stressapptest/src 目录。

测试命令举例如下。根据参数，此命令分配了 256 MB 内存，运行 8 个“warm copy”线程和 8 个 CPU 高负载线程，20 s 后退出。命令的输出中包含带宽、测试时间等信息。

```
$ ./stressapptest -s 20 -M 256 -m 8 -C 8 -W
Log: Commandline - ./stressapptest -s 20 -M 256 -m 8 -C 8 -W
Stats: SAT revision 1.0.10_autoconf, 64 bit binary
Log: bruce @ bruce-Standard-PC-Q35-ICH9-2009 on Sat Oct  7 15:59:56 CST 2023 from
open source release
Log: 1 nodes, 16 cpus.
Log: Prefer plain malloc memory allocation.
Log: Using mmap() allocation at 0x7fdd58000000.
Stats: Starting SAT, 256M, 20 seconds
Log: Region mask: 0x1
Log: Seconds remaining: 10
Stats: Found 0 hardware incidents
Stats: Completed: 895496.00M in 20.15s 44448.91MB/s, with 0 hardware incidents, 0 errors
Stats: Memory Copy: 895496.00M at 44766.52MB/s
Stats: File Copy: 0.00M at 0.00MB/s
Stats: Net Copy: 0.00M at 0.00MB/s
Stats: Data Check: 0.00M at 0.00MB/s
Stats: Invert Data: 0.00M at 0.00MB/s
Stats: Disk: 0.00M at 0.00MB/s
Status: PASS - please verify no corrected errors
```

9.4.2 设备管理工具 mxcli

mxcli 包含在 CMRK 的基本目录中，是一个管理和支持工具，可将 CXL 邮箱命令发送到 CXL 内存设备。mxcli 可用于检索有关 CXL 设备的标识和运行状况信息、读取日志、发布重置以及执行其他支持操作。它还可以选择访问标准 PCIe 功能和扩展功能寄存器，以及非标准 CXL 特定的 DVSEC 和 DOE 功能控制寄存器，所以对调试和诊断非常有用。

要查看完整的命令行帮助，请使用 /mxcli--help 命令。如果使用不合格的命令行运行 mxcli，它将提供一个指导性菜单界面。

下面这条命令可以向指定的 CXL 内存设备发出 identify 邮箱命令，命令输出从设备获取的固件版本号、容量等信息。

```
$ sudo ./mxcli -d /dev/cxl/mem0 -cmd identify
Opening Device: /dev/cxl/mem0
mxlib.mxlibpy.cmds.mailbox.mbox:send_command:158 - Mailbox cmd=0 - ret_code=0
{
“fw_revision”: “BWFW VERSION 00”,
“total_capacity”: 4,
“volatile_capacity”: 4,
“persistent_capacity”: 0,
“partition_align”: 0,
“info_event_log_size”: 0,
```

```
“warning_event_log_size”: 0,
“failure_event_log_size”: 0,
“fatal_event_log_size”: 0,
“lsa_size”: 0,
“poison_list_max_mer”: 0,
“inject_poison_limit”: 0,
“poison_caps”: 0,
“qos_telemetry_caps”: 0
}
```


9.5 小结

本章主要介绍了为了支持 CXL 硬件，系统中需要哪些软件为其提供设备发现、拓扑分析、内存分配、性能测试等服务。这些软件包含引导加载程序 BIOS、操作系统原有的用来分析 ACPI 和支持 PCIe 设备的模块、CXL 驱动程序、性能测试工具和设备管理工具等。

此外，作为 BIOS 和操作系统之间的桥梁，用来描述系统硬件架构的 ACPI 表也是非常重要的。需要注意的是，由于当前 CXL 协议的设计以及设备的实现都和 x86 体系结构有着紧密的联系，因此本章只介绍了在 x86 体系结构上用得比较多的 BIOS 和 ACPI，但并不意味着 CXL 只能在相关体系结构和系统软件上实现。

第 10 章　基于 FPGA 的 CXL 应用开发

本章主要介绍如何在 Agilex 7 FPGA 上搭建基于 R-Tile CXL IP 的应用，并在 F26A 板卡进行功能测试以及内存性能测试。通过该官方示例工程，读者可以了解 CXL 设备的工作原理，并且可以在工程的基础上增加自定义逻辑。

10.1　R-Tile CXL IP

R-Tile 是 Agilex 7 系列 FPGA 中的配套的 Tile，集成了 32 Gbit/s × 16 收发器，并支持 CXL EP × 16、PCIe 5.0 × 16 EP/RP/TLP、PCIe 5.0 × 8 EP/RP/TLP、PCIe 5.0 × 4 RP/TLP 硬协议，也支持 PIPE 模式，如图 10-1 所示。而 CXL 控制器 IP 则在 R-Tile 的基础上增加了 FPGA 侧的软逻辑，以支持 CXL Type 1/Type 2/Type 3 应用模式，不同模式对应不同的用户接口。

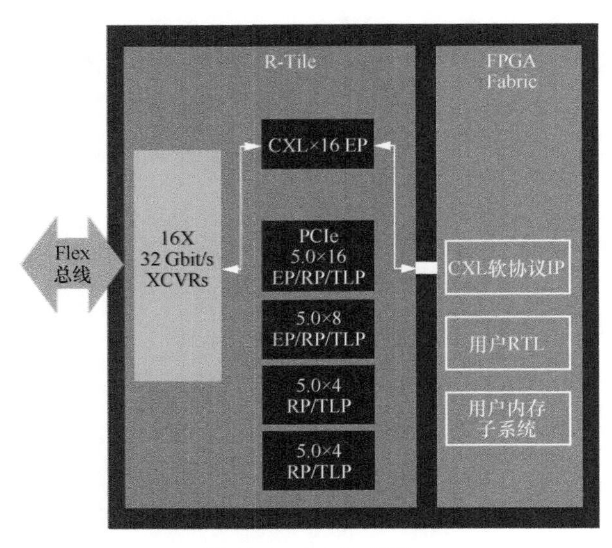

图 10-1　R-Tile 架构

10.2 CXL BFM

在仿真阶段，需要用到 CXL 主机总线功能模型（Bus Functional Model，BFM），以实现对 RTL 设计单元的激励。Avery CXL BFM 支持主机模式和设备模式，设备模式下支持 Type 1/Type 2/Type 3。主机模式用于对 EP 模式的 DUT 进行激励，设备模式则用于 CXL 主机或者交换设备的仿真激励。本次应用只用到主机模式，如图 10-2 所示。

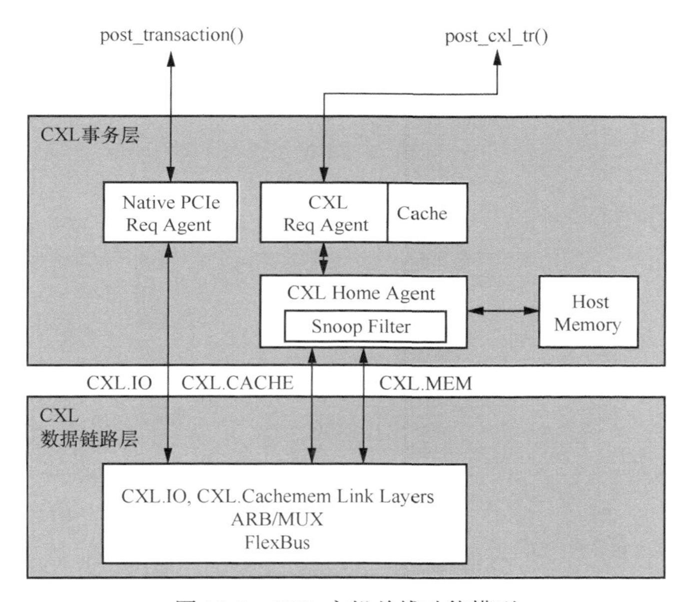

图 10-2 CXL 主机总线功能模型

CXL 主机总线功能模型具有以下特性。

- 为 CXL 1.1 设备分配 RCRB。
- 分配主、辅助和从属总线编号。
- 启用 SRIOV 虚拟功能（如果支持）。
- 为交换机下行端口启用 ARI 转发（如果支持）。
- 通过读取 Flexbus DVSEC 功能寄存器来检测所有 CXL 设备的 HDM。
- 检测发现的每个功能的 BAR 寄存器大小。
- 为这些 BAR/DVSEC 寄存器分配存储器基址。

由图 10-2 可知，post_transaction 用于提交 CXL.io 子协议对应的事务，post_cxl_tr 用于提交 CXL.mem 和 CXL.cache 子协议对应的任务，另外还有一些回调函数用于处理 EP 主动提交的事务。

10.3 CXL 内存扩展

内存扩展是 CXL 最典型的应用场景。本节将以 Intel 官方提供的 CXL Type 3 参考设计为例，讲解 CXL 内存扩展设备的硬件架构，并使用 CXL 总线功能模型对硬件设计进行激励，最后在浪潮 NF8480G7 服务器上测试性能。

10.3.1 FPGA 工程设计

如图 10-3 所示，该参考设计的 top 层包括两个主要的实例单元，即 intel_rtile_cxl_top_cxltyp3_ed 和 ed_top_wrapper_typ3。前者是 CXL Type 3 模式控制器对应的实例单元，后者是针对 CXL 内存扩展设备的用户层逻辑单元。

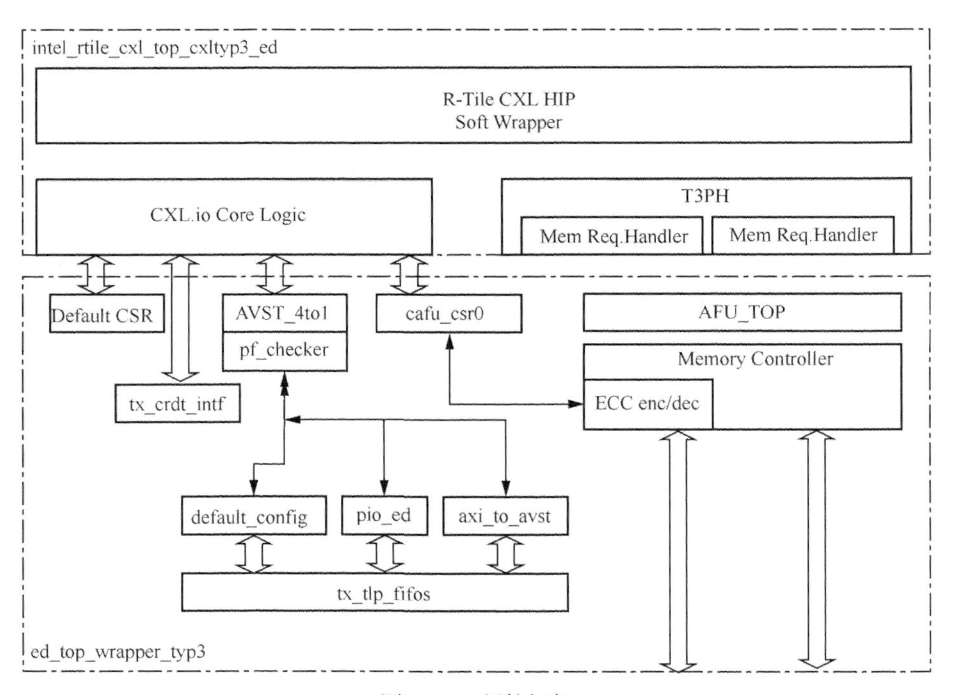

图 10-3 硬件框架

CXL Type 3 模式控制器 R-Tile Intel FPGA IP for Compute Express Link 支持 CXL Type 3 模式，该模式在 CXL 控制器的基础上增加了 T3PH 模块和 I/O 逻辑模块，其中 T3PH 的全称

为 Type 3 Protocol Handler，用于处理来自主机的 CXL.mem 请求。T3PH 支持 1/2/4 Slice，每个 Slice 提供一组 Avalon Memory Map 接口，用于访问 HDM 组件，T3PH CSR 中提供了设备相关的寄存器。I/O 逻辑模块 CXL.io Core Logic 实现 TLP 的解析与封装，为用户提供 Avalon Stream 接口和 Avalon Memory Map 接口，分别对应不同的 BAR，并且支持虚拟化。

CXL 内存扩展设备的用户层逻辑 Soft Wrapper 封装了 CXL PIO ED、Default CSR 和 Memory Controller Top，其中 Memory Controller Top 包含的 EMIF 实例的数量与 CXL 控制器中的 T3PH 的 Slice 数量相同。T3PH 和 mc_top 之间的数据通道上串联了一个内联加速器模块，该模块默认处于直通模式，即不对用户提交的内存访问请求做任何处理。用户可以在该模块中实现诸如数据加解密、压缩与解压缩、人工智能推理等算法。

10.3.2 功能仿真

仿真工具版本信息如下。

- OS：Centos7.9-2009。
- Synopsys：T-2022.06-SP1-1。
- UVM packages：UVM 1.2。
- CXL BFM：apciexactor-2.5c.cxl。
- PLI：avery_pli-2023_1115。

仿真工程架构如图 10-4 所示，仿真平台基于 UVM 环境，顶层文件中例化了 CXL Type3 RTL DUT（包括 DDR 仿真模型）和 CXL Host BFM。时钟及复位信号在 initial 过程块中产生。CXL Host BFM 的物理层为 apci_phy 模块，其他部分封装在 UVM 环境中。

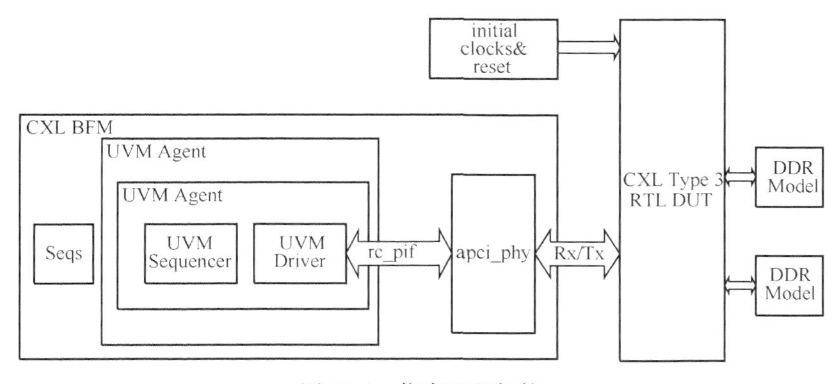

图 10-4 仿真工程架构

如图 10-5 所示，仿真使用的激励序列主要针对 CXL.mem 事务层，对 HDM 地址范围内的随机地址进行写入（Store）及读取（Load）并检查数据的正确性。

仿真流程如图 10-6 所示，仿真脚本会对指定的 FPGA 工程路径进行分析并编译，然后按照预定流程开始仿真，包括 cxl_tb_top 的 initial 过程块中的时钟及复位、链路训练和设备枚举，然后依次传输 cxl_mem_self_check 中的多次写内存事务序列和多次读取内存事务序列，最后对比读取的数据和写入的原始数据。

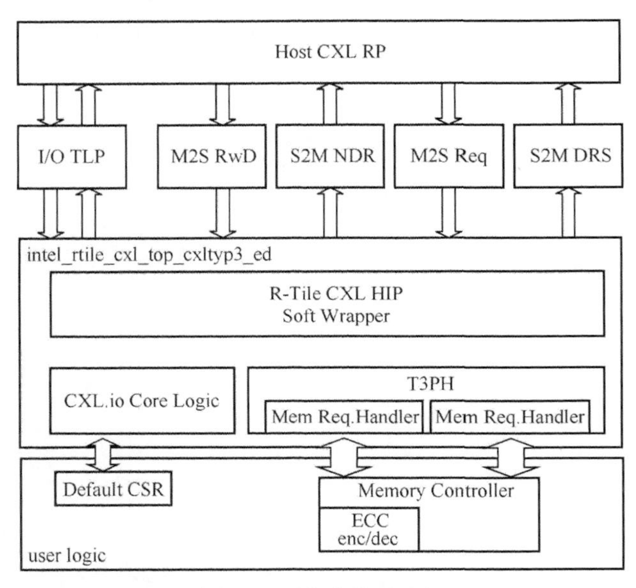

图 10-5　激励序列示意

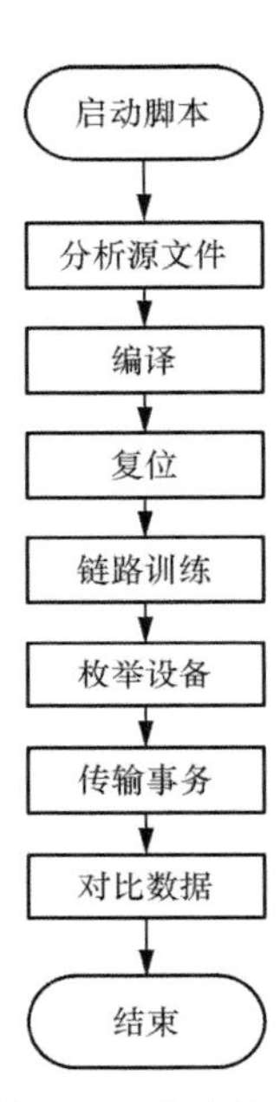

图 10-6　仿真流程

在上述仿真流程中，实现了对地址区间 547af40000000 ～ 547af400176c0 的写操作及读取对比。下面列举的是从事务层日志文件中截取的对地址 547af400057c0 的内存写入请求 M2S_Req 报文及对应的 S2M_NDR 响应报文、内存读取请求 M2S_Req 报文及 S2M_DRS 响应报文，这就是仿真的结果。

```
>>> @510873.196ns  M2S_REQDATA_MemWrPtl#68f7a (tag 15f, addr 547af400057c0)
    |__ opcode 2, metaField 0(Meta0), metaValue 0(I), ‘b000(SnpNoOp), addr51_6
151ebd00015f, tag 15f, tc 0, poison 0, ldid 0, trp 0, ckid 0
    |__ be ffffffffffffffff
    |__ a7 2b 7a 5f 32 97 49 cc  9c 81 84 7a d1 59 63 0f
    |__ e8 2d 00 a2 90 3a 10 57  e9 81 fd d7 ef 4f 0f fc
    |__ 7e a3 50 8f 60 4a 7c 09  8e 55 15 30 17 54 46 1b
    |__ 78 ca fc 2b d8 1b a9 45  27 0d be b6 ea f8 a3 78
|__ (injected at tx_bypass_coh)
```

```
<<< @512440.845ns  S2M_NDR_Cmp#6a34d (tag 15f, M2S_REQDATA_MemWrPtl#68f7a)
            |__ opcode 0, metaField 3(NoOp), metaValue 0, tag 15f, ldid 0, devLoad 1
......

 >>> @518767.197ns  M2S_REQ_MemRdData#6cc3f (tag 15f, addr 547af400057c0)
    |__ opcode 2, metaField 3(NoOp), metaValue 0, 'b000(SnpNoOp), addr51_5 2a3d7a0002be,
tag 15f, tc 0, ldid 0, ckid 0
|__ (injected at tx_bypass_coh)
<<< @519607.844ns  S2M_DRS_MemData#6d865 (tag 15f, M2S_REQ_MemRdData#6cc3f)
            |__ opcode 0, metaField 3(NoOp), metaValue 0, tag 15f, poison 0, ldid 0,
devLoad 1, trp 0
            |__ be ffffffffffffff
            |__ a7 2b 7a 5f 32 97 49 cc  9c 81 84 7a d1 59 63 0f
            |__ e8 2d 00 a2 90 3a 10 57  e9 81 fd d7 ef 4f 0f fc
            |__ 7e a3 50 8f 60 4a 7c 09  8e 55 15 30 17 54 46 1b
            |__ 78 ca fc 2b d8 1b a9 45  27 0d be b6 ea f8 a3 78
```

图 10-7 所示为 CXL IP 和内存控制器之间的内存映射总线 AVMM 的波形，可以看出，同样的 1500 次内存写入事务和 1500 次内存读取事务，读取操作效率明显要高很多，实际的内存带宽测试结果中也是读取带宽要高于写入带宽。

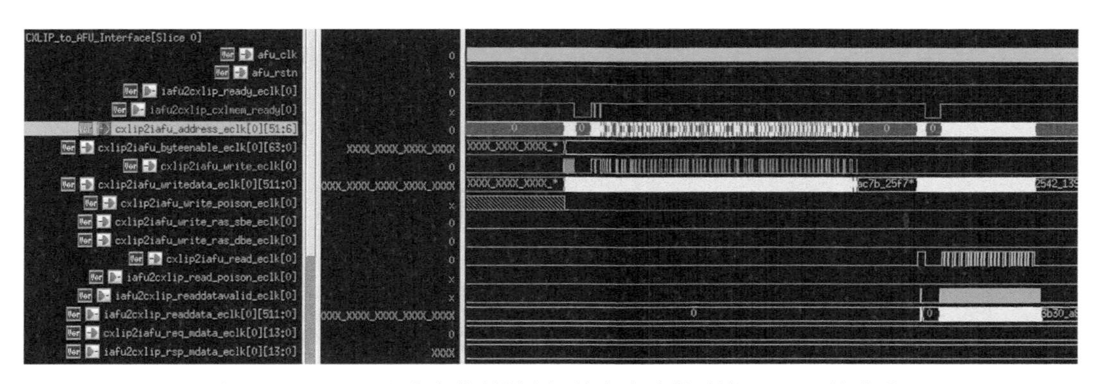

图 10-7　CXL IP 和内存控制器之间的内存映射总线 AVMM 的波形

10.3.3　性能测试

本节主要介绍性能测试的相关内容，例如硬件环境及软件版本、BIOS 配置等。

1．硬件环境及软件版本

在进行性能测试时，我们将使用 Intel XEON 4 SPR 处理器的服务器、Ubuntu 20.04.5 LTS Focal Fossa 操作系统版本，以及 Linux version 6.2.0 rc4+ 内核版本。

2. BIOS 配置

配置前需要确定主板 PCIe 插槽的物理编号，包括 CPU ID 和 Port ID，并且需要打开 BIOS 隐藏选项。以 CPU1_PCIe1 插槽为例，具体的操作步骤如下。

（1）EDKII Menu → Socket Configuration → Memory Configuration → Memory Dfx Configuration → CXL Type 3 Legacy → Enable。

（2）EDKII Menu → Socket Configuration → IIO Configuration → Socket1 Configuration → IOU1 → x_x_x_x16。

（3）EDKII Menu → Socket Configuration → IIO Configuration → Socket1 Configuration → Port 1 Subsystem Mode → Protocol Auto Negotiation。

（4）EDKII Menu → Socket Configuration → IIO Configuration → Socket1 Configuration → Port 1 → PCI-E ASPM Support → Disable。

（5）EDKII Menu → Socket Configuration → IIO Configuration → IIODFX Configuration → CXL Header Bypass → Disable。

（6）EDKII Menu → Socket Configuration → Uncore Configuration → Uncore DFX Configuration → CXL Security Level → Fully Trusted。

（7）按 F10 快捷键保存并退出，重启主机。

3. 检测设备

开机之后，首先需要检测 PCIe 链路是否训练成功，使用 lspci –v 来访问硬件的配置空间，以验证 Flex 总线层训练成功。以 F26A 板卡为例，Type 3 示例工程中指定设备 ID 为 0ddb，使用 lspci –v | grep 0ddb 可扫描到板卡，输出信息的尾部提示已成功加载驱动程序 cxl_drv。

```
1f:00.0 CXL: Intel Corporation Device 0ddb (rev 01) (prog-if 10 [CXL Memory Device (CXL 2.x)])
1f:00.1 CXL: Intel Corporation Device 0ddb (rev 01) (prog-if 10 [CXL Memory Device (CXL 2.x)])
63:00.0 CXL: Intel Corporation Device 0ddb (rev 01) (prog-if 10 [CXL Memory Device (CXL 2.x)])
63:00.1 CXL: Intel Corporation Device 0ddb (rev 01) (prog-if 10 [CXL Memory Device (CXL 2.x)])
```

CXL 内存在操作系统中两种模式：System RAM 模式和直接访问（Direct Access，DAX）模式。System RAM 模式即系统内存模式，对用户来说和 DIMM 内存一样，由操作系统统一管理。DAX 机制是一种支持用户软件直接访问存储机制。Linux 启动时会根据 grub 配置文件来确定 CXL 内存处于哪种工作模式，也可以在启动之后通过 dactl 工具实时切换运行模式。配置文件为 /boot/grub2/grubenv，添加 efi=nosoftreserve 可指定 CXL 内存设备的开机默认工作模式为 System RAM 模式。

当 CXL 内存设备被配置为 System RAM 模式时，系统会在启动时枚举 CXL 设备并将其配置为内存控制器，然后分配 NUMA 节点。使用 numactl –H 命令列举所有 NUMA 节点，CXL 内存设备对应无 CPU 的 NUMA 节点。对于实验中用到的 4 路服务器来说，node 0 ~ node 3 对应 4 个 CPU Socket，node 4 和 node5 对应的就是 CXL 内存扩展设备。

```
available: 6 nodes (0-5)
node 0 cpus: 0 1 2 3 4 5 6 7 8 9 10 11 12 13 14 15 64 65 66 67 68 69 70 71 72 73 74
75 76 77 78 79
node 0 size: 257562 MB
node 0 free: 254979 MB
node 1 cpus: 16 17 18 19 20 21 22 23 24 25 26 27 28 29 30 31 80 81 82 83 84 85 86 87
88 89 90 91 92 93 94 95
node 1 size: 258040 MB
node 1 free: 256945 MB
node 2 cpus: 32 33 34 35 36 37 38 39 40 41 42 43 44 45 46 47 96 97 98 99 100 101 102
103 104 105 106 107 108 109 110 111
node 2 size: 258040 MB
node 2 free: 256719 MB
node 3 cpus: 48 49 50 51 52 53 54 55 56 57 58 59 60 61 62 63 112 113 114 115 116 117
118 119 120 121 122 123 124 125 126 127
node 3 size: 258033 MB
node 3 free: 257334 MB
node 4 cpus:
node 4 size: 32768 MB
node 4 free: 32255 MB
node 5 cpus:
node 5 size: 32768 MB
node 5 free: 32767 MB
node distances:
node   0   1   2   3   4   5
  0:  10  20  20  20  20  20
  1:  20  10  20  20  20  20
  2:  20  20  10  20  20  20
  3:  20  20  20  10  20  20
  4:  20  20  20  20  10  20
  5:  20  20  20  20  20  10
```

当 CXL 内存设备被配置为 DAX 模式时，系统在启动时会将 CXL 内存注册为 DAX 设备，用户可通过 dactl 指令来动态切换内存模式。

```
sudo daxctl reconfigure-device --mode=system-ram dax0.0 -force
dax0.0:
  WARNING: detected a race while onlining memory
```

```
  Some memory may not be in the expected zone. It is
  recommended to disable any other onlining mechanisms,
  and retry. If onlining is to be left to other agents,
  use the --no-online option to suppress this warning
dax0.0: all memory sections (16) already online
[
  {
    "chardev":"dax0.0",
    "size":34359738368,
    "target_node":4,
    "align":2097152,
    "mode":"system-ram",
    "online_memblocks":16,
    "total_memblocks":16,
    "movable":false
  }
]
reconfigured 1 device
```

4. 带宽测试

接下来我们将用MLC测试F26A板卡内存扩展设备的带宽。由于MLC需要修改MSR以控制硬件预取功能，因此需要root权限。

非临时写入带宽（0:1Read-Non Temporal Write Ratio）：

```
Command line parameters: --bandwidth_matrix -b4g -W6
Using buffer size of 4096.000MiB/thread for reads and an additional 4096.000MiB/thread for writes
Measuring Memory Bandwidths between nodes within system
Bandwidths are in MB/sec (1 MB/sec = 1,000,000 Bytes/sec)
Using all the threads from each core if Hyper-threading is enabled
                Numa node
Numa node            0          1          2          3          4          5
       0       68197.8    12043.1    12153.1    12160.2    12794.5    12046.6
       1       12071.1    72713.5    12055.9    12151.1    12090.9    12930.7
       2       12096.0    12052.7    72756.4    12135.1    12159.5    12078.9
       3       12047.5    12189.2    12076.4    72767.8    12178.3    12151.6
```

只读带宽（Read-Only Load Generated）：

```
Intel(R) Memory Latency Checker - v3.9a
Command line parameters: --bandwidth_matrix -R -b4g

Using buffer size of 4096.000MiB/thread for reads and an additional 4096.000MiB/
thread for writes
Measuring Memory Bandwidths between nodes within system
```

```
Bandwidths are in MB/sec (1 MB/sec = 1,000,000 Bytes/sec)
Using all the threads from each core if Hyper-threading is enabled
              Numa node
Numa node          0          1          2          3          4          5
      0      89597.8    12695.5    12696.2    12666.9    17285.1     1148.6
      1      12693.1    89873.2    12672.2    12694.7     1133.2    15955.8
      2      12700.2    12676.0    89933.5    12698.7     1146.3     1144.2
      3      12671.9    12699.1    12698.9    89396.2     1134.2     1160.3
```

延时测试：

```
inspur@inspur-NF8480-M7-A0-R0-00:~/yuelong$ sudo mlc --idle_latency -b4g -j4
Intel(R) Memory Latency Checker - v3.9a
Command line parameters: --idle_latency -b4g -j4

Using buffer size of 4096.000MiB
Each iteration took 1884.0 base frequency clocks (  649.7   ns)

inspur@inspur-NF8480-M7-A0-R0-00:~/yuelong$ sudo mlc --idle_latency -b4g -j5
Intel(R) Memory Latency Checker - v3.9a
Command line parameters: --idle_latency -b4g -j5

Using buffer size of 4096.000MiB

Each iteration took 3232.9 base frequency clocks (  1114.8  ns)
```

10.4 CXL GPGPU

本节将实现一个 CXL Type 2 的加速器，工程框架采用 Quartus 导出的 CXL Type 2 IP 参考设计，加速内核采用基于 RISC-V 的 Vortex GPGPU。

10.4.1 Vortex GPGPU

Vortex GPGPU 是一个用于 GPU 加速的并行计算框架，旨在简化和加速通用计算在图形处理器上的执行，其架构如图 10-8 所示。它提供了一种简单的方式来利用 GPU 的并行计算能力，从而加速各种类型的应用程序，包括科学计算、机器学习、数据分析等。

Vortex GPGPU 支持 OpenGL 和 OpenCL 编程框架，并且随后可能会支持 CUDA，使开发人员能够选择他们熟悉的编程模型来实现 GPU 加速。它还提供了丰富的 API 和工具，帮助开发人员更轻松地将计算任务分配到 GPU 上，并管理数据传输和进行内存管理等。

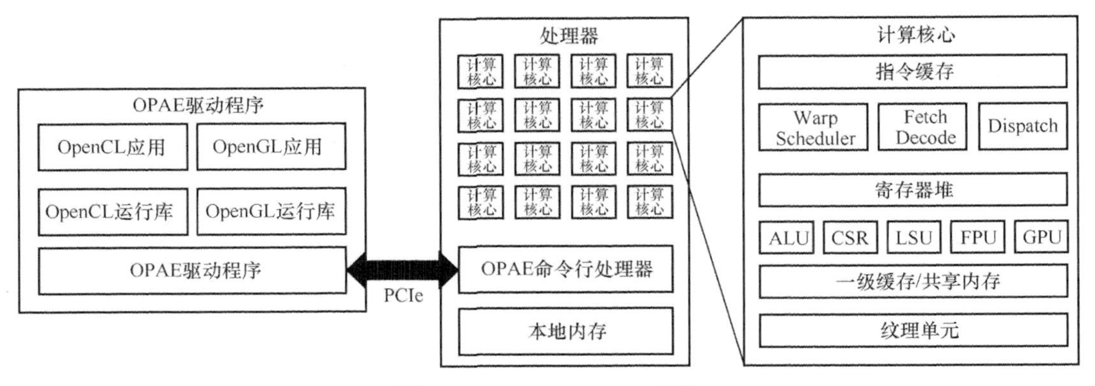

图 10-8　Vortex GPGPU 架构

10.4.2　FPGA 工程设计

Intel 提供了 CXL Type 2 的参考设计，如图 10-9 所示。其顶层设计中包含两大模块：intel_rtile_cxl_top_cxltyp2_ed 和 ed_top_wrapper_typ2。

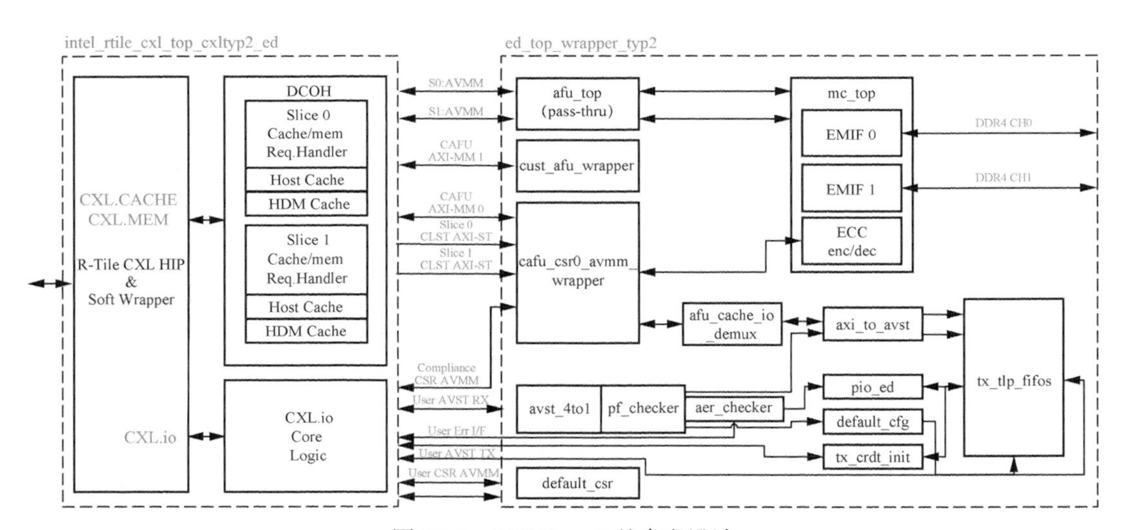

图 10-9　CXL Type 2 的参考设计

intel_rtile_cxl_top_cxltyp2_ed 包含 R-Tile CXL Hard IP 和针对 Type 2 的软逻辑、两个一致性代理（DCOH）、主机缓存、设备缓存，以及 CXL.io 子协议核心逻辑。

ed_top_wrapper_typ2 则实现了典型的 Type 2 用户逻辑，包括 CAFU（一致性加速功能单元），用户加速器功能单元、In-Line AFU（内联加速器）、内存控制器子系统和 I/O 参考设计。其中 cust_afu_wrapper 是为用户预留的模块模板，cust_afu_wrapper 模块通过 AXI-MM 总线向 CXL Type 2 IP 内部的 DCOH 发起内存访问请求，包括主机侧物理地址和 HDM 区域的物理地址。

图 10-10 所示为将 Vortex GPGPU 集成到上述参考设计中，其中并没有展示 CXL.io 子协议相关的用户逻辑。由于 Vortex 的内存接口和 CSR 接口均为 Avalon Memory Map 总线，而 CXL Type 2 IP 提供的 AFU 一致性内存接口为 AXI 总线，并且采用了独立的 CSR 时钟和内存访问总线时钟，因此在 custom_afu_wrapper 中实现了时钟域的转换和内存总线转换，而且增加了 MSI Generator 用于实现向 CXL Type 2 IP 发送中断 TLP。

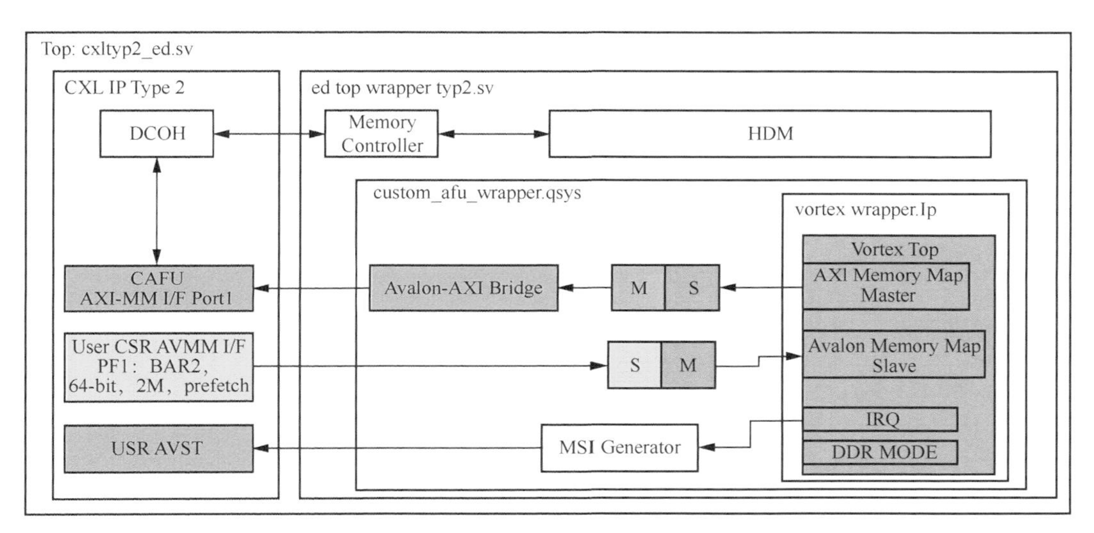

图 10-10　集成 Vortex GPGPU 的参考设计

10.4.3　RTL 功能仿真

接下来我们使用 CXL BFM 对设计单元进行激励。激励队列包含 Vortex 内核需要运行的二进制代码和用于控制 Vortex 软复位和启动等 CSR 的事务，其中二进制代码通过 post_cxl_tr 提交，而 CSR 事务则通过 post_transaction 提交。

使用简单的向量加进行验证，采用 Vortex 提供的编译工具对向量加的源码进行编译。

```
_kernel void vector_add(global const float *a,
           global const float *b,
           global float *result)
 {
     int gid = get_global_id(0);
     result[gid] = a[gid] + b[gid];
 }
```

使用脚本对编译生成的文件进行处理以提取 Vortex 运行的数据和指令代码，如下是部分代码：

```
2000000 ffffffffffffffff 000508634585051300000517204000ef0000059340a60633c5018613c
3418513db41819300002197000080674 7c0006f4a4505130001053700078863000007 93
2000001 ffffffffffffffff 0000079300112623000784130081 2423ff01011304071263c341c703108
0006f074000ef00000613004105930001250314c000ef444000ef3f05051300000517
2000002 ffffffffffffffff c381859300011537000 78c63000000793000080670000806701010113008
12403c2f18a2300c1208300100793000000e7000000975f85051300011537000 78a63
```

仿真启动后的具体步骤如下。

（1）CXL BFM 首先对 DUT 进行复位操作。

（2）CXL BFM 执行链路训练。

（3）CXL BFM 枚举设备，发现 DUT。

（4）激励序列，通过 MEM 事务 API 向 HDM 写入指令和数据。

（5）激励序列，通过 I/O 事务 API 控制 Vortex 的 CSR。

（6）Vortex 计算完毕，向主机发送中断信号。

（7）激励序列，通过 MEM 事务在指定地址读取结果并校验。

10.5 小结

本章主要介绍了如何在 FPGA 上搭建 CXL 应用。首先以 Intel 公司提供的参考设计为例介绍了基于 FPGA 的 CXL Type 3 内存扩展设备，并在服务器上测试了相关性能，用户可以通过该例程熟悉 Intel 公司提供的 CXL Type 3 IP 的用法，也可以在内存映射总线的数据通路上实现自定义的内联计算模块，比如加密 / 解密，压缩 / 解压缩等；其次介绍了如何在 Intel 公司提供的 CXL Type 2 参考设计中集成 Vortex GPGPU 模块并完成仿真。

Part

04

第四篇　CXL 发展趋势和展望

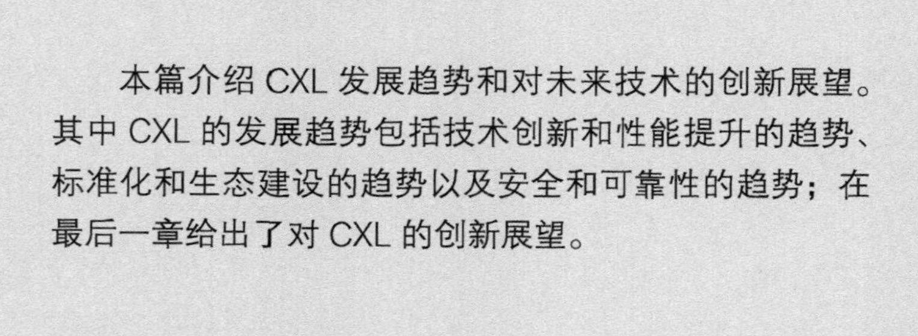

本篇介绍 CXL 发展趋势和对未来技术的创新展望。其中 CXL 的发展趋势包括技术创新和性能提升的趋势、标准化和生态建设的趋势以及安全和可靠性的趋势；在最后一章给出了对 CXL 的创新展望。

第 11 章　CXL 的发展趋势

本章主要介绍 CXL 在当下主流的发展趋势和潜在的研究和探索方向。CXL 作为一项革命性互连技术，旨在高效加速处理器、加速器、内存等设备之间的数据传输速度。随着其性能的不断增强，预计未来将吸引更多厂商加入这一领域，促使该技术迅速普及、应用范围不断扩大，安全和可靠性问题也将逐渐浮现。本章将从技术创新和性能增强、标准化和生态化建设、安全和可靠性三方面阐述如何推动 CXL 未来的发展和应用。

11.1　技术创新和性能提升

CXL 的持续创新和性能提升是推动其发展的关键。随着技术的进步，不断提高 CXL 的性能可以满足不断增长的数据处理需求，保持其竞争力。本节探讨 CXL 发展的趋势，重点从技术创新和性能增强两个方面进行分析。

从技术创新的角度来看，CXL 在数据传输速率、连接方式和设备之间的通信方式等方面都进行了重大创新。CXL 采用高速串行连接，支持数据传输速率高达 64 GT/s，而且可通过多个通道实现更高带宽的数据传输。此外，CXL 还支持多种连接方式，如点对点连接、多路复用连接和拓扑连接，可满足不同应用场景的需求。通过这些技术创新，CXL 在数据中心、高性能计算以及人工智能等领域的应用将会更加广泛。

CXL 在性能提升方面也有着显著的优势。CXL 通过提高数据传输速率、降低延迟和增加带宽等方式，实现了设备之间的高效通信。与传统的 PCIe 接口相比，CXL 能够提供更高的性能、更低的延迟和更大的带宽，可为数据中心和计算系统带来更好的性能表现。同时，CXL 还支持内存分离和扩展等功能，能够有效提高系统的性能和资源利用率，为应用程序提供更好的运行体验。

为了积极应对未来 CXL 创新和性能提升趋势，设备厂商和相关研发机构应该采取一系列措施，以紧跟技术发展的步伐，利用 CXL 的潜力来推动行业的进步。

（1）持续的研发和投资对于推动 CXL 的发展至关重要。只有不断投入资金和人力资源进行研究和开发，才能够推动 CXL 的技术革新和性能提升。设备厂商和研发机构需要紧密关注行业趋势，不断迭代和改进现有的技术，以满足不断增长的需求和应对挑战。

（2）配套设施的改善也是至关重要的一环。随着 CXL 性能的提升，需要相应更新更高速的处理器、内存等设备，以充分发挥 CXL 的性能优势。设备厂商和相关机构应该不断优化硬件设备，确保其与 CXL 的兼容性和最佳性能匹配，以提高整体系统的效率和性能。

（3）人才培养和知识更新也十分关键。随着技术的不断演进，持续培养人才、更新知识，对于推动业界对 CXL 的了解和应用至关重要。只有拥有经验丰富且持续学习的团队，才能够及时应对未来性能提升带来的挑战和抓住相应机遇。设备厂商和相关机构应该注重员工的技术培训和发展，建立健全的知识体系，以确保团队始终处于技术领先地位。

总的来说，CXL 在未来性能进一步增强的前景较为乐观，可以通过持续的研发投入、设施改善和人才培养等措施来更好地顺应这一发展趋势。

11.2　标准化和生态建设

CXL 标准化和生态建设主要是为了推动计算、存储和加速器之间的高速数据传输和通信，并实现各种硬件设备之间的互操作性。随着数据中心和云计算应用的不断发展，传统的数据传输接口已经不能满足高性能计算和大规模数据处理的需求，因此需要新的高性能、高带宽的互连标准来满足这些需求。标准化和生态建设有助于推动 CXL 的广泛应用和发展，使其成为业界的主流互连标准。

标准化的目的之一在于提升互操作性。标准化可确保来自不同厂商的 CXL 设备和组件无缝连接和协同工作，从而促进整个生态系统的协作与互动。此举不仅可降低用户的使用门槛，还可为互联设备带来更大的灵活性和可扩展性。且标准化有助于促进 CXL 生态系统的发展。通过采用统一的标准，可吸引更多厂商和开发者参与其中，进而推动技术的不断创新与完善。这种生态系统的蓬勃发展有助于满足市场需求，激发产业竞争力，并提升整体技术水平。标准化的另一个关键优势是降低成本。统一的标准能够简化产品开发和生产流程，降低整体制造成本和运营成本。这种成本效益的提高也将直接传导到最终用户，使得 CXL 更具吸引力和竞争力，从而推动市场的普及和发展。通过标准化，CXL 将迎来更加广阔的机遇与挑战，驱动整个行业走向更加健康和可持续的发展道路。

加强生态建设对于 CXL 的进一步发展至关重要。一个健全的生态系统不仅能激发创新，推动技术的持续进步，还能拓展市场空间，吸引更多厂商和开发者的参与，促进 CXL 的推广和应用。此外，完善的生态系统也会提升用户体验，通过提供多样化的解决方案和服务，满足不同用户群体的需求，从而增强用户对 CXL 的认可和接受度。为了加强生态建设，可采取一系列措施。建立合作伙伴关系是其中之一，通过吸引更多企业参与生态建设，实现资源共享和协同发展。同时，支持开发者社区的发展也至关重要，鼓励开发者之间的合作与交流，共同推动 CXL 生态系统的繁荣。此外，推动行业标准化也是促进生态建设的有效途径，制定统一的标准能够促进不同技术之间的整合与协同，推动整个行业生态系统的良性发展。

CXL 生态也将迎来新的发展趋势。生态系统的协同发展将成为未来的主旋律，不同环节之间的紧密合作将推动整个生态系统的健康发展。跨界合作与整合也将成为未来的发展方向，不同领域的合作将促进 CXL 与其他技术的融合，拓展其应用领域。此外，未来 CXL 生态系统还将更加关注用户定制化需求，提供更个性化、更符合市场需求的解决方案，以满足不断变化的用户需求，推动技术的持续创新和进步。通过不断强化生态建设，CXL 将迎来更加光明的发展前景，助力整个行业迈向更加繁荣和可持续的未来。

11.3 安全性和可靠性

随着 CXL 在各行业的应用逐渐普及，必须加强对数据传输过程中的安全性保障。此外，确保设备和系统的安全和可靠性也至关重要。为了有效应对这些挑战，厂商需要不断提升技术水平，加强技术研发和创新，同时重视安全和可靠性方面的投入。

CXL 在安全性和可靠性方面可能存在多重挑战和风险。

（1）数据安全尤为重要：随着 CXL 的高速数据传输，数据安全问题尤为突出。数据泄露和篡改可能给组织带来巨大损失，因此必须加强数据加密、访问控制和数据完整性验证等措施，确保数据传输过程的安全可控性。

（2）设备连接安全需关注：CXL 连接的庞大设备数量增加了设备连接的安全隐患，需要重点关注网络安全和设备认证问题。确保设备间通信的安全性和完整性，关键在于建立严格的身份验证机制和访问权限控制。

（3）隐私保护不可忽视：随着 CXL 涉及大规模数据传输和处理，个人隐私数据的保护至关重要。加强隐私保护措施和合规性管理，确保用户数据得到妥善的处理和保护，是企业应当高度重视的课题。

（4）确保系统可靠性：引入 CXL 可能引发系统复杂性的增加，从而对系统的安全性和可靠性提出更高要求。定期进行系统审计、强化容错机制和持续监测系统运行状态，是确保系统持续稳定运行不可或缺的步骤。

应对 CXL 安全和可靠性挑战需要全面的策略和持续的关注。只有通过综合的安全措施、严格的管理机制和不断的技术创新，才能有效地保障 CXL 在实际应用中的安全性和可靠性。具体包括以下未来的研究方向。

（1）加密与认证：研究数据传输的加密技术和设备认证机制，保障数据的机密性和完整性，防止恶意攻击和信息泄露。

（2）漏洞检测与修复：研究 CXL 可能存在的安全漏洞，开发安全漏洞检测与修复的方法，提升系统安全性。

（3）可靠性与容错：研究如何提高 CXL 系统的可靠性和容错性，防止故障和系统崩溃对系统和数据造成影响。

（4）安全管理与访问控制：建立完善的安全管理和访问控制机制，限制数据的访问权限，防止未经授权的数据访问和操作。

通过加强安全保护措施、深入研究安全漏洞修复技术，并提升系统的可靠性和增强用户安全意识，有助于更全面地解决 CXL 可能存在的安全和可靠性问题。这些举措将有效提升系统的整体安全性，减少潜在风险，确保数据的机密性和完整性不受损害，从而共同建立一个更加安全可靠的系统环境。

11.4 小结

本章主要阐释 CXL 的技术创新和性能提升是推动其发展的关键。通过采用高速串行连接、支持多种连接方式和提供内存分离等功能，CXL 在数据传输和设备通信方面进行了重大创新，并实现了性能的显著提升。另外标准化和生态建设对于 CXL 的广泛应用和发展至关重要。通过建立统一标准，促进不同厂商设备之间的互操作性，同时吸引更多参与者推动技术创新与完善。此外，为了确保系统安全和可靠性，厂商可以在加密与认证、漏洞检测与修复、可靠性与容错以及安全管理与访问控制等方面进行研究并采取相应措施。

第 12 章　CXL 的创新展望

本章是在 CXL 现阶段基础上对于未来技术的创新设想。融合性极强的 CXL 展现了多方面的应用前景，主要包括通过 CXL 推动内存和存储的紧密融合，将进一步提高数据传输速度和处理效率，为计算系统带来更卓越的性能和更迅捷的数据访问感受；其次，CXL 在边缘计算和物联网领域有望发挥关键作用，通过高速连接和强大的数据处理能力，支持边缘设备之间的即时通信和数据分析，推动智能和自动化应用的蓬勃发展；最后，CXL 拓展至领域专用架构（Domain Specific Architecture，DSA），为不同行业和应用场景提供量身定制的解决方案，满足不同领域对计算性能和数据处理需求的独特要求，将促进行业的持续创新和发展。

12.1　CXL 推进内存和存储的融合

CXL 有潜力推动内存和存储技术的融合。通过 CXL，内存和存储设备可以更紧密地结合在一起，提供更快速、更高性能的数据传输和处理能力。CXL 推动内存和存储技术的融合体现在以下几个方面。

（1）内存扩展性：CXL 可以为内存设备提供更高的扩展性，使其更容易与存储设备集成在一起，为应用程序提供更大的内存容量。

（2）内存层次结构：通过将内存和存储设备连接在一起，可以构建更智能的内存层次结构，根据数据的访问频率和重要性动态管理数据的存储位置，提高访问速度和效率。

（3）更快速的数据访问：内存和存储技术的融合可以通过 CXL 实现更快速的数据访问速度，降低数据传输延迟，提高系统的整体性能。

（4）高效的存储管理：CXL 可以使内存和存储之间的数据传输更为高效，实现更智能的缓存管理和数据存储，提升系统的效率和性能。

CXL 的推广促进了内存和存储的融合，为计算系统的进步带来了全新的前景和机遇。通过 CXL 的应用，内存和存储之间的无缝连接变得更加高效和便捷，有效提升了数据传输和处理的速度。这种集成化的设计不仅改善了系统性能和响应速度，还为各种应用场景下的数据处理提供了更多灵活性和扩展性。随着 CXL 的不断创新和应用，计算系统将进入一个全新的发展阶段，为未来的数字化时代带来更多可能性和创新方向。

12.2 CXL 拓展边缘计算和物联网

边缘计算和物联网应用通常需要实时或低延迟的数据处理和响应能力，以满足用户对即时性能的需求。CXL 所具备的高带宽和低延时优势为边缘计算和物联网应用注入了强大动力，促进各种实时应用的发展，从而推动边缘计算和物联网行业的发展。

CXL 的高效数据交换和互连机制是关键因素，可显著提升设备性能和效率，进而优化边缘计算和物联网设备的运行。通过提供高带宽和低延迟的数据传输能力，CXL 能够加速信息交换过程并降低传输延迟，从而使设备能够更快速、更准确地处理数据。这种高效性意味着在边缘计算和物联网环境中，设备能够更快地响应用户需求、实时监测和处理数据，提高整体系统的反应速度和性能表现。

此外，CXL 的灵活性和标准化特性也有助于简化设备之间的互操作。CXL 的灵活性在于支持连接多个设备以及大规模的数据传输和处理；甚至连接不同类型的存储和加速器，使得系统设计更加灵活，可以根据需求选择不同的设备；另外支持不同的操作模式（如内存扩展模式和缓存一致性模式），使得它可以适用于不同的应用场景，促进设备间的协同工作和数据共享，进一步提高边缘计算和物联网系统的效率和整体运行水平。

总的来说，边缘计算和物联网领域具有低延迟、大规模连接和多变的应用场景等特点。考虑到 CXL 本身所具备的特性，结合边缘计算的特点，可以看出二者之间具有天然的契合性。因此，在设计和优化相关系统和解决方案时，充分融合和利用 CXL，势必能够更好地满足边缘计算和物联网领域的需求，从而推动整个行业的发展和创新。

12.3 CXL 结合领域专用架构

领域专用架构（DSA）是针对特定应用领域进行优化的硬件架构，能够提供更高效的计算性能。CXL 和 DSA 相结合是计算机体系结构发展的必然趋势，有望为各种应用领域带来更高效、更强大的计算能力和数据处理能力，推动计算机技术的发展和创新。

如何将 CXL 与 DSA 相结合，需要从如下几方面加以考虑。

（1）性能优化：CXL 提供高带宽、低延迟的互连，与 DSA 定制架构中的专用存储器相结合，在专用软件控制数据移动路径的基础上进一步增加数据传输功能，提高系统整体性能。

（2）能效优化：CXL 支持 CPU、GPU、FPGA 等设备间高效通信与共享，可减少数据传输能耗，实现能效优化。DSA 架构通过裁剪冗余功能、增加特定指令集等方式进行优化，与 CXL 结合，可进一步提高系统能效比。

（3）扩展灵活：CXL 提供灵活的设备互连方式，允许不同设备之间快速通信与共享资源，与 DSA 架构结合可为不同领域提供高度灵活的定制解决方案，满足不同领域的应用需求。

（4）需求匹配与生态构建：结合 CXL 和 DSA 架构，可以根据需求定制硬件与软件解决方案，推动特定应用领域的发展，构建相应生态系统。

利用 CXL 的高通信带宽和 DSA 架构的优化特性，可以针对不同行业需求提供定制化解决方案，推动技术创新和发展。

通过将 CXL 与 DSA 相结合，可以实现更高效、更强大的计算系统，提升数据处理能力和应用性能，推动各个领域的创新和发展。

12.4 小结

本章介绍了 CXL 在推进内存和存储融合、拓展边缘计算和物联网以及结合领域专用架构方面的应用与优势。通过 CXL，内存和存储设备可以更紧密地结合在一起，提供更快速、更高性能的数据传输和处理能力。此外，CXL 还注入了强大动力促进边缘计算和物联网应用的发展，并与领域专用架构相结合，为不同行业提供定制化解决方案。